主体功能区资源环境承载能力评价研究

潘玉君　马佳伸　张谦舵　肖　翔　刘　化等　著

国家自然科学基金项目(41671148、41971169)
国家社会科学基金重大项目(16ZDA041)
云南省发展和改革委员会招标项目(0848-1741ZC207122/A)

科学出版社

北　京

内 容 简 介

主体功能区是地理学等学科关注与研究的前沿和重大领域,资源环境承载能力是确定地域主体功能的重要依据。本书基于主体功能区的核心理论——人地关系地域系统理论,运用从定性到定量的综合集成方法,以云南省作为研究区域,县域为基本研究单元,开展省域资源环境承载能力的基础评价和针对不同主体功能定位的差异化专项评价,在此基础上结合资源环境耗损程度确定省域资源环境承载能力预警等级。

本书可供主体功能区工作者使用,也可作为高等院校地理科学专业的博士生、硕士生和本科生有关课程的教材或参考书。

审图号:云 S(2020)061 号

图书在版编目(CIP)数据

主体功能区资源环境承载能力评价研究/潘玉君等著 . —北京:科学出版社,2020.9

ISBN 978-7-03-066192-0

Ⅰ.①主… Ⅱ.①潘… Ⅲ.①区域生态环境-环境承载力-研究-云南 Ⅳ.①X321.74

中国版本图书馆 CIP 数据核字(2020)第 176810 号

责任编辑:周 炜 罗 娟 / 责任校对:王萌萌
责任印制:师艳茹 / 封面设计:陈 敬

科学出版社 出版
北京东黄城根北街 16 号
邮政编码:100717
http://www.sciencep.com
北京通州皇家印刷厂 印刷
科学出版社发行 各地新华书店经销
*
2020 年 9 月第 一 版 开本:720×1000 1/16
2020 年 9 月第一次印刷 印张:16 1/2
字数:330 000
定价:128.00 元
(如有印装质量问题,我社负责调换)

编　委　会

主　编：潘玉君　马佳伸

副主编：张谦舵　肖　翔　刘　化

编　委：(以姓氏笔画为序)

前　　言

　　主体功能区作为我国国土空间治理体系的重要组成部分,为完善空间治理,形成优势互补、高质量发展的区域经济布局发挥着重要作用。主体功能区是根据不同区域的资源环境承载能力、现有开发强度和发展潜力确定不同区域的主体功能。资源环境承载能力的科学评价作为国土空间资源环境承载能力评价和国土开发适宜性评价之一,是主体功能区区划和规划的重要基础。

　　中国正在迈向生态文明时代,生态文明的最大特征,是政府决策、企业作为和个人行动都能够比较自觉的"善待自然"。是否或多大程度上造成资源损耗、环境污染、生态破坏,将成为人类发展中一个重要的考量依据。因此,资源环境承载能力评价应该以区域可持续发展为指向,探究资源、环境等构成的承载体-自然基础同承载对象-人类生产生活活动之间形成的压力-状态-响应过程。本书是在吴传钧先生人地关系地域系统思想指导下,以云南省作为研究区域,县域为基本研究单元,以国家发展和改革委员会、中国科学院等 13 部委联合下发的《资源环境承载能力监测预警技术方法(试行)》为基础并结合云南省实际形成具体指标测度方法,开展了省域资源环境承载能力的基础评价和针对不同主体功能定位的差异化专项评价,在此基础上结合资源环境耗损程度确定省域资源环境承载能力预警等级评价。

　　云南省位于我国三大地势阶梯中的第一地势阶梯与第二阶梯之间过渡带和第二地势阶梯上,是诸多河流的发源地和上游区域,也是我国西南边境的重要省份。云南省独特的区位和资源环境条件决定了其在国家主体功能区中的重要地位。同时,云南省的资源开发、经济发展、生态建设和边境安全,对国家的经济可持续发展和社会和谐稳定有着重大贡献。在云南省主体功能区规划方案中,云南省重点开发区(城市化地区)有 43 个县(市、区),限制开发区(农产品主产区)有 48 个县(市、区),限制开发区(重点生态功能区)有个 38 县(市、区)。云南省主要肩负着落实科学发展观,为国家可持续发展提供资源环境保障和保障国家边境安全等方面的使命。因此,开展云南省资源环境承载能力的科学评价能够有效促进云南省国土空间合理开发和经济社会可持续发展。

　　本书的研究内容得到了国家自然科学基金项目(41671148、41971169)、国家社会科学基金重大项目(16ZDA041)、云南省发展和改革委员会招标项目(0848-1741ZC207122/A)的支持,是低纬高原地理环境与区域发展云南省特色优势学科群平台和云南省"万人计划"教学名师潘玉君工作室的重要成果。

本书由潘玉君和马佳伸负责确定框架和统稿,其中第一章由潘玉君、马佳伸、刘化、林昱辰撰写,第二章由马佳伸、潘玉君、韩丽红、杨晓霖撰写,第三章由刘化、潘玉君、张谦舵、吴菊平撰写,第四章由肖翔、潘玉君、高庆彦、段勇撰写,第五章由张谦舵、潘玉君、李佳、马立呼撰写,第六章由姚辉、潘玉君、张谦舵、高庆彦撰写,附录部分由郑省念、甘德彬、成忠平、李润撰写。

限于作者水平,书中难免有疏漏和不足之处,敬请读者批评指正。

目　录

第一章 绪 论

第一节 资源环境承载能力的研究背景和基本概念

一、资源环境承载能力研究背景

随着经济社会的快速发展,人类整体面临着资源约束趋紧、环境污染严重、生态系统退化的严峻形势,资源环境承载能力问题备受世界各国的广泛关注,成为衡量一个国家或地区发展质量的重要指标。因此,必须树立尊重自然、顺应自然、保护自然的生态文明理念,把生态文明建设放在突出地位,建设以资源环境承载能力为基础、以自然规律为准则、以可持续发展为目标的资源节约型、环境友好型社会。

资源环境的建设是一项长期性、系统性的工作,需要从全局的角度出发科学、合理地进行顶层设计,对任务的各方面、各层次、各要素统筹规划,集中有效资源,高效、快捷地实现既定目标。党的十八大首次指出生态文明是社会整体文明不可分割的一部分,并以美丽中国作为生态文明建设的宏伟目标。十八届三中全会关于划定生态红线政策的出台为我国生态文明建设指明了前进的方向,并明确指出要建立资源环境承载能力监测预警机制,对水土资源、环境容量和海洋资源超载区域实行限制性措施。生态红线等政策充分体现和说明了资源环境承载能力在整个国家、社会及经济可持续发展中的重要地位。2006年,《中华人民共和国国民经济和社会发展第十一个五年规划纲要》明确指出推进形成国家主体功能区:根据资源环境承载能力、现有开发密度和发展潜力,统筹考虑未来我国人口分布、经济布局、国土利用和城镇化格局。2010年12月21日,国务院印发了《关于印发全国主体功能区规划的通知》,明确了根据资源环境承载能力开发的理念,提出必须根据资源环境中的"短板"因素确定可承载的人口规模、经济规模及适宜的产业结构。2011年,《中华人民共和国国民经济和社会发展第十二个五年规划纲要》指出,面对日趋强化的资源环境约束,必须增强危机意识,树立绿色、低碳发展理念,以节能减排为重点,健全激励与约束机制,加快构建资源节约、环境友好的生产方式和消费模式,增强可持续发展能力,提高生态文明水平。2015年4月25日,中共中央、国务院印发了《关于加快推进生态文明建设的意见》,在严守资源环境生态红线中明确提出,树立底线思维,设定并严守资源消耗上限、环境质量底线、生态保护红线,将各类开发活动限制在资源环境承载能力之内。2015年9月21日,中共中央、国务院印发了《生态文明体制改革总体方案》,在创新市县空间规划编制方法中明确要求,规划编制前应当进行资源环境承载能力评价,以评价结果作为规划的基本依据。2016年,《中华人民共和国国民经济和社会发展第十三个五年规划纲要》明确,必须牢固树立和贯彻落实创新、协调、绿色、开放、共享的新发展理念,必须坚持节约资源和保护环境的基本国策,坚持可持续发展,加快建设资源节约型、环境友好型社会,形成人与自然和谐发展现代化建设新格局,推进美丽中国建设,为全球生态安全做出新贡献。2016年12月27日,中共中央办公厅、国务院办公厅印发了《省级空间规划试点方案》,提出开展陆海全覆盖的资源环境承载能力基础评价和针对不同主体功能定位的差异化专项评价,以及国土空间开发网格化适宜性评价,为划定"三区三线"奠定基础。2017年3月24日,国土资源部制定《自然生态空间用途管制办法(试行)》,明确要求市县级及以上地方人民政府在系统开展资源环境承载能力和国土空间开发适宜性评价的基础上确定城镇、农业、生态空间,划定生态保护红线、永久基本农田、城镇开发边界,科学合理编制空间规划,作为生态空间用途管制的依据。2017年9月20日,中共中央办公厅、国务院办公厅印发了《关于建立资源环境承载能力监测预警长效机制的若干意见》,在建立监测预警评价结论统筹应用机制中明确提出,编制空间规划,要先行开展资源环境承载能力评价,根据监测预警评价结论,科学划定空间格局、设定空间开发目标任务、设计空间管控措施,并注重开发强度管控和用途管制。2018年,中共中央、国务院印发《乡村振兴战略规划(2018—2022年)》,提到统筹城乡发展空间。按照主体功能定位,对国土空间的开发、保护和整治进行全面安排和总体布局,推进"多规合一",加快形成城乡融合发展的空间格局。强化国土空间规划对各专项规划的指导约束作用,统筹自然资源开发利用、保护和修复,按照不同主体功能定位和陆海统筹原则,开展资源环境承载能力和国土空间开发适宜性评价,科学划定生态、农业、城镇等空间和生态保护红线、永久基本农田、城镇开发边界及海洋生物资源保护线、围填海控制线等主要控制线,推动主体功能区战略格局在市县层面精准落地,健全不同主体功能区差异化协同发展长效机制,实现山水林田湖草整体保护、系统修复、综合治理。2019年3月31日,国家发展和改革委员会印发《2019年新型城镇化建设重点任务》中提到,优化城市空间布局,全面推进城市国土空间规划编制,强化"三区三线"管控,推进"多规合一",促进城市精明增长。基于资源环境承载能力和国土空间开发适宜性评价,在国土空间规划中统筹划定落实生态保护红线、永久基本农田、城镇开发边界三条控制线,制定相应管控规则。

因此,开展资源环境承载能力评价研究,对于系统地了解资源环境承载能力现状、平衡经济发展与资源环境之间的矛盾、指导经济发展与产业布局、促进国家经济可持续健康发展、推进生态文明建设具有重大意义。

二、资源环境承载能力的基本概念

　　资源环境承载能力的研究开始于 20 世纪 20 年代,60 年代发展到一个较快的阶段,相继提出了区域承载能力、生态系统承载能力等概念,主要是单要素承载能力。80 年代初,我国开始进行资源环境承载能力研究,早期研究关注较多的是水土资源承载能力,90 年代后,越来越多的学者开始研究资源环境综合承载能力的理论和方法,并将其应用于土地、矿产、能源、环境保护等各个领域。资源环境承载能力涉及不同地域空间经济社会发展与资源环境要素的相互作用关系,包括不同资源环境组合及其相互作用特征对于资源环境承载能力的影响。学者针对资源环境影响因素的多样性和综合性特征,根据资源环境承载能力的评价对象和研究区的区域特性,构建了资源环境单要素和综合要素承载能力评价指标体系,并不断拓展内容,使其综合性不断增强。基于各学者的研究,资源环境承载能力概念逐步演变,最初由"承载力"一词逐步演变发展而来,是环境科学研究的一个重要范畴,是衡量环境质量状况和环境容量承受人类活动干扰能力的一个重要指标,也是反映经济社会总量等多种要素的一个综合能力值。后来资源环境承载能力的定义一般是指某特定时期和地区范围内,区域的资源和环境系统在满足人类社会长期可持续发展需求的同时,结构仍能维持一定时期内的稳态效应条件下,该区域能够承受一定数量人口的各类社会、经济活动能力。

　　基于前人研究,现将资源环境承载能力定义为一定国土/海洋空间内自然资源、环境容量和生态服务功能对人类活动的综合支撑水平。资源环境承载能力评价是指以县级行政区域为单元,选择既具有整体性又具有针对性的指标(如自然地理特征、可利用土地资源等),对县域空间资源环境承载能力进行评判分级。

第二节　国内外资源环境承载能力的研究进展与发展趋势

一、国外资源环境承载能力研究进展

　　承载能力(carrying capacity)是一个起源于古希腊时代的古老概念,原为力学概念,是指物体在不产生任何破坏时所能承受的最大负荷,可通过实验或经验公式的方法进行度量。此后,承载能力的概念逐渐引入生物学和区域系统研究中,分别指某一栖息地(habitat)所能支持的某一物种的最大数量和区域系统对外部环境变化的最大承受能力。从上述概念可知,承载能力包含一定的极限思想,这早在亚里士多德时代就已有论述。工业革命兴起后,随着人类生产水平和生活水平的快速提高,承载能力的概念正式提出,其内涵与外延随着社会经济的发展不断拓展。1798 年,Malthus 出版了著作《人口原理》。他假设食物是限制人口增长的唯一因素,且人口呈指数增长、食物呈线性增长。由此他提出了第一个承载能力研究的基本框架,即根据限制因子的状况,得出研究对象的极限数量。这不仅为承载能力概念赋予了现代内涵,而且对后来达尔文的生物学和生态学发展乃至对 20 世纪的人口学和经济学研究都产生了深远影响。1838 年,Verhulst 根据 Malthus 的基本理论提出著名的逻辑斯谛方程(logistic equation),成为承载能力概念最早的数学表达式。Park 等(1921)将承载能力概念扩展到人类生态学中,认为承载能力是在某一特定环境条件下(主要指生存空间、营养物质、阳光等生态因子的组合),某种生物个体存在数量的最高极限。由此可知,关注极限容纳量是早期承载能力概念的主要特点,但承载机制问题尚未得到重视,且研究对象的范畴也极其有限。Hawden 等(1922)从草地生态学角度提出了新的承载能力概念:承载能力是草场上可以支撑的不会损害草场的牲畜数量。该定义明确了动物种群和环境状态间的相互作用,将关注焦点从最大种群平衡转移到环境质量平衡,由绝对数量转向相对平衡数量,并突出了承载体在承载能力定义中的作用。十几年后,Leopold 也给出了相似的定义,即认为承载能力是区域生态系统能够支撑的最大种群密度变化的范围。然而,真正意义上的资源承载能力定义,最早形成于 Allan(1949)在非洲农牧业的研究,即土地承载能力研究。确切地说,Allan 给出了土地资源承载能力的定义。该定义为:在特定土地利用情形下,即未引起土地退化,一定土地面积上所能永久维持的最大人口数量。同时,Allan 给出了土地承载能力的计算公式,即人均土地面积$(A)=100 \times C \times L/P$,其中:$C$ 为种植因子;L 为某一时间上的人均种植面积;P 为不同土地/土壤类型的种植比例。虽然以粮食为标志的土地承载能力计算公式并不是 Allan 首创,但他是第一个阐明该方法的科学家。后来,该定义在人类学、地理学中得到广泛应用。

20 世纪 60～70 年代,随着资源耗竭和环境恶化等全球性问题的爆发,人们逐渐意识到生态系统与人类之间的相互矛盾与依存关系。承载能力研究范围迅速扩展到整个生态系统。相比环境容量,承载能力研究更多考虑环境变化和人类活动对生态环境的影响。研究目的由种群平衡延伸到社会决策,承载本质由绝对上限走向相对平衡,研究对象日趋复杂,概念核心由现象描述转向机制分析,承载理念由静态平衡转到动态变化,进而深化到系统可持续发展。1972 年,Meadows 等所著《增长的极限》便是其中的杰出代表,不仅阐明了环境的重要性以及资源与人口之间的基本联系,还为可持续发展思想奠定了科学基础。Bishop(1974)在《环境管理中的承载能力》一书中提出,环境承载能力表明在一个可以接受的生活水平前提下,一个区域所能永久承载的人类活动的强烈程度。1977 年,联合国粮食及农业组织(Food and Agriculture Organization of the United Nations,FAO)协同联合国人口活动基金会和国际应用系统分析研究所,对全球五个区域 117 个发展中国家土地资源的人口承载能力进行研究。该研究以国家为单位,通过世界土壤图和气候图叠加,将每个国家划分为若干农业生态区,作为评价土地生产潜力的基本单元,同时给出高、中、低三种投入水平的响应,按人对粮食及其他农产品提供的热量及蛋白质的需求,给出优化种植结构以及相应的农业产出,得出每公顷土地所能承担的人口数量。联合国粮食及农业组织和联合国教科文组织(United Nations Educational,Scientific and Cultural Organization,UNESCO)先后组织了承载能力研究,提出一系列承载能力定义和量化方法;Schneider(1978)提出,环境承载能力是指以不遭受严重破坏退化为前提,人工的环境系统或者自然的环境系统对人口持续增长的接纳能力。1990 年,Sleeser 建立了增加承载能力策略(enhancement of carrying capacity options,ECCO)模型,并提出了资源环境承载能力一种新的计算方法。Arrow 等(1995)发表《经济增长、承载力和环境》一文,引发了人们对环境承载能力相关问题的高度关注。

当前,承载能力研究在人口、城市、生态系统管理等领域都得到广泛应用,同时也催生了诸如生物物理承载能力(biophysical carrying capacity)、文化承载能力(cultural carrying capacity)和社会承载能力(social carrying capacity)等一系列外延概念和量化模型。

二、国内资源环境承载能力研究进展

(一)国内资源环境承载能力概念研究

在资源环境承载能力概念方面,我国有关“承载(力)”的思想萌芽最早见于《诗·大雅·緜》的“其绳则直,缩版以载,作庙翼翼”,意为准绳拉得正又直,捆牢木板来打夯,筑庙动作好整齐。唐代孔颖达在其《疏》中也有“以绳束其版,版满筑讫,则升下於上,以相承载,作此宗庙”等论述。总体而言,我国历史上承载能力的相关史料汗牛充栋。但是,这也仅限于一般意义上的定性认识与总结,相应实证研究却是凤毛麟角。北京大学环境科学中心叶文虎教授等首次提出环境承载能力的概念,指出应从环境科学的角度深入剖析环境承载能力的研究目的,即将人类活动的环境影响与环境系统自身的承载能力进行对比分析,最终为人类社会经济活动提供指导。经过各学科研究人员的不断探索,资源环境承载能力已成为经济社会可持续发展的重要指标,越来越多的国内学者认识到资源环境承载能力单要素研究的局限性和片面性。在此背景下,资源环境承载能力综合指标的构建和评价开始盛行。1991 年,唐剑武等在《福建省湄洲湾开发区环境规划综合研究总报告》中提出了较为严格的环境承载力(environment bearing capacity)概念,是指区域环境在某一个时期的状态条件下,能够接受人类社会经济活动的临界值。张传国(2001)将区域承载能力的相关理论和方法应用到干旱区绿洲系统的生态承载能力研究,并提出生态-生产-生活的"三生"承载能力概念。

(二)国内资源环境承载能力研究内容和研究方法

在资源环境承载能力研究内容方面,国内资源环境承载能力的研究包括土地、水资源等方面。

(1)土地资源承载能力。我国于 20 世纪 80 年代初正式开展土地资源承载能力研究,至 2000 年共开展和完成三次具有代表性的土地资源承载能力评价工作。一是 1986～1990 年中国科学院自然资源综合考察委员会组织并完成了"中国土地资源生产能力及人口承载量研究";二是 1989～1994 年,在联合国开发计划署及国家科学技术委员会的资助下,国家土地局与联合国粮食及农业组织于 1989 年共同开展了"中国土地的食物生产潜力和人口承载潜力研究",对全国及各地土地的人口承载潜力进行了测算;三是1996～2000 年,中国科学院地理科学与资源研究所主持完成了"中国农业资源综合生产能力与人口承载能力"研究。此外,相关学者开展了全国、流域、地区、城市等不同尺度的土地资源人口承载能力研究,不断丰富和发展了土地资源承载能力研究内容和方法体系。对于土地资源的承载能力,多数研究基于土地粮食生产功能可承载的人口规模进行探讨,但也有部分学者研究了土地资源的经济承载能力。例如,研究人员对上海市土地资源的综合承载能力进行了研究,利用系统动力方法,探讨了不同情景下 2015 年、2020 年土地资源的人口承载规模和经济承载规模,并对承载状况进行了判定。也有学者以长江流域为研究单元,探讨了长江流域主要省份的相对人口承载能力、相对经济承载能力及综合承载能力,并对流域主要省份的相对承载状态进行了分析。封志明等(2014)以人粮关系为核心,立足于土地资源对人口分布的约束作用,构建土地资源承载指数等模型,从全国、省和县等三个不同尺度,以 2000 年和 2010 年为代表年份,系统评估我国不同地区的土地资源承载能力,全面揭示不同地区土地资源的支持能力与保障水平;并建立土地资源限制度模型,从全国、省和县等三个不同尺度,系统评估近 10 年我国人口分布的土地资源限制度及其时空变化,定量揭示人口分布的土地资源限制度及其地域格局与变化趋势,为促进不同地区的人口与资源环境协调发展提供科学依据和量化支持。

(2)水资源承载能力。水资源承载能力一般是指在一定的技术经济水平和社会生产条件下,水资源可供给工农业生产、人民生活和生态环境保护等用水的最大能力,即水资源最大开发容量,在这个容量下水资源可以自然循环和更新,并不断地被人们利用,造福于人类,同时不会造成环境恶化。20 世纪 80 年代,我国水资源承载能力问题引起关注。1981 年,研究人员测算了我国淡水资源所能养活的人口规模。20 世纪 80 年代末期,随着经济社会的发展及其对水资源需求的日益增加,我国北方干旱地区资源环境问题不断凸显。为缓解水资源紧缺和应对生态环境恶化等资源环境问题,水资源承载能力逐渐成为关注的热点。1989 年,学者进一步发展了水资源承载能力的概念及测算体系。随后,多数学者围绕我国北方干旱地区开展了大量的水资源承载能力研究工作。例如,针对西北干旱区水资源利用问题,从水资源安全的视角对水资源承载能力进行度量,并探讨了西北干旱区水资源承载能力研究的关键问题。此外,学者对西北干旱区水资源的人口承载规模研究较多。近年来,学者开始研究一些重要战略空间的水资源承载能力问题。例如,学者研究测度了京津冀地区水资源的人口与经济承载规模。随着长江经济带的发展,尤其是长江生态大保护这一要求的提出,长江经济带等流域性水资源承载能力成为研究热点。学者以长江经济带为研究单元,对长江经济带及其各省份水资源的人口承载规模及承载状况进行了探讨;学者还对塔里木河流域水资源的人口承载规模和经济承载规模进行了测度。随着"以水定城,以水定地,以水定人,以水定产"等治水要求的提出,城市水资源承载能力研究更加深入。例如,有关北京、广州、成都等城市的水资源人口、经济承载规模也得到关注。水资源承载能力评价中,大多数学者主要侧重于水资源的静态评价分析和阶段性动态研究,水资源承载能力的动态模拟研究也是今后研究的重点。

(3)其他方面。资源环境承载能力还可用于其他行业的研究,有一些比较典型的,例如,余劲松(2012)研究了宿松县的林下经济发展模式,提出相应的技术措施,认为林下经济产业发展应以生态为基础,以效益为目标,与生态承载能力相结合,保证林地的可持续发展。张勇(2012)对海洋要素承载能力进行了系统分析,提出了应科学测算我国海洋要素的实际承载能力,在合理开发海洋资源的同时适当进行环境回补,保证海洋产业的可持续发展。吴振良(2010)对环渤海三省两市的资源环境承载能力进行定量评价发现,区域资源环境承载能力禀赋存在结构性及功能性不均、区域资源环境开发和污染强度受经济结构影响明显、水资源短缺成为区域发展瓶颈、北京和山东资源环境承载能力禀赋与发展保障度不协调,老工业基地资源环境潜力巨大,河北和辽宁资源环境的经济消耗率有待降低。何政伟等(2011)根据中国西部地区矿产资源开发特点,基于环境地质、生态学及环境承载能力相关理论与方法构建了西部矿产资源开发的地质生态环境承载能力理论研究与方法体系,为西部矿业生产的可持续发展提供理论基础与技术支持。刘玉娟等(2010)对汶川地震灾区灾后的资源环境承载能力进行评价,认为雅安市人口的合理规模在 2010 年之前的恢复重建阶段为 153.5 万~159 万人,恢复重建阶段基本上不用考虑大规模移民;从 2020 年全面建成小康社会角度而言,为 158.5 万～164 万人,总体上雅安市的资源环境能够满足其震后人口的小康社会建设需求。

在研究方法上,资源环境承载能力主要以实证研究为主,其中大部分是基于调查问卷、实地调研、文献综述、数据统计、实验、地理信息系统(geographic information system,GIS)、模拟仿真等研究方法,以某一国家或某一区域为研究对象,根据资源环境承载能力的评价对象和研究区域的特性,构建资源环境单要素和综合要素承载能力评价指标体系。20 世纪 90 年代及 21 世纪初期,有关研究多以资源环境单要素为评价对象,构建单要素承载能力评价指标体系。例如,以土地作为评价对象,从水土资源、生态环境、经济技术及社会等四个方面构建了土地承载能力评价指标体系,分别对我国渤海沿海地区和东部沿海地区的土地综合承载能力进行探讨。也有研究以水资源作为评价对象,从水资源利用率、供需水模数、人均供水量、生态用水率、耕地率等方面选取指标,对干旱区的水资源承载能力进行综合评价;还有研究从水资源的供给能力、水环境容量、水资源区际调配及人口与经济社会发展等方面构建了指标体系,开展水资源承载能力评价研究。近年来,随着研究的深入,资源环境承载能力评价指标体系构建由单要素指标体系向多要素综合指标体系发展,资源环境承载能力评价综合指标体系构建及综合评价成为研究热点。例如,学者将区域资源环境承载能力评价指标体系分为压力类指标和承压类指标,压力类指标主要包括经济类与人口类指标,承压类指标主要包括资源环境类和潜力类指标;学者从资源子系统、环境子系统和经济社会子系统等方面选取指标构建评价指标体系,开展区域资源环境承载能力评价;也有学者从水资源、土资源、水环境、土壤环境、地质环境等方面构建承载能力综合评价指标体系,并以徐州为例开展评价。

国内外针对资源环境承载能力的概念、内涵、评价方法及应用等方面进行了研究,并且取得了一定的成果,已由最初的综合阐述承载能力、生态环境、可持续发展、自然资源等概念和相互联系的定性分析,逐步发展为定性与定量相结合的模式,依托生态学、资源环境经济学、社会学等理论基础,在航空遥感等先进的仪器设备和地理信息系统、数据分析等应用软件系统的支撑下,借助评价方法和模型,计算所研究地区的各项承载能力指标,并综合分析发展趋势。

三、资源环境承载能力研究的发展趋势

随着人与自然关系认知的不断深化,资源环境承载能力的内涵及其认识方法也在不断发展。国内外关于资源环境承载能力的评价从单一资源走向各类主要自然资源、环境要素及综合要素的承载能力评价,评价方法也在不断发展完善。评价对象涵盖全国、典型区域、流域、城市等不同尺度,也由此形成了多标准、多结果乃至矛盾的资源环境承载能力,影响了其对于决策的参考价值,也难以形成具有更广泛指导性的评价标准。今后,为进一步解决资源环境承载能力研究中的问题,需着力解决以下问题。

一是深化承载能力概念的认知,明确资源环境承载能力内涵。目前学术界对资源环境承载能力概念的认知尚不统一,对于承载什么、承载多少、如何承载的认识不一致,存在承载"规模"、承载"能力"、承载"阈值"、承载"建设开发行为"等不同观点,需进一步明确资源环境承载能力的内涵。

二是对于资源环境承载能力内涵的理解,需要从极限容量向发展容量转变。既往资源环境承载能力评价所测算的大部分为极限人口容量,即在现有生活水平条件下,根据预期的技术水平有关资源或环境要素所能支撑的人口规模,但生活水平不但没有也不可能保持在现有水平状态,而且需要不断提升,即全面建成小康社会情形下、基本现代化情形下所能承载的人口规模,是资源环境承载能力更应该关注的内容。

三是研究具有普适性、可推广的资源环境承载能力评价方法与技术规范。目前,资源环境承载能力评价方法和评价标准多样,由此形成了多结果甚至矛盾的资源环境承载能力,难以形成具有更为广泛指导性的评价标准。因此,开展资源环境承载能力评价方法体系的研究,形成具有普适性和可推广的资源环境承载能力评价方法与技术规范。同时,开展资源环境承载能力监测预警方法和标准研究,并以资源环境压力较大区、国家生态文明先行示范区等进行示范,以更好地服务国家及区域发展需求。

四是需强化以空间开发利用为特征的资源环境承载能力研究。资源环境承载能力评价是开展各类空间规划编制的基础,也是"多规合一"后空间规划的基础,因此无论是"多规合一"的"一",还是空间规划的根基,根本上讲就是资源环境承载能力,需要根据资源环境承载能力开展国土空间优化。目前,以空间开发利用为特征的资源环境承载能力也得到学者的关注,但相关研究相对较少。今后,需强化以空间开发利用为特征的资源环境承载能力研究,依据资源环境承载能力确定生产-生态-生活的"三生空间",优化国土空间布局。

五是在碳减排背景下,碳容量是资源环境承载能力的重要内容,因此基于碳峰值开展资源环境承载能力评价可以进一步发展资源环境承载能力的内涵,并为低碳发展提供了决策参考。目前,资源环境承载能力评价中,关于环境方面更多的是关注水环境、大气环境、生态环境等研究,而对碳容量的研究相对较少,今后应加强相关研究。

第三节　资源环境承载能力的国内外文献计量分析

一、数据来源与研究方法

（一）数据来源

在本书中，文献计量分析所采用的数据源包括两个数据库：一是《中国学术期刊（光盘版）》电子杂志社提供的中国学术期刊数据库；二是 Web of Science 中的 Web of Science Core Collection 数据库。

中国学术期刊数据库（China Academic Journal Network Publishing Database，CAJD）以学术、技术、政策指导、高等科普及教育类期刊为主，内容覆盖自然科学、工程技术、农业、哲学、医学、人文社会科学等各个领域。

Web of Science Core Collection 数据库又称为核心合集，即 SCI/SSCI 引文数据库（Science Citation Index/Social Sciences Citation Index），属于 Web of Science 中三大引文数据库种的一种。

本节以"KY＝'主体功能区'＋'资源承载能力'＋'环境承载能力'＋'生态承载能力' YE BETWEEN（'1997'，'2017'）"为检索条件，各关键词之间用"或"连接，检索时间为 1997～2017 年，在 CAJD 数据库中找到 3710 条结果，并对结果进行去重处理，最终得到 2137 条有效结果。以"Topic ＝ major function oriented zoning/environmental carrying capacity/resource carrying capacity/ecological carrying capacity"为检索条件，各主题之间用"or"连接，检索时间为 1997～2017 年，在 SCI/SSCI 数据库中找到 6704 条有效结果。为了便捷，下文将 CAJD 数据库简称为 CNKI，将 SCI/SSCI 数据库简称为 WOS。

（二）主要计量指标

X 指数：指作者论文单篇被引次数加 c 的自然对数的总和。数学表达式为

$$X = \sum_{i=1}^{n} \ln(\mathrm{TC}_i + c) \tag{1-1}$$

式中，TC_i 为第 i 篇论文的被引次数；c 为常数（$1 \leqslant c \leqslant 2$），本书取 $c＝1$，即不计算被引次数为 0 的论文的影响；n 为评价对象的全部论文数。

X 指数综合考虑评价对象单篇论文总被引次数、最高被引论文数、平均被引次数和论文总数的影响，克服了现有评价指数的缺点，主要体现评价对象在某领域的影响能力。

(三)研究方法和图谱关键指标解释

CiteSpace 知识图谱是由美国德雷克塞尔大学(Drexel University)陈超美于 2015 年开发的用于分析、挖掘、进行文献可视化的应用软件。该软件通过文献共引分析、寻径网络算法等方法,通过数据挖掘、信息分析、图谱绘制等功能,展现特定学科领域的知识结构,直观地表现知识群的演化过程。陈超美教授将其开发的文献可视化软件引入国内后,借助知识图谱分析学科的研究热点以及研究前沿在诸多学科中得到广泛应用。

在生成的知识图谱中,节点表示采用引文年轮,年度不同的颜色、大小代表不同的年份和引文数量,用于表示该文献发表至今被引用的历史。在关键词共现图谱中,词频是所分析文献中词语出现的次数,关键词词频的高低分布可以反映在某领域内被引频次或者发文量的多少。词频越大,在图中显示的节点越大。同时,可以根据链接关键词线条的粗细来判定共现次数,测度期间的亲疏关系,并通过颜色来判断词频出现的时间。突现性(burst)表示一个变量的值在短期内有很大变化,突现性强的关键词的出现,表明某时期学者发现了新的研究领域、研究视角,从而表现为一定时期的学术前沿,在图谱中往往用红色表示。其他各符号含义见表 1-1。

表 1-1 CiteSpace 知识图谱中各符号含义

符号名称	符号含义	应用和界定
N	网络节点数量	—
E	连线数量	—
Density	网络密度	—
Q	网络模块化评价指标	Q 值越大,表示网络得到的聚类越好,$Q>0.3$ 就意味着得到的网络社团结构是显著的
S	衡量网络同质性指标	S 值越接近 1,表明网络的同质性越高,S 在 0.5 以上,表明聚类结果具有合理性

计量指标的计算与排序在 Excel 2016 中完成,知识图谱的绘制在 CiteSpace 5.7. R1 中完成。选择时间段为 1990~2017 年,时间分区设置为 1 年,选取各时间分区中出现频率最高的前 50 个样本数据,分别基于"Keywords"、"Institution"以及"Author"依次进行知识图谱分析,并生成相关知识图谱。

二、资源环境承载能力的 CNKI 文献统计分析

(一)CNKI 文献产出时间分析

1997~2017 年 CNKI 中资源环境承载能力的文献量如图 1-1 所示,1997~

2017 年我国 CNKI 文献量呈波动上升趋势,且在 2006 年文献量激增(由 2005 年的 15 篇激增到 2006 年的 45 篇且 2007 年激增到 107 篇);X 指数与文献量呈大致相同的年际变化,但 2015～2017 年 X 指数则是呈下降趋势。通过分析,2006 年之前 CNKI 中文献量较少的原因是,CNKI 中资源环境承载能力的文章主要是关于水资源承载能力。2006 年,《中华人民共和国国民经济和社会发展第十一个五年规划纲要》中提出关于推进形成主体功能区以及资源永续利用、生态修复、污染防治等新政策,这使得我国学者更加关注资源环境承载能力的研究且将研究方向扩展到生态、土地利用等领域,导致 2006 年之后 CNKI 中关于资源环境承载能力的文献量激增。2014 年之前,X 指数一直比年际文献量高,这说明在 1997～2014 年 CNKI 中关于资源环境承载能力这一研究的文献对后来的研究具有较高的参考价值;而 2015～2017 年,X 指数低于年际文献量,但文献量一直增加,说明近几年国内关于资源环境承载能力的研究方向较为发散,以案例研究居多。

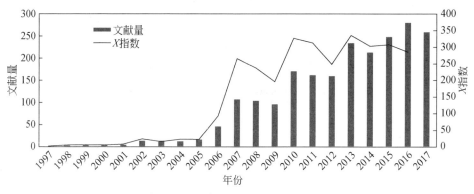

图 1-1　　1997～2017 年 CNKI 中资源环境承载能力文献量和 X 指数年际动态

(二)CNKI 文献关键词分析

运用 CiteSpace 5.7. R1,选择时间段为 1997～2017 年,时间分区设置为 1 年,选取各时间分区中出现频率最高的前 30 个样本数据,运用 Keywords 功能,得到 CNKI 中资源环境承载能力关键词共现网络图谱。如图 1-2 所示,图中的每一个圆圈代表一个节点,不同的节点代表不同的关键词。其中,节点的大小代表关键词的词频,节点越大说明对应主题出现的频次越高。节点的圆环颜色及厚度表示出现时段,即圆圈内环越厚,表明该颜色对应年份出现的频次越高,圆环由内至外表示时间从远到近;各节点之间的连线表示节点之间的共现关系,连线越粗表明节点之间的联系越紧密。图谱中节点($N=200$),连线($E=781$),网络密度(Density = 0.0392),节点之间连线密集,形成了一定规模的学术网络。从图中可以看出,主体功能区、资源环境承载能力、生态文明建设、生态补偿、可持续发展为普遍的研究方向。

　　关键词突现性可以反映一段时间内影响力比较大的研究领域。利用 CiteSpace 软件中突变检测分析方法,得到 CNKI 中资源环境承载能力关键词共现网络中前 25 个突现关键词,见表 1-2,并由此确定我国关于资源环境承载能力的研究热点。其中突现度排在前十位的词依次为主体功能区、环境承载能力、资源环境承载能力、生态文明建设、禁止开发区、生态文明、区域协调发展、生态承载能力、国家主体功能区、农产品主产区。从时间序列上看,突现关键词之间有比较强的时间连续性,起始年份在 2006 年以前的突现关键词为可持续发展、环境承载能力、承载能力、水环境、区域协调发展、资源环境承载能力;起始年份在 2006～2007 年的突现关键词为限制开发、禁止开发区、区域规划、城市化、区域政策、主体功能区、区域发展总体战略、生态补偿机制;起始年份在 2010～2015 年的突现关键词为生态承载能力、农产品主产区、资源承载能力、生态文明建设、土地资源承载能力、综合承载能力、生态文明、生态红线、环境承载能力、国家主体功能区、生态安全屏障。从这些关键词的突现度以及突现时间点来看,我国资源环境承载能力的研究紧跟国家方针政策,具有明显的政策导向性。从突现周期来看,“环境承载能力”领域周期最长,为 9 年,“区域协调发展”为 8 年,“承载能力”、“水环境”、“生态补偿机制”为 7 年,其他关键词突现周期大部分集中在 3～4 年。2014 年至今,跟随国家政策导向和人类生存发展的现实需求,生态红线、生态安全屏障、环境承载能力问题成为研究前沿。

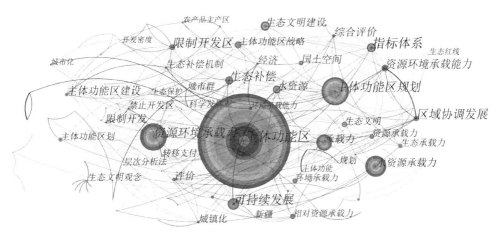

图 1-2　1997～2017 年 CNKI 中资源环境承载能力关键词共现网络图谱

表 1-2 1997～2017 年 CNKI 中资源环境承载能力前 25 个突现关键词

关键词	突现度	起始年份	终止年份	1997～2017 年
可持续发展	5.7862	1999	2004	
环境承载能力	15.6645	2001	2009	
承载能力	4.4006	2003	2009	
水环境	5.3829	2003	2009	
区域协调发展	7.7606	2005	2012	
资源环境承载能力	14.9384	2005	2009	
限制开发	5.9749	2006	2011	
禁止开发区	8.4587	2006	2011	
区域规划	3.6090	2006	2010	
城市化	5.0944	2007	2012	
区域政策	5.2635	2007	2010	
主体功能区	44.2355	2007	2009	
区域发展总体战略	4.1521	2007	2011	
生态补偿机制	4.6975	2007	2013	
生态承载能力	7.0114	2010	2014	
农产品主产区	6.0955	2011	2014	
资源承载能力	3.2612	2013	2015	
生态文明建设	13.9106	2013	2015	
土地资源承载能力	5.1196	2013	2015	
综合承载能力	4.0296	2013	2015	
生态文明	8.4426	2013	2015	
生态红线	3.6134	2014	2017	
环境承载能力	5.3734	2014	2017	
国家主体功能区	6.1598	2014	2017	
生态安全屏障	4.9967	2015	2017	

为了分析关键词的年度变化情况,在原有图谱上使用聚类功能,从图 1-3 可以看出 Q 值为 0.5482,$Q>0.3$,说明关键词共现聚类网络的结构显著,S 值为 0.5004,$S>0.5$,说明聚类结果是合理的。关键词分为 7 类,用相似度 LLR(log-likelihood ratio)算法进行命名,修剪掉过小的聚类,并使用 Timeline 视图,得到 1997～2017 年 CNKI 中资源环境承载能力关键词时间线可视化图谱。如图 1-3 所示,图谱清晰地反映了不同年份资源环境承载能力的演化与推进。通过对图谱的分析,发现资源环境承载能力的研究对"人"的关注点增加,2004 年出现"人与自然和谐相处"的词汇,之后"互动机制"、"人与自然和谐"、"人口迁移"等词汇出现,表明资源环境承载能力的相关研究开始注重人的研究。另外,关于生态的相关词汇一直是研究热点,1997～2017 年,出现很多与生态相关的关键词,如水资源承载能力、水环境、生态承载能力、环境承载能力、土地承载能力、自然保护区、区域协调发展、生态文明建设等,这表明与生态有关的研究一直是资源环境承载能力重要的研究问题,也是现在的主要研究问题。

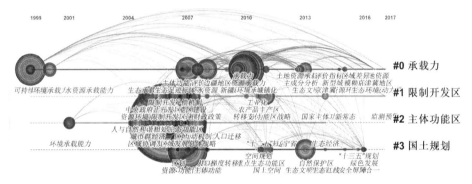

图 1-3　1997～2017 年 CNKI 中资源环境承载能力关键词时间线可视化图谱

(三)CNKI 文献发文作者分析

利用 CiteSpace 中 Author 分析功能对发文作者进行分析,选择时间段为 1997～2017 年,时间分区设置为 1 年,选取各时间分区中出现频率最高的前 50 个样本数据,得到发文作者图谱,如图 1-4 所示,图中有 457 个节点、317 条连线,网络密度为 0.003,图中节点的大小反映了作者的发文量,两个节点之间的连线表示作者之间的合作。从作者发文量角度分析,"樊杰"、"蔡银莺"的节点最大,说明发文量最多。其中,樊杰发文量为 18 篇,蔡银莺为 12 篇,朱传耿、米文宝为 10 篇,杜黎明、袁国华为 8 篇,樊笑英、成金华等均为 6 篇,见表 1-3。从作者的合作角度分析,国内的研究呈现"局部集中,整体分散"的格局。其中,袁国华、郑娟尔、贾立斌、席晶、成金华、王然形成了一个相对较大的合作网络,该合作网络主要研究土地承载能力的相关方面,蔡银莺、李海燕、王亚运三人形成了以耕地利用、生态补偿为主要研究方向的合作网络。

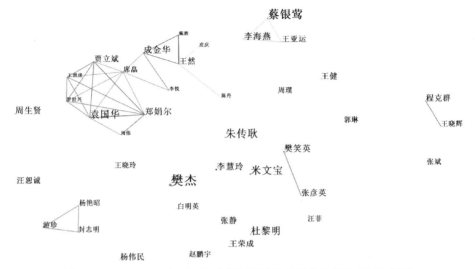

图 1-4　1997～2017 年 CNKI 中资源环境承载能力作者共现网络图谱

表 1-3　1997～2017 年 CNKI 中主要发文作者

发文作者	发文量
樊杰	18
蔡银莺	12
朱传耿	10
米文宝	10
杜黎明	8
袁国华	8
樊笑英	6
成金华	6
郑娟尔	6
李海燕	6
李慧玲	6

(四)CNKI 文献发文机构分析

运用 CiteSpace 软件中 Institution 分析功能,对 2137 篇文献的发文机构进行分析,如图 1-5 所示,并用 Excel 表格整理计算主要发文机构的发文量、篇均被引数以及 X 指数,按照 X 指数得出排名前十位的发文机构,见表 1-4。

　　图中有 294 个节点、132 条连线,网络密度为 0.003,图中节点的大小反映机构的发文量,两个节点之间的连线表示机构之间的合作,中心性表示机构之间的合作强度,中心性越大,说明机构之间的合作交流越密切。由图可知,中国科学院为该方向的主要研究机构,其中中国科学院地理科学与资源研究所发文量最高且与各机构的交流合作最为密切,是资源环境承载能力的主要研究机构;自然(国土)资源部资源环境承载能力评价重点实验室、中国国土资源经济研究院发文量较多,与其他机构的交流合作也较为频繁,也是该方向的重要研究机构。但是有交流合作的机构主要集中在中国科学院和自然(国土)资源部,高校之间关于资源环境承载能力研究的交流合作较少,大多数高校都是独立研究发文,这不利于资源环境承载能力的深入研究以及研究方法的创新与发展。

图 1-5　1997～2017 年 CNKI 中资源环境承载能力发文机构共现网络图谱

　　由表 1-4 可见,X 指数前十位的科研机构发文量为 187 篇,占 CNKI 资源环境承载能力研究总发文量的 8.75%。国家发展和改革委员会的 X 指数排在第二、发文量排在第一,这说明我国关于资源环境承载能力的研究具有很强的政策导向性。除国家发展和改革委员会以外,X 指数在前三的发文机构是中国科学院地理科学与资源研究所、四川大学、兰州大学;从发文量来看,排在前三位的是中国科学院地理科学与资源研究所、四川大学、中国人民大学;从篇均被引数上看,徐州师范大学的篇均被引数(60.400)远远高过排在第二名的中国科学院地理科学与资源研究所(36.345),但徐州师范大学的发文量却在 X 指数前十位的科研机构中排在最后,由此可以看出徐州师范大学在资源环境承载能力方面也有较高的影响。通过上述分析可以得出,中国科学院地理科学与资源研究所、四川大学、兰州大学是我国关于资源环境承载能力的主要科研机构,中国人民大学、徐州师范大学在该研究方向也具有一定的影响力。

表 1-4　CNKI 中资源环境承载能力 X 指数前十位的发文机构

机构	X 指数	发文量	篇均被引数
中国科学院地理科学与资源研究所	85.263	29	36.345
国家发展和改革委员会	84.884	38	26.579
四川大学	60.118	26	19.308
兰州大学	40.708	16	18.750
中国人民大学	36.432	17	19.412
徐州师范大学	35.145	10	60.400
宁夏大学	29.423	12	21.083
水利部	29.399	14	24.000
中国社会科学院	25.108	11	28.636
生态环境部(原环境保护部)	25.085	14	11.143

(五)CNKI 文献载文期刊分析

CiteSpace 软件无法对 CNKI 数据中的载文期刊进行研究,因此采用 X 指数、载文量与篇均被引数对 CNKI 中的文献进行载文期刊的分析,以上数据在 Excel 2016 中计算得出,并将 X 指数排名前十位的载文期刊列于表 1-5。

表 1-5　CNKI 中资源环境承载能力 X 指数前十位的载文期刊

期刊	X 指数	载文量	篇均被引数
《地域研究与开发》	51.407	18	29.833
《中国人口·资源与环境》	44.802	16	21.375
《经济地理》	44.347	14	31.786
《宏观经济管理》	36.247	22	9.364
《生态经济》	35.236	18	8.444
《地理科学进展》	25.663	8	25.625
《地理研究》	24.938	7	37.857
《经济纵横》	23.529	10	16.600
《中国科学院院刊》	23.378	8	46.500
《环境保护》	22.950	16	5.938

从 X 指数来看,《地域研究与开发》《中国人口·资源与环境》《经济地理》排在前三位。其中,《中国人口·资源与环境》与《经济地理》的 X 指数相差较小,与排在第四名的《宏观经济管理》的 X 指数相差较大,由此表明《地域研究与开发》、《中国人口·资源与环境》《经济地理》这三个载文期刊影响较大;从载文量来看,《宏观经济管理》的载文量为 22 篇、《地域研究与开发》与《生态经济》的载文量为 18篇、《中国人口·资源与环境》《环境保护》的载文量为 16 篇,这五个载文期刊排在前列;从篇均被引数来看,《中国科学院院刊》《地理研究》《经济地理》排在前三位,其中《中国科学院院刊》《地理研究》的载文量分别为 8 篇、7 篇,是 X 指数前十位的载文期刊中载文量最后的两篇期刊。由此可以看出《地理研究》与《中国科学院院刊》在资源环境承载能力方面也有较高的影响。通过上述分析,可以得到《地域研究与开发》、《中国人口·资源与环境》《经济地理》是我国关于资源环境承载能力的主要载文期刊,《地理研究》《中国科学院院刊》在资源环境承载能力方面也具有较高的影响。

三、资源环境承载能力的 WOS 文献统计分析

(一)WOS 文献关键词分析

运用 CiteSpace,选择时间段为 1997～2017 年,时间分区设置为 1 年,选取各时间分区中出现频率最高的前 30 个样本数据,选择 Minimum Spanning Tree(最小生成树)的修剪方法对太小的数据进行修剪,运用 Keywords 功能,得到 WOS 中资源环境承载能力的关键词共现网络图谱,如图 1-6 所示。图中有 156 个节点,439 条连线,网络密度为 0.0363。从图中可以看出,carrying capacity(承载能力)、model(模型)、management(管理)、system(系统)、growth(生长)为国外关于资源环境承载能力主要的研究方向。

利用 CiteSpace 软件中突变检测分析方法,得到 WOS 中资源环境承载能力关键词共现网络中的前 25 个突现关键词,见表 1-6,并由此确定国外关于资源环境承载能力的研究热点。突现度排在前十位的关键词依次为 density dependence(密度制约)、indicator(指示信号)、competition(竞争)、variability(易变性)、extinction(灭绝)、density(密度)、soil(土壤)、activated carbon(活性炭)、vegetation(植物)、waste water(水资源浪费)。从时间序列上看,起始年份在 2003 年之前的突现关键词为 nitrogen(氮气)、response(响应)、sustainability(可持续性)、ecology(生态)、density dependence(密度制约)、habitat(栖息地)、extinction(灭绝)、density(密度);2004～2008 年的突现关键词为 consequence(结果)、metabolism(新陈代谢)、competition(竞争)、variability(易变性)、population dynamics(人口动态)、vegetation(植

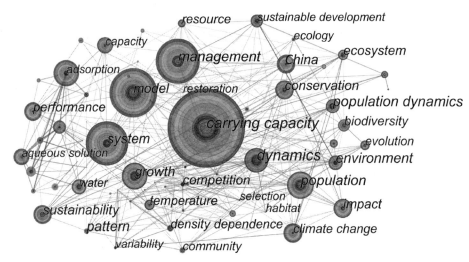

图 1-6　1997～2017 年 WOS 中资源环境承载能力关键词共现网络图谱

物)、ecosystem(生态系统)、diversity(多样性)、waste water(水资源浪费);起始年份在 2010～2014 的突现关键词为 pollution(污染)、plant(星球)、climate(气候)、soil(土壤)、energy(能源)、activated carbon(活性炭)、resource(资源)、indicator(指示信号)。从突现关键词影响的周期来看,response(响应)领域周期最长(11 年),其余突现关键词影响周期集中在 3～5 年。从突现关键词来看,国外学者关于资源环境承载能力的研究主要以生态为主,activated carbon(活性炭)、resource(资源)、indicator(指示信号)是国外学者的研究前沿领域。

表 1-6　1997～2017 年 WOS 中资源环境承载能力前 25 个突现关键词

关键词	突现度	起始年份	终止年份	1997～2017 年
nitrogen	3.3330	1998	2001	
response	4.3223	1998	2008	
sustainability	4.1909	1998	2002	
ecology	6.1859	2002	2007	
density dependence	16.9447	2003	2008	
habitat	7.1605	2003	2008	
extinction	10.9146	2003	2006	
density	9.2708	2003	2006	
consequence	5.8044	2004	2006	
metabolism	4.2361	2004	2007	

续表

关键词	突现度	起始年份	终止年份	1997～2017 年
competition	13.1020	2005	2010	
variability	11.0659	2005	2010	
population dynamics	7.4026	2005	2009	
vegetation	8.2050	2005	2007	
ecosystem	7.0854	2006	2008	
diversity	5.8257	2007	2010	
waste water	7.5536	2008	2013	
pollution	6.8606	2010	2011	
plant	3.8012	2010	2012	
climate	6.9596	2010	2013	
soil	8.6043	2011	2013	
energy	4.5013	2012	2014	
activated carbon	8.3835	2013	2017	
resource	5.2129	2013	2017	
indicator	13.6083	2014	2017	

（二）WOS 文献国家共现分析

运用 CiteSpace 软件中 Country 分析功能，对 WOS 文献的发文国家进行分析，得到图 1-7。图中有 62 个节点、295 条连线，网络密度为 0.156，图中节点的大小反映了国家的发文量，两个节点之间的连线表示国家之间的合作，中心性表示国家之间的合作强度，中心性越大，说明机构之间的合作交流越密切，见表 1-7。从图中可以看出，中国的节点最大，即发文量最多，为 1263 篇；美国的节点仅次于中国，发文量为 1074 篇，其余国家如西班牙、意大利、英国、法国、德国、澳大利亚、加拿大、印度等节点大小相似，表明这些国家为资源环境承载能力主要的研究国家。根据表 1-7，从发文量来看，中国、美国高居榜首，发文量是第三位西班牙的 3～4 倍；从中心性来看，德国最高为 0.15，美国、日本均为 0.14，中国的中心性为 0.02，在前 20 位发文国家中排末位。这表明我国关于资源环境承载能力的研究合作仅限于国内各机构以及各高校之间，虽然发文量较多，但与其他国家的合作研究较少，不利于及时掌握国外学者对于资源环境承载能力研究的新方法、新方向。

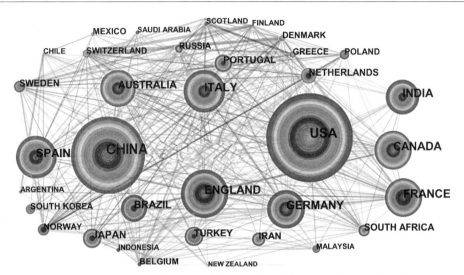

图 1-7　1997~2017 年 WOS 中资源环境承载能力国家共现网络图谱

表 1-7　WOS 中资源环境承载能力前 20 位发文国家

国家	发文量	中心性
中国	1263	0.02
美国	1074	0.14
西班牙	357	0.01
意大利	353	0.02
英国	348	0.11
法国	311	0.13
印度	302	0.01
德国	299	0.15
加拿大	261	0.08
澳大利亚	242	0.05
巴西	193	0.03
日本	154	0.14
荷兰	137	0.05
土耳其	131	0.01
葡萄牙	129	0.03
南非	106	0.04
瑞典	102	0.03
伊朗	96	0.01
挪威	87	0.04
波兰	85	0.02

四、结论

综上可知,1997~2017年,中国对于资源环境承载能力研究已经涌现出几个领军人物与合作团队,虽然各科研机构之间尚未形成紧密的学术网络,但各学术团队依托现有的研究资源已经形成了较为丰富的学术成果。其中,中国科学院地理科学与资源研究所发文量最多、X指数最高,呈现出比较强的中心性,在研究资源环境承载能力的科研机构中占有重要位置。在国家合作方面,中国虽然发文量最多,但与其他国家的合作交流较少,中心性较低;美国的发文量与中心性都排在前列,是资源环境承载能力的主要研究国家。

在研究内容上,具有以下特点:

(1)CNKI的文章研究主题呈现多样性,政策导向性明显。我国关于资源环境承载能力的研究内容、研究热点、研究主题的出现、转换紧跟国家政策的调整,呈现出多样化的主题。

(2)WOS的文章研究主题较单一,不受政策影响。国外学者对资源环境承载能力的研究多关注在资源、植物等生态方面,研究热点、研究内容多涉及研究的模型、方法、指标等,研究内容不会因为政策调整而改变。

(3)国内外文章的研究内容均涉及"人"。无论是CNKI中"人与自然和谐"、"人口迁移"还是WOS中的"人口动态",研究人员均考虑到"人"对资源环境承载能力的影响,并对此开展研究。

(4)国内外文章研究方法不同。CNKI的文章多是运用国外较成熟的方法对我国某一区域或某一城市进行举例研究,WOS的文章多是就研究方法进行讨论以及在资源环境承载能力研究方面的运用。

第四节　云南省资源环境承载能力评价研究的逻辑思路

一、主体功能区的理论基础

吴传钧院士在系统研究地理学中心问题的基础上提出地理学的研究核心是人地关系地域系统的理论思想。在该理论中,吴传钧先生始终倡导人地关系是一个集"人"和"地"两个子系统的复杂开放系统;人地关系是一种动态的关系;研究人地关系需要用定性与定量相结合的原则;人地关系是通过优化调控的方式实现的。在此基础上,潘玉君提出人地关系地域系统协调共生的理论构建,提出人地关系地域系统的概念,根据熵值原理提出人地关系地域系统的三种类型,运用反馈学理论研究人地关系地域系统的协调共生原理。

陆大道院士的点轴理论源于克里斯泰勒的中心地理论,主要强调区域空间增长极之间在区域交通网络结构共同作用下而形成的经济效应。对于区域区划而言,主要通过点轴理论思想将地域空间联系较为密切的地域单元划分在一起,便于后期的区域国土空间的协调发展。

黄秉维和郑度院士一直都强调进行地理学研究始终需要运用综合研究的思维。其中,黄秉维先生一直强调自然地理学的综合研究,指出要研究一个对象与其周围现象之间的联系,研究各对象之间的联系;既要发展综合自然地理学,也要发展部门地理学,更要将其联系起来,并照顾到地域与地域之间的关系。郑度先生认为区域研究是体现自然和人文综合的重要层次和有效途径。探讨区域单元的形成发展、分异组合、划分合并与相互联系,是地理学对过程和类型综合研究的概括与总结。

樊杰研究员的地域功能理论的核心思想包括:①地域功能是社会-环境相互作用的产物,是一个地域在更大尺度地域的可持续发展系统中所发挥的作用。②人类活动是影响地域功能格局可持续性的主要驱动力,其空间均衡过程是区域间经济、社会、生态综合效益的人均水平趋于相等。③地域功能分异导致的经济差距特别是民生质量差距,应该通过分配层面和消费层面的政策调控予以解决。可见,功能区划是自然与人文因素共同作用、社会与环境复合系统的综合功能区划,功能区划是在较长的时间段、更大空间尺度中谋求综合效益较优的方案,实现功能区划必须具备配套完善的制度和措施系统。

二、云南省资源环境承载能力评价研究的逻辑

在对云南省资源环境承载能力进行评价时,其总体研究思路如下:第一,从基础评价和专项评价出发,其中基础评价包括对云南省 129 个县(市、区)的土地资源、水资源、环境、生态的承载能力评价,专项评价按照地域主体功能的开发属性将云南省各县(市、区)分为城市化地区、农产品主产区、重点生态功能区三类,并分别对其进行专项评价,综合基础评价和专项评价形成集成评价;第二,从资源利用效率变化、污染物排放强度和生态质量变化三个方面评价,从而形成资源环境耗损程度集成评价;第三,综合考虑云南省资源环境承载能力的集成评价和资源耗损程度集成评价,形成云南省资源环境承载能力预警等级。研究的总体逻辑如图 1-8 所示。本书各项指标的计算方法和等级划分是在参考了 2016 年国家发展和改革委员会等 13 部委联合下发的《资源环境承载能力监测预警技术方法(试行)》文件,并结合云南省实际情况的基础上形成的。

三、云南省的总体情况

云南位于我国的西南部,是我国连接东南亚、南亚重要的通道,是我国"一带一

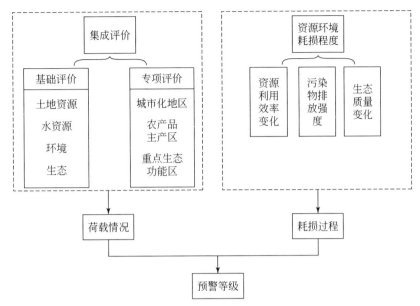

图 1-8　云南省资源环境承载能力评价研究的总体逻辑

路"开放的前沿。云南是个边疆省份,南部、西部分别与越南、老挝、缅甸三国为邻,沿边有 25 个县(市、区)与邻国相连,有 15 个民族跨境而居。东部和北部与广西、贵州、四川、西藏 4 省(自治区)接壤。云南省南北长 990km,东西宽 864.9km,面积 39.41 万 km^2。云南省第六次人口普查的数据显示,全省总人口 45996195 人,其中汉族 30628908 人,少数民族为 15337287 人,少数民族人口占总人口的 33.34%。少数民族中,人口数在 6000 人以上的民族共 25 个。人口在 100 万以上的有:彝族 5041210 人、哈尼族 1629508 人、白族 1564901 人、傣族 1222836 人、壮族 1215260 人、苗族 1202705 人。2017 年云南省的生产总值 16376.34 亿元,年末总人口 4800.5 万人,年末就业人口 2992.65 万人。

云南省位于我国三大地势阶梯中的第一地势阶梯与第二地势阶梯过渡带上,地势北高南低,平均海拔 2000m 左右,山地面积占全省总面积 94%。云南省位于青藏高原东南部,地质构造运动活跃,形成了一系列自然遗产地及地质公园。红河河谷与云岭东侧的山地作为云南省东西分界线,将云南省分为滇西横断山系纵谷区与滇东、滇中高原两大地貌地区。在高原与山地中,还散布有面积在 1km^2 以上的坝子(山间盆地、宽谷及局部平坦地面的总称)1886 个,小于 1km^2 者多达数千个。坝子为云南的农业发展、城市发展的集中区域,人地关系矛盾突出。

云南省内江河纵横,为众多河流的河源区,伊洛瓦底江水系、怒江水系、澜沧江水系、金沙江水系、红河(元江)水系、南盘江水系等六大水系,是东南亚国家主要的河流上游地区,对东南亚的稳定发展具有重要意义。云南省共有40多个天然湖泊,多数为断陷型湖泊,其中九大高原湖泊尤为著名。复杂的地貌形态,水平与垂直气候带的重叠与交叉,影响到生物系列的形成与分布,使云南省成为一处类型复杂、群系众多和各类资源聚集的地方。云南省动植物种类之多,区系与生态系统之复杂,也是国内外均熟知的,一向有"植物王国"、"动物王国"等美誉。

云南省地处低纬度地区,深受东亚季风气候、南亚季风气候及特殊的高原季风气候影响,处于青藏高原向低纬度平原过渡区域,使云南省形成了热带、温带、寒带和湿润、半湿润、半干旱和干旱等多种多样的气候类型。同时,云贵高原在河流作用下形成耸立于高原面上的山地、河谷、盆地及负向地貌及其地貌组合,使得云南省形成特殊的生境,发育了非常丰富的生态系统类型。主要有北热带北缘山地生态系统、亚热带西部地带生态系统、亚热带中北部地带生态系统、滇西北三江并流亚寒温地带生态系统等。这些生态系统,除是生物的栖息地外,还是云南省及东南亚河流的水源保护区。

随着人类活动的加剧及对生物多样性认识的提升,云南省在上述生态系统的基础上建立了一批服务全国乃至世界的保护区。为了便于管理,将这些保护区分为:滇南低山盆地、滇西南中山热带北缘自然保护区大区;滇中南中山、滇东南岩溶中山南亚热带自然保护区大区;滇中高原、滇西横断山地中亚热带自然保护区大区;滇西北、青藏高原东南缘亚高山自然保护区大区;滇东北、四川盆地边缘山地中亚热带自然保护区大区(朱海燕等,2018)。

结合云南省在全国及世界的地位,尤其是作为东南亚国家重要的水源涵养区的重要地位,国家将云南省在全国主体功能区划中的开发方式定位为重点开发区、限制开发区和禁止开发区三类。其中,以限制开发区和禁止开发区为主。按照地域主体功能的开发属性划分为城市化地区、农产品主产区和重点生态功能区。其中,城市化地区有五华区、盘龙区、官渡区、西山区、呈贡区、晋宁区、富民县、嵩明县、寻甸县、安宁市、麒麟区、马龙区、富源县、沾益区、宣威市、红塔区、江川区、澄江市、通海县、华宁县、易门县、峨山县、隆阳区、昭阳区、鲁甸县、古城区、华坪县、思茅区、临翔区、楚雄市、牟定县、南华县、武定县、禄丰县、个旧市、开远市、蒙自市、河口县、砚山县、大理市、祥云县、弥渡县、瑞丽市等43个县(市、区);农产品主产区有宜良县、石林县、禄劝县、陆良县、师宗县、罗平县、会泽县、新平县、元江县、施甸县、龙陵县、昌宁县、腾冲市、弥勒市、镇雄县、彝良县、威信县、永胜县、宁洱县、墨江县、景谷县、江城县、澜沧县、凤庆县、云县、永德县、镇康县、双江县、耿马县、沧源县、姚安县、元谋县、建水县、石屏县、泸西县、元阳县、红河县、绿春县、丘北县、宾川县、巍山县、云龙县、洱源县、鹤庆县、芒市、梁河县、盈江县、陇川县等48个县(市、区);重点生态功能区有东川区、巧家县、盐津县、大关县、永善县、屏边县、绥江县、水富县、玉

龙县、宁蒗县、景东县、镇沅县、孟连县、西盟县、双柏县、大姚县、永仁县、金平县、文
山市、西畴县、麻栗坡县、马关县、广南县、富宁县、景洪市、勐海县、勐腊县、漾濞县、
南涧县、永平县、剑川县、泸水市、福贡县、贡山县、兰坪县、香格里拉市、德钦县、维
西县等 38 个县(市、区)。

　　综上所述,云南省是一个后发达的民族省区,贫困面大,是一个集发展与保护
为一体的特殊功能区,在国家发展乃至世界发展中具有举足轻重的地位。

第二章 云南省资源环境承载能力基础评价

第一节 云南省土地资源评价

一、土地资源评价的科学内涵

土地资源是指已经被人类利用和可预见的未来能被人类利用的土地,是人类生存的基本资料和劳动对象,具体是指可供农、林、牧业和其他人类活动利用的土地。土地资源既属于自然范畴,即土地的自然属性,也属于经济范畴,即土地的社会属性,是人类的生产资料和劳动对象。土地资源评价主要表征区域土地资源条件对人口聚集、工业化和城镇化发展的支撑能力。

二、土地资源评价的基本结论

(一)土地建设开发适宜性评价

土地建设开发适宜性的影响要素分为强限制因子和较强限制因子,通过对各强限制因子和较强限制因子的赋值并对其进行综合评价,根据评价结果,将云南省 129 个县(市、区)土地建设开发适宜性评价由高至低划分为:一类地区、二类地区、三类地区和四类地区,并形成云南省土地建设开发适宜性评价图(图 2-1)和云南省土地建设开发适宜性评价表(表 2-1)。其中,强限制因子包括永久基本农田、采空塌陷区、生态保护红线、难以利用土地等;较强限制因子包括地形坡度、地质灾害、一般农用地、地震断裂带等。

如表 2-1 所示,对云南省 129 个县(市、区)进行土地建设开发适宜性评价得出以下结论:第一,东川区、宜良县、石林县、禄劝县和陆良县等 89 个县(市、区)为四类地区,瑞丽市、弥渡县、临翔区、思茅区和华坪县等 6 个县(市、区)为三类地区,五华区、盘龙区、官渡区、西山区和呈贡区等 24 个县(市、区)为二类地区,麒麟区、沾益区、宣威市、昭阳区和楚雄市等 10 个县(市、区)为一类地区;第二,五华区、盘龙区、官渡区、西山区和呈贡区等 89 个县(市、区)受到强限制性因子的影响;第三,富民县、禄劝县、麒麟区、陆良县和师宗县等 69 个县(市、区)的地震设防等级偏高;第四,云南省一般农用地对土地建设开发的限制性适中,具体有五华区、盘龙区、官渡区、西山区和呈贡区等109个县(市、区)为中等;第五,石林县、晋宁区、官渡区、西山区和呈贡区等57个县(市、区)的土地建设开发适宜性受坡度因素限制;第六,宜良县、通海县、易门县、峨山县和隆阳县等极少县(市、区)易发生地质灾害;第七,五华区、盘龙区、官渡区、西山区和呈贡区等100个县(市、区)有蓄滞洪区。如图2-1所示:第一,四类地区在云南省广泛分布;第二,三类地区在云南省零散分布;第三,二类地区和一类地区主要在滇中地区集中连片,并以滇中地区为核心、以东西方向为轴横向分布。

表 2-1　云南省土地建设开发适宜性评价表

县(市、区)	强限制因子	地震设防区	一般农用地	坡度	突发地质灾害	蓄滞洪区	得分	等级名称
五华区	1	40	60	60	80	60	300	二类地区
盘龙区	1	40	60	60	80	60	300	二类地区
官渡区	1	40	40	80	80	60	300	二类地区
西山区	1	40	60	80	80	60	320	二类地区
东川区	0	40	60	60	80	40	260	四类地区
呈贡区	1	40	40	80	80	60	300	二类地区
晋宁区	1	40	60	60	80	60	300	二类地区
富民县	1	100	60	60	80	40	340	二类地区
宜良县	0	40	80	60	100	40	320	四类地区
石林县	0	40	60	80	80	40	300	四类地区
嵩明县	1	40	60	60	80	60	300	二类地区
禄劝县	0	100	80	60	80	40	360	四类地区
寻甸县	1	40	60	60	80	40	280	三类地区
安宁市	1	40	60	80	80	40	300	二类地区
麒麟区	1	100	40	80	80	60	360	一类地区
马龙区	1	40	60	80	80	40	300	二类地区
陆良县	0	100	60	80	80	40	360	四类地区
师宗县	0	100	60	60	80	40	340	四类地区
罗平县	0	100	60	60	80	40	360	四类地区
富源县	1	100	60	60	80	40	340	二类地区
会泽县	0	40	80	60	80	40	300	四类地区
沾益区	1	100	60	80	80	40	360	一类地区
宣威市	1	100	60	60	80	60	360	一类地区
红塔区	1	40	60	80	80	60	320	二类地区

县（市、区）	强限制因子	地震设防区	一般农用地	坡度	突发地质灾害	蓄滞洪区	得分	等级名称
江川区	0	40	60	80	80	40	300	四类地区
澄江市	0	40	60	60	80	40	280	四类地区
通海县	0	40	60	80	100	40	320	二类地区
华宁县	0	40	60	60	80	40	280	四类地区
易门县	1	40	60	60	100	40	300	二类地区
峨山县	1	40	60	60	100	40	300	二类地区
新平县	0	40	60	40	80	40	260	四类地区
元江县	0	40	80	40	80	40	280	四类地区
隆阳区	1	40	60	60	100	60	320	二类地区
施甸县	0	40	60	60	80	40	280	四类地区
龙陵县	0	40	60	60	100	40	300	四类地区
昌宁县	0	100	60	60	80	40	340	四类地区
腾冲市	0	40	60	80	100	60	340	四类地区
昭阳区	1	100	60	60	80	60	360	一类地区
鲁甸县	1	100	60	60	80	40	340	二类地区
巧家县	0	40	60	40	60	40	240	四类地区
盐津县	0	100	60	40	100	40	340	四类地区
大关县	0	100	60	40	60	40	300	四类地区
永善县	0	100	60	40	60	40	300	四类地区
绥江县	0	100	60	40	100	40	340	四类地区
镇雄县	0	100	60	40	100	40	340	四类地区
彝良县	0	100	60	40	80	40	320	四类地区
威信县	0	100	60	40	80	40	320	四类地区
水富市	1	100	60	40	100	40	340	二类地区
古城区	1	40	60	80	100	60	340	四类地区
玉龙县	0	40	60	80	100	40	320	四类地区
永胜县	0	40	60	60	80	40	280	四类地区
华坪县	1	40	60	60	80	40	280	三类地区
宁蒗县	0	40	60	60	80	40	280	四类地区
思茅区	1	40	60	60	80	40	280	三类地区
宁洱县	0	40	60	60	100	40	300	四类地区

续表

县（市、区）	强限制因子	地震设防区	一般农用地	坡度	突发地质灾害	蓄滞洪区	得分	等级名称
墨江县	0	40	60	40	80	40	260	四类地区
景东县	0	40	60	60	80	40	280	四类地区
景谷县	0	40	60	60	80	40	280	四类地区
镇沅县	0	40	60	40	100	40	280	四类地区
江城县	0	40	60	60	80	40	280	四类地区
孟连县	0	40	60	60	80	40	280	四类地区
澜沧县	0	40	60	40	100	40	280	四类地区
西盟县	0	40	60	40	80	40	260	四类地区
临翔区	1	40	60	40	80	60	280	三类地区
凤庆县	0	40	60	40	80	40	260	四类地区
云县	0	40	60	40	100	40	280	四类地区
永德县	0	40	60	60	80	40	280	四类地区
镇康县	0	40	60	40	100	40	280	四类地区
双江县	0	40	60	40	80	40	260	四类地区
耿马县	0	40	60	60	60	40	260	四类地区
沧源县	0	40	60	40	80	40	260	四类地区
楚雄市	1	100	60	60	100	60	380	一类地区
双柏县	0	100	60	40	80	40	320	四类地区
牟定县	1	100	40	60	80	40	320	二类地区
南华县	1	100	60	60	100	40	360	一类地区
姚安县	0	100	60	60	80	40	340	四类地区
大姚县	0	100	60	60	80	40	340	四类地区
永仁县	0	100	60	60	80	40	340	四类地区
元谋县	0	100	60	80	80	40	360	四类地区
武定县	1	100	60	60	80	40	340	二类地区
禄丰县	1	100	60	60	80	40	340	二类地区
个旧市	1	100	60	60	80	40	360	一类地区
开远市	1	100	60	60	80	60	360	一类地区
蒙自市	1	100	60	60	80	60	360	一类地区
弥勒市	0	100	60	80	80	60	380	四类地区
屏边县	0	100	80	40	80	40	340	四类地区

续表

县(市、区)	强限制因子	地震设防区	一般农用地	坡度	突发地质灾害	蓄滞洪区	得分	等级名称
建水县	0	40	60	60	100	40	300	四类地区
石屏县	0	40	60	60	100	40	300	四类地区
泸西县	0	100	60	80	80	40	360	四类地区
元阳县	0	100	60	40	100	40	340	四类地区
红河县	0	100	80	40	80	40	340	四类地区
金平县	0	100	60	40	80	40	320	四类地区
绿春县	0	100	60	40	100	40	340	四类地区
河口县	1	100	60	40	80	40	320	二类地区
文山市	0	100	60	60	80	60	360	四类地区
砚山县	1	100	60	80	80	40	360	一类地区
西畴县	0	100	40	60	80	40	320	四类地区
麻栗坡县	0	100	60	40	100	40	340	四类地区
马关县	0	100	60	40	80	40	320	四类地区
丘北县	0	100	60	60	80	40	340	四类地区
广南县	0	100	60	60	80	40	340	四类地区
富宁县	0	100	60	40	80	40	320	四类地区
景洪市	0	40	60	80	80	60	320	四类地区
勐海县	0	40	60	60	80	40	280	四类地区
勐腊县	0	100	60	80	80	40	360	四类地区
大理市	1	40	60	80	100	60	340	二类地区
漾濞县	0	40	60	40	60	40	240	四类地区
祥云县	1	40	60	80	80	40	300	二类地区
宾川县	0	40	60	60	80	40	280	四类地区
弥渡县	1	40	60	60	60	40	260	三类地区
南涧县	0	40	40	40	60	40	220	四类地区
巍山县	0	40	40	60	80	40	260	四类地区
永平县	0	100	60	60	100	40	360	四类地区
云龙县	0	100	60	40	80	40	320	四类地区
洱源县	0	40	60	80	100	40	320	四类地区
剑川县	0	40	80	80	80	40	320	四类地区
鹤庆县	0	40	80	80	80	40	320	四类地区

续表

县（市、区）	强限制因子	地震设防区	一般农用地	坡度	突发地质灾害	蓄滞洪区	得分	等级名称
瑞丽市	1	40	40	80	80	40	280	三类地区
芒市	0	40	60	60	100	40	300	四类地区
梁河县	0	40	60	60	60	40	260	四类地区
盈江县	0	100	60	80	80	40	360	四类地区
陇川县	0	40	60	80	80	40	300	四类地区
泸水市	0	100	80	40	100	80	400	四类地区
福贡县	0	100	80	40	80	60	360	四类地区
贡山县	0	100	40	40	100	60	340	四类地区
兰坪县	0	100	60	40	80	40	320	四类地区
香格里拉市	0	100	60	60	100	80	400	四类地区
德钦县	0	100	40	40	100	80	360	四类地区
维西县	0	100	60	40	80	60	340	四类地区

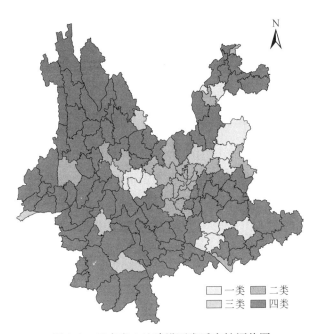

图 2-1 云南省土地建设开发适宜性评价图

（二）现状建设开发程度评价

现状建设开发程度评价是根据区域现状建设用地面积和区域适宜建设用地面积综合计算而成的,依据现状建设开发程度评价结果,将云南省 129 个县(市、区)现状建设开发程度由低至高划分为一类地区、二类地区和三类地区,形成云南省现状建设开发程度评价表(表 2-2)和云南省(2007 年、2016 年)现状建设开发程度评价图(图 2-2、图 2-3)。由图 2-2 和图 2-3 可知,2007 年云南省现状建设开发的三类地区主要位于滇东北的昭通一带,滇东曲靖的部分县(市、区),滇东南的文山一带,滇中以西的玉溪一带,滇西大理的部分县(市、区),滇西北的怒江、迪庆一带;2016年云南省现状建设开发三类地区的分布与 2007 年大体一致,此外还增加了滇中地区和滇南地区。

具体而言,云南省现状建设开发程度在两个时间序列上的变化见表 2-2。2007～2010 年,云南省现状建设开发程度评价为三类地区的有五华区、盘龙区、东川区、富民县和宜良县等 84 个县(市、区),二类地区有官渡区、西山区、呈贡区、晋宁区和麒麟区等 30 个县(市、区),一类地区的有陆良县、师宗县、沾益县、嵩明县和腾冲市等 15 个县(市、区);2011～2016 年,云南省现状建设开发程度评价为三类地区的有五华区、盘龙区、官渡区、昌宁县和巧家县等 94 个县(市、区),二类地区有马龙区、罗平县、会泽县、昭阳区和永胜县等 26 个县(市、区),一类地区的有陆良县、师宗县、沾益区、景谷县和澜沧县等 9 个县(市、区)。研究表明,2007～2016 年云南省的现状建设开发呈现出开发利用程度增高的趋势。

表 2-2　2007～2016 年云南省现状建设开发程度评价表

县(市、区)	2007 年	2008 年	2009 年	2010 年	2011 年	2012 年	2013 年	2014 年	2015 年	2016 年
五华区	三类地区	三类地区	三类地区	三类地区	三类地区	三类地区	三类地区	三类地区	三类地区	三类地区
盘龙区	三类地区	三类地区	三类地区	三类地区	三类地区	三类地区	三类地区	三类地区	三类地区	三类地区
官渡区	二类地区	二类地区	二类地区	二类地区	三类地区	三类地区	三类地区	三类地区	三类地区	三类地区
西山区	二类地区	二类地区	二类地区	二类地区	三类地区	三类地区	三类地区	三类地区	三类地区	三类地区
东川区	三类地区	三类地区	三类地区	三类地区	三类地区	三类地区	三类地区	三类地区	三类地区	三类地区
呈贡区	二类地区	二类地区	二类地区	二类地区	三类地区	三类地区	三类地区	三类地区	三类地区	三类地区

续表

县(市、区)	2007 年	2008 年	2009 年	2010 年	2011 年	2012 年	2013 年	2014 年	2015 年	2016 年
晋宁区	二类地区	二类地区	二类地区	二类地区	三类地区	三类地区	三类地区	三类地区	三类地区	三类地区
富民县	三类地区	三类地区	三类地区	三类地区	三类地区	三类地区	三类地区	三类地区	三类地区	三类地区
宜良县	三类地区	三类地区	三类地区	三类地区	三类地区	三类地区	三类地区	三类地区	三类地区	三类地区
石林县	三类地区	三类地区	三类地区	三类地区	三类地区	三类地区	三类地区	三类地区	三类地区	三类地区
嵩明县	一类地区	一类地区	一类地区	一类地区	三类地区	三类地区	三类地区	三类地区	三类地区	三类地区
禄劝县	三类地区	三类地区	三类地区	三类地区	三类地区	三类地区	三类地区	三类地区	三类地区	三类地区
寻甸县	三类地区	三类地区	三类地区	三类地区	三类地区	三类地区	三类地区	三类地区	三类地区	三类地区
安宁市	三类地区	三类地区	三类地区	三类地区	三类地区	三类地区	三类地区	三类地区	三类地区	三类地区
麒麟区	二类地区	二类地区	二类地区	二类地区	三类地区	三类地区	三类地区	三类地区	三类地区	三类地区
马龙区	三类地区	三类地区	三类地区	二类地区	二类地区	二类地区	二类地区	二类地区	二类地区	二类地区
陆良县	一类地区	一类地区	一类地区	一类地区	一类地区	一类地区	一类地区	一类地区	一类地区	一类地区
师宗县	一类地区	一类地区	一类地区	一类地区	一类地区	一类地区	一类地区	一类地区	一类地区	一类地区
罗平县	二类地区	二类地区	二类地区	二类地区	二类地区	二类地区	二类地区	二类地区	二类地区	二类地区
富源县	三类地区	三类地区	三类地区	三类地区	三类地区	三类地区	三类地区	三类地区	三类地区	三类地区
会泽县	三类地区	三类地区	三类地区	三类地区	二类地区	二类地区	二类地区	二类地区	二类地区	二类地区
沾益区	一类地区	一类地区	一类地区	一类地区	一类地区	一类地区	一类地区	一类地区	一类地区	一类地区
宣威市	三类地区	三类地区	三类地区	三类地区	三类地区	三类地区	三类地区	三类地区	三类地区	三类地区

续表

县(市、区)	2007 年	2008 年	2009 年	2010 年	2011 年	2012 年	2013 年	2014 年	2015 年	2016 年
红塔区	三类地区	三类地区	三类地区	三类地区	三类地区	三类地区	三类地区	三类地区	三类地区	三类地区
江川区	二类地区	二类地区	二类地区	二类地区	二类地区	二类地区	二类地区	二类地区	二类地区	二类地区
澄江市	三类地区	三类地区	三类地区	三类地区	三类地区	三类地区	三类地区	三类地区	三类地区	三类地区
通海县	二类地区	二类地区	二类地区	二类地区	二类地区	二类地区	二类地区	二类地区	二类地区	二类地区
华宁县	三类地区	三类地区	三类地区	三类地区	三类地区	三类地区	三类地区	三类地区	三类地区	三类地区
易门县	三类地区	三类地区	三类地区	三类地区	三类地区	三类地区	三类地区	三类地区	三类地区	三类地区
峨山县	三类地区	三类地区	三类地区	三类地区	三类地区	三类地区	三类地区	三类地区	三类地区	三类地区
新平县	三类地区	三类地区	三类地区	三类地区	三类地区	三类地区	三类地区	三类地区	三类地区	三类地区
元江县	三类地区	三类地区	三类地区	三类地区	三类地区	三类地区	三类地区	三类地区	三类地区	三类地区
隆阳区	三类地区	三类地区	三类地区	三类地区	三类地区	三类地区	三类地区	三类地区	三类地区	三类地区
施甸县	三类地区	三类地区	三类地区	三类地区	三类地区	三类地区	三类地区	三类地区	三类地区	三类地区
龙陵县	三类地区	三类地区	三类地区	三类地区	三类地区	三类地区	三类地区	三类地区	三类地区	三类地区
昌宁县	三类地区	三类地区	三类地区	三类地区	三类地区	三类地区	三类地区	三类地区	三类地区	三类地区
腾冲市	一类地区	一类地区	一类地区	一类地区	二类地区	二类地区	二类地区	二类地区	二类地区	二类地区
昭阳区	二类地区	二类地区	二类地区	二类地区	二类地区	二类地区	二类地区	二类地区	二类地区	二类地区
鲁甸县	三类地区	三类地区	三类地区	三类地区	三类地区	三类地区	三类地区	三类地区	三类地区	三类地区
巧家县	三类地区	三类地区	三类地区	三类地区	三类地区	三类地区	三类地区	三类地区	三类地区	三类地区

续表

县(市、区)	2007 年	2008 年	2009 年	2010 年	2011 年	2012 年	2013 年	2014 年	2015 年	2016 年
盐津县	三类地区	三类地区	三类地区	三类地区	三类地区	三类地区	三类地区	三类地区	三类地区	三类地区
大关县	三类地区	三类地区	三类地区	三类地区	三类地区	三类地区	三类地区	三类地区	三类地区	三类地区
永善县	三类地区	三类地区	三类地区	三类地区	三类地区	三类地区	三类地区	三类地区	三类地区	三类地区
绥江县	三类地区	三类地区	三类地区	三类地区	三类地区	三类地区	三类地区	三类地区	三类地区	三类地区
镇雄县	三类地区	三类地区	三类地区	三类地区	三类地区	三类地区	三类地区	三类地区	三类地区	三类地区
彝良县	三类地区	三类地区	三类地区	三类地区	三类地区	三类地区	三类地区	三类地区	三类地区	三类地区
威信县	三类地区	三类地区	三类地区	三类地区	三类地区	三类地区	三类地区	三类地区	三类地区	三类地区
水富市	三类地区	三类地区	三类地区	三类地区	三类地区	三类地区	三类地区	三类地区	三类地区	三类地区
古城区	一类地区	一类地区	一类地区	一类地区	三类地区	三类地区	三类地区	三类地区	三类地区	三类地区
玉龙县	三类地区	三类地区	三类地区	三类地区	三类地区	三类地区	三类地区	三类地区	三类地区	三类地区
永胜县	二类地区	二类地区	二类地区	二类地区	二类地区	二类地区	二类地区	二类地区	二类地区	二类地区
华坪县	三类地区	三类地区	三类地区	三类地区	三类地区	三类地区	三类地区	三类地区	三类地区	三类地区
宁蒗县	三类地区	三类地区	三类地区	三类地区	三类地区	三类地区	三类地区	三类地区	三类地区	三类地区
思茅区	三类地区	三类地区	三类地区	三类地区	三类地区	三类地区	三类地区	三类地区	三类地区	三类地区
宁洱县	三类地区	三类地区	三类地区	三类地区	三类地区	三类地区	三类地区	三类地区	三类地区	三类地区
墨江县	三类地区	三类地区	三类地区	三类地区	三类地区	三类地区	三类地区	三类地区	三类地区	三类地区
景东县	三类地区	三类地区	三类地区	三类地区	三类地区	三类地区	三类地区	三类地区	三类地区	三类地区

续表

县(市、区)	2007 年	2008 年	2009 年	2010 年	2011 年	2012 年	2013 年	2014 年	2015 年	2016 年
景谷县	二类地区	二类地区	二类地区	二类地区	一类地区	一类地区	一类地区	一类地区	一类地区	一类地区
镇沅县	三类地区	三类地区	三类地区	三类地区	三类地区	三类地区	三类地区	三类地区	三类地区	三类地区
江城县	三类地区	三类地区	三类地区	三类地区	三类地区	三类地区	三类地区	三类地区	三类地区	三类地区
孟连县	三类地区	三类地区	三类地区	三类地区	三类地区	三类地区	三类地区	三类地区	三类地区	三类地区
澜沧县	二类地区	二类地区	二类地区	二类地区	一类地区	一类地区	一类地区	一类地区	一类地区	一类地区
西盟县	三类地区	三类地区	三类地区	三类地区	三类地区	三类地区	三类地区	三类地区	三类地区	三类地区
临翔区	三类地区	三类地区	三类地区	三类地区	三类地区	三类地区	三类地区	三类地区	三类地区	三类地区
凤庆县	三类地区	三类地区	三类地区	三类地区	三类地区	三类地区	三类地区	三类地区	三类地区	三类地区
云县	三类地区	三类地区	三类地区	三类地区	三类地区	三类地区	三类地区	三类地区	三类地区	三类地区
永德县	三类地区	三类地区	三类地区	三类地区	三类地区	三类地区	三类地区	三类地区	三类地区	三类地区
镇康县	三类地区	三类地区	三类地区	三类地区	三类地区	三类地区	三类地区	三类地区	三类地区	三类地区
双江县	三类地区	三类地区	三类地区	三类地区	三类地区	三类地区	三类地区	三类地区	三类地区	三类地区
耿马县	二类地区	二类地区	二类地区	二类地区	二类地区	二类地区	二类地区	二类地区	二类地区	二类地区
沧源县	三类地区	三类地区	三类地区	三类地区	三类地区	三类地区	三类地区	三类地区	三类地区	三类地区
楚雄市	三类地区	三类地区	三类地区	三类地区	三类地区	三类地区	三类地区	三类地区	三类地区	三类地区
双柏县	三类地区	三类地区	三类地区	三类地区	三类地区	三类地区	三类地区	三类地区	三类地区	三类地区
牟定县	三类地区	三类地区	三类地区	三类地区	二类地区	二类地区	二类地区	二类地区	二类地区	二类地区

续表

县(市、区)	2007 年	2008 年	2009 年	2010 年	2011 年	2012 年	2013 年	2014 年	2015 年	2016 年
南华县	三类地区	三类地区	三类地区	三类地区	二类地区	二类地区	二类地区	二类地区	二类地区	二类地区
姚安县	二类地区	二类地区	二类地区	二类地区	二类地区	二类地区	二类地区	二类地区	二类地区	二类地区
大姚县	三类地区	三类地区	三类地区	三类地区	三类地区	三类地区	三类地区	三类地区	三类地区	三类地区
永仁县	一类地区	一类地区	一类地区	一类地区	一类地区	一类地区	一类地区	一类地区	一类地区	一类地区
元谋县	二类地区	二类地区	二类地区	二类地区	二类地区	二类地区	二类地区	二类地区	二类地区	二类地区
武定县	二类地区	二类地区	二类地区	二类地区	二类地区	二类地区	二类地区	二类地区	二类地区	二类地区
禄丰县	三类地区	三类地区	三类地区	三类地区	三类地区	三类地区	三类地区	三类地区	三类地区	三类地区
个旧市	三类地区	三类地区	三类地区	三类地区	三类地区	三类地区	三类地区	三类地区	三类地区	三类地区
开远市	三类地区	三类地区	三类地区	三类地区	三类地区	三类地区	三类地区	三类地区	三类地区	三类地区
蒙自市	二类地区	二类地区	二类地区	二类地区	三类地区	三类地区	三类地区	三类地区	三类地区	三类地区
弥勒市	二类地区	二类地区	二类地区	二类地区	三类地区	三类地区	三类地区	三类地区	三类地区	三类地区
屏边县	三类地区	三类地区	三类地区	三类地区	三类地区	三类地区	三类地区	三类地区	三类地区	三类地区
建水县	二类地区	二类地区	二类地区	二类地区	三类地区	三类地区	三类地区	三类地区	三类地区	三类地区
石屏县	三类地区	三类地区	三类地区	三类地区	三类地区	三类地区	三类地区	三类地区	三类地区	三类地区
泸西县	一类地区	一类地区	一类地区	一类地区	二类地区	二类地区	二类地区	二类地区	二类地区	二类地区
元阳县	三类地区	三类地区	三类地区	三类地区	三类地区	三类地区	三类地区	三类地区	三类地区	三类地区
红河县	三类地区	三类地区	三类地区	三类地区	三类地区	三类地区	三类地区	三类地区	三类地区	三类地区

续表

县（市、区）	2007 年	2008 年	2009 年	2010 年	2011 年	2012 年	2013 年	2014 年	2015 年	2016 年
金平县	三类地区	三类地区	三类地区	三类地区	三类地区	三类地区	三类地区	三类地区	三类地区	三类地区
绿春县	三类地区	三类地区	三类地区	三类地区	三类地区	三类地区	三类地区	三类地区	三类地区	三类地区
河口县	三类地区	三类地区	三类地区	三类地区	三类地区	三类地区	三类地区	三类地区	三类地区	三类地区
文山市	三类地区	三类地区	三类地区	三类地区	三类地区	三类地区	三类地区	三类地区	三类地区	三类地区
砚山县	一类地区	一类地区	一类地区	一类地区	二类地区	二类地区	二类地区	二类地区	二类地区	
西畴县	三类地区	三类地区	三类地区	三类地区	三类地区	三类地区	三类地区	三类地区	三类地区	三类地区
麻栗坡县	三类地区	三类地区	三类地区	三类地区	三类地区	三类地区	三类地区	三类地区	三类地区	三类地区
马关县	三类地区	三类地区	三类地区	三类地区	三类地区	三类地区	三类地区	三类地区	三类地区	三类地区
丘北县	二类地区	二类地区	二类地区	二类地区	二类地区	二类地区	二类地区	二类地区	二类地区	二类地区
广南县	三类地区	三类地区	三类地区	三类地区	三类地区	三类地区	三类地区	三类地区	三类地区	三类地区
富宁县	三类地区	三类地区	三类地区	三类地区	三类地区	三类地区	三类地区	三类地区	三类地区	三类地区
景洪市	二类地区	二类地区	二类地区	二类地区	三类地区	三类地区	三类地区	三类地区	三类地区	三类地区
勐海县	一类地区	一类地区	一类地区	一类地区	二类地区	二类地区	二类地区	二类地区	二类地区	
勐腊县	二类地区	二类地区	二类地区	二类地区	三类地区	三类地区	三类地区	三类地区	三类地区	三类地区
大理市	二类地区	二类地区	二类地区	二类地区	三类地区	三类地区	三类地区	三类地区	三类地区	三类地区
漾濞县	三类地区	三类地区	三类地区	三类地区	三类地区	三类地区	三类地区	三类地区	三类地区	三类地区
祥云县	二类地区	二类地区	二类地区	二类地区	二类地区	二类地区	二类地区	二类地区	二类地区	二类地区

续表

县(市、区)	2007 年	2008 年	2009 年	2010 年	2011 年	2012 年	2013 年	2014 年	2015 年	2016 年
宾川县	一类地区	一类地区	一类地区	一类地区	一类地区	一类地区	一类地区	一类地区	一类地区	一类地区
弥渡县	二类地区	二类地区	二类地区	二类地区	二类地区	二类地区	二类地区	二类地区	二类地区	二类地区
南涧县	三类地区	三类地区	三类地区	三类地区	三类地区	三类地区	三类地区	三类地区	三类地区	三类地区
巍山县	二类地区	二类地区	二类地区	二类地区	二类地区	二类地区	二类地区	二类地区	二类地区	二类地区
永平县	三类地区	三类地区	三类地区	三类地区	三类地区	三类地区	三类地区	三类地区	三类地区	三类地区
云龙县	三类地区	三类地区	三类地区	三类地区	三类地区	三类地区	三类地区	三类地区	三类地区	三类地区
洱源县	二类地区	二类地区	二类地区	二类地区	二类地区	二类地区	二类地区	二类地区	二类地区	二类地区
剑川县	一类地区	一类地区	一类地区	一类地区	一类地区	一类地区	一类地区	一类地区	一类地区	一类地区
鹤庆县	一类地区	一类地区	一类地区	一类地区	一类地区	一类地区	一类地区	一类地区	一类地区	一类地区
瑞丽市	二类地区	二类地区	二类地区	二类地区	三类地区	三类地区	三类地区	三类地区	三类地区	三类地区
芒市	二类地区	二类地区	二类地区	二类地区	三类地区	三类地区	三类地区	三类地区	三类地区	三类地区
梁河县	三类地区	三类地区	三类地区	三类地区	二类地区	二类地区	二类地区	二类地区	二类地区	二类地区
盈江县	二类地区	二类地区	二类地区	二类地区	二类地区	二类地区	二类地区	二类地区	二类地区	二类地区
陇川县	一类地区	一类地区	一类地区	一类地区	二类地区	二类地区	二类地区	二类地区	二类地区	二类地区
泸水市	三类地区	三类地区	三类地区	三类地区	三类地区	三类地区	三类地区	三类地区	三类地区	三类地区
兰坪县	三类地区	三类地区	三类地区	三类地区	三类地区	三类地区	三类地区	三类地区	三类地区	三类地区
香格里拉市	一类地区	一类地区	一类地区	一类地区	二类地区	二类地区	二类地区	二类地区	二类地区	二类地区

续表

县(市、区)	2007 年	2008 年	2009 年	2010 年	2011 年	2012 年	2013 年	2014 年	2015 年	2016 年
维西县	三类地区	三类地区	三类地区	三类地区	三类地区	三类地区	三类地区	三类地区	三类地区	三类地区
德钦县	三类地区	三类地区	三类地区	三类地区	三类地区	三类地区	三类地区	三类地区	三类地区	三类地区
贡山县	三类地区	三类地区	三类地区	三类地区	三类地区	三类地区	三类地区	三类地区	三类地区	三类地区
福贡县	三类地区	三类地区	三类地区	三类地区	三类地区	三类地区	三类地区	三类地区	三类地区	三类地区

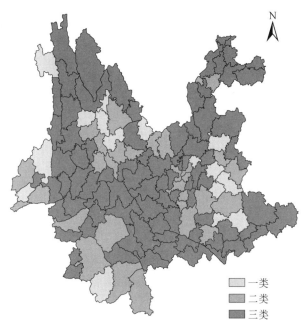

图 2-2　2007 年云南省现状建设开发程度评价图

（三）土地资源指数评价

土地资源指数是根据现状建设开发程度与土地建设开发适宜程度阈值计算而来的,依据土地资源指数评价结果,将云南省 129 个县(市、区)土地资源载荷情况由低至高划分为一类地区、二类地区和三类地区,形成云南省土地资源载荷评价表

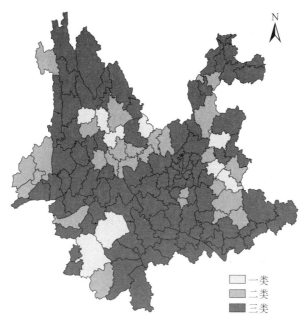

一类
二类
三类

图 2-3　2016 年云南省现状建设开发程度评价图

（表 2-3）和云南省土地资源载荷评价图（图 2-4）。由图 2-4 可知，云南省总体上呈现出土地资源载荷评价为以三类地区为主的态势，土地资源载荷评价为二类地区和一类地区的县（市、区）主要分布在滇中昆明市一带，滇西大理市的部分县（市、区）以及滇东曲靖市的部分县（市、区）。

　　由表 2-3 可以看出，土地资源载荷评价为三类地区的有东川区、宜良县、石林县、陆良县和禄劝县等 95 个县（市、区），二类地区有五华区、盘龙区、西山区、富民县和寻甸县等 17 个县（市、区），一类地区有官渡区、呈贡区、晋宁区、嵩明县和麒麟区等 17 个县（市、区）。总体而言，云南省土地资源呈现出土地资源承载能力较为紧张的态势。

表 2-3　2007～2016 年云南省土地资源载荷评价表

县（市、区）	2007 年	2008 年	2009 年	2010 年	2011 年	2012 年	2013 年	2014 年	2015 年	2016 年
五华区	二类地区	二类地区	二类地区	二类地区	二类地区	二类地区	二类地区	二类地区	二类地区	二类地区
盘龙区	二类地区	二类地区	二类地区	二类地区	二类地区	二类地区	二类地区	二类地区	二类地区	二类地区
官渡区	一类地区	一类地区	一类地区	一类地区	一类地区	一类地区	一类地区	一类地区	一类地区	一类地区

县(市、区)	2007 年	2008 年	2009 年	2010 年	2011 年	2012 年	2013 年	2014 年	2015 年	2016 年
西山区	二类地区	二类地区	二类地区	二类地区	二类地区	二类地区	二类地区	二类地区	二类地区	二类地区
东川区	三类地区	三类地区	三类地区	三类地区	三类地区	三类地区	三类地区	三类地区	三类地区	三类地区
呈贡区	一类地区	一类地区	一类地区	一类地区	一类地区	一类地区	一类地区	一类地区	一类地区	一类地区
晋宁区	一类地区	一类地区	一类地区	一类地区	一类地区	一类地区	一类地区	一类地区	一类地区	一类地区
富民县	二类地区	二类地区	二类地区	二类地区	二类地区	二类地区	二类地区	二类地区	二类地区	二类地区
宜良县	三类地区	三类地区	三类地区	三类地区	三类地区	三类地区	三类地区	三类地区	三类地区	三类地区
石林县	三类地区	三类地区	三类地区	三类地区	三类地区	三类地区	三类地区	三类地区	三类地区	三类地区
嵩明县	一类地区	一类地区	一类地区	一类地区	一类地区	一类地区	一类地区	一类地区	一类地区	一类地区
禄劝县	三类地区	三类地区	三类地区	三类地区	三类地区	三类地区	三类地区	三类地区	三类地区	三类地区
寻甸县	二类地区	二类地区	二类地区	二类地区	二类地区	二类地区	二类地区	二类地区	二类地区	二类地区
安宁市	二类地区	二类地区	二类地区	二类地区	二类地区	二类地区	二类地区	二类地区	二类地区	二类地区
麒麟区	一类地区	一类地区	一类地区	一类地区	一类地区	一类地区	一类地区	一类地区	一类地区	一类地区
马龙区	一类地区	一类地区	一类地区	一类地区	一类地区	一类地区	一类地区	一类地区	一类地区	一类地区
陆良县	三类地区	三类地区	三类地区	三类地区	三类地区	三类地区	三类地区	三类地区	三类地区	三类地区
师宗县	三类地区	三类地区	三类地区	三类地区	三类地区	三类地区	三类地区	三类地区	三类地区	三类地区
罗平县	三类地区	三类地区	三类地区	三类地区	三类地区	三类地区	三类地区	三类地区	三类地区	三类地区
富源县	三类地区	三类地区	三类地区	三类地区	三类地区	三类地区	三类地区	三类地区	三类地区	三类地区

县(市、区)	2007 年	2008 年	2009 年	2010 年	2011 年	2012 年	2013 年	2014 年	2015 年	2016 年
会泽县	三类地区	三类地区	三类地区	三类地区	三类地区	三类地区	三类地区	三类地区	三类地区	三类地区
沾益区	一类地区	一类地区	一类地区	一类地区	一类地区	一类地区	一类地区	一类地区	一类地区	一类地区
宣威市	二类地区	二类地区	二类地区	二类地区	二类地区	二类地区	二类地区	二类地区	二类地区	二类地区
红塔区	二类地区	二类地区	二类地区	二类地区	二类地区	二类地区	二类地区	二类地区	二类地区	二类地区
江川区	三类地区	三类地区	三类地区	三类地区	三类地区	三类地区	三类地区	三类地区	三类地区	三类地区
澄江市	三类地区	三类地区	三类地区	三类地区	三类地区	三类地区	三类地区	三类地区	三类地区	三类地区
通海县	一类地区	一类地区	一类地区	一类地区	一类地区	一类地区	一类地区	一类地区	一类地区	一类地区
华宁县	三类地区	三类地区	三类地区	三类地区	三类地区	三类地区	三类地区	三类地区	三类地区	三类地区
易门县	二类地区	二类地区	二类地区	二类地区	二类地区	二类地区	二类地区	二类地区	二类地区	二类地区
峨山县	二类地区	二类地区	二类地区	二类地区	二类地区	二类地区	二类地区	二类地区	二类地区	二类地区
新平县	三类地区	三类地区	三类地区	三类地区	三类地区	三类地区	三类地区	三类地区	三类地区	三类地区
元江县	三类地区	三类地区	三类地区	三类地区	三类地区	三类地区	三类地区	三类地区	三类地区	三类地区
隆阳区	二类地区	二类地区	二类地区	二类地区	二类地区	二类地区	二类地区	二类地区	二类地区	二类地区
施甸县	三类地区	三类地区	三类地区	三类地区	三类地区	三类地区	三类地区	三类地区	三类地区	三类地区
龙陵县	三类地区	三类地区	三类地区	三类地区	三类地区	三类地区	三类地区	三类地区	三类地区	三类地区
昌宁县	三类地区	三类地区	三类地区	三类地区	三类地区	三类地区	三类地区	三类地区	三类地区	三类地区
腾冲市	三类地区	三类地区	三类地区	三类地区	三类地区	三类地区	三类地区	三类地区	三类地区	三类地区

县(市、区)	2007 年	2008 年	2009 年	2010 年	2011 年	2012 年	2013 年	2014 年	2015 年	2016 年
昭阳区	一类地区	一类地区	一类地区	一类地区	一类地区	一类地区	一类地区	一类地区	一类地区	一类地区
鲁甸县	二类地区	二类地区	二类地区	二类地区	二类地区	二类地区	二类地区	二类地区	二类地区	二类地区
巧家县	三类地区	三类地区	三类地区	三类地区	三类地区	三类地区	三类地区	三类地区	三类地区	三类地区
盐津县	三类地区	三类地区	三类地区	三类地区	三类地区	三类地区	三类地区	三类地区	三类地区	三类地区
大关县	三类地区	三类地区	三类地区	三类地区	三类地区	三类地区	三类地区	三类地区	三类地区	三类地区
永善县	三类地区	三类地区	三类地区	三类地区	三类地区	三类地区	三类地区	三类地区	三类地区	三类地区
绥江县	三类地区	三类地区	三类地区	三类地区	三类地区	三类地区	三类地区	三类地区	三类地区	三类地区
镇雄县	三类地区	三类地区	三类地区	三类地区	三类地区	三类地区	三类地区	三类地区	三类地区	三类地区
彝良县	三类地区	三类地区	三类地区	三类地区	三类地区	三类地区	三类地区	三类地区	三类地区	三类地区
威信县	三类地区	三类地区	三类地区	三类地区	三类地区	三类地区	三类地区	三类地区	三类地区	三类地区
水富市	三类地区	三类地区	三类地区	三类地区	三类地区	三类地区	三类地区	三类地区	三类地区	三类地区
古城区	三类地区	三类地区	三类地区	三类地区	三类地区	三类地区	三类地区	三类地区	三类地区	三类地区
玉龙县	三类地区	三类地区	三类地区	三类地区	三类地区	三类地区	三类地区	三类地区	三类地区	三类地区
永胜县	三类地区	三类地区	三类地区	三类地区	三类地区	三类地区	三类地区	三类地区	三类地区	三类地区
华坪县	二类地区	二类地区	二类地区	二类地区	二类地区	二类地区	二类地区	二类地区	二类地区	二类地区
宁蒗县	三类地区	三类地区	三类地区	三类地区	三类地区	三类地区	三类地区	三类地区	三类地区	三类地区
思茅区	三类地区	三类地区	三类地区	三类地区	三类地区	三类地区	三类地区	三类地区	三类地区	三类地区

续表

县(市、区)	2007 年	2008 年	2009 年	2010 年	2011 年	2012 年	2013 年	2014 年	2015 年	2016 年
宁洱县	三类地区	三类地区	三类地区	三类地区	三类地区	三类地区	三类地区	三类地区	三类地区	三类地区
墨江县	三类地区	三类地区	三类地区	三类地区	三类地区	三类地区	三类地区	三类地区	三类地区	三类地区
景东县	三类地区	三类地区	三类地区	三类地区	三类地区	三类地区	三类地区	三类地区	三类地区	三类地区
景谷县	三类地区	三类地区	三类地区	三类地区	三类地区	三类地区	三类地区	三类地区	三类地区	三类地区
镇沅县	三类地区	三类地区	三类地区	三类地区	三类地区	三类地区	三类地区	三类地区	三类地区	三类地区
江城县	三类地区	三类地区	三类地区	三类地区	三类地区	三类地区	三类地区	三类地区	三类地区	三类地区
孟连县	三类地区	三类地区	三类地区	三类地区	三类地区	三类地区	三类地区	三类地区	三类地区	三类地区
澜沧县	三类地区	三类地区	三类地区	三类地区	三类地区	三类地区	三类地区	三类地区	三类地区	三类地区
西盟县	三类地区	三类地区	三类地区	三类地区	三类地区	三类地区	三类地区	三类地区	三类地区	三类地区
临翔区	三类地区	三类地区	三类地区	三类地区	三类地区	三类地区	三类地区	三类地区	三类地区	三类地区
凤庆县	三类地区	三类地区	三类地区	三类地区	三类地区	三类地区	三类地区	三类地区	三类地区	三类地区
云县	三类地区	三类地区	三类地区	三类地区	三类地区	三类地区	三类地区	三类地区	三类地区	三类地区
永德县	三类地区	三类地区	三类地区	三类地区	三类地区	三类地区	三类地区	三类地区	三类地区	三类地区
镇康县	三类地区	三类地区	三类地区	三类地区	三类地区	三类地区	三类地区	三类地区	三类地区	三类地区
双江县	三类地区	三类地区	三类地区	三类地区	三类地区	三类地区	三类地区	三类地区	三类地区	三类地区
耿马县	三类地区	三类地区	三类地区	三类地区	三类地区	三类地区	三类地区	三类地区	三类地区	三类地区
沧源县	三类地区	三类地区	三类地区	三类地区	三类地区	三类地区	三类地区	三类地区	三类地区	三类地区

续表

县(市、区)	2007 年	2008 年	2009 年	2010 年	2011 年	2012 年	2013 年	2014 年	2015 年	2016 年
楚雄市	二类地区	二类地区	二类地区	二类地区	二类地区	二类地区	二类地区	二类地区	二类地区	二类地区
双柏县	三类地区	三类地区	三类地区	三类地区	三类地区	三类地区	三类地区	三类地区	三类地区	三类地区
牟定县	一类地区	一类地区	一类地区	一类地区	一类地区	一类地区	一类地区	一类地区	一类地区	一类地区
南华县	二类地区	二类地区	二类地区	二类地区	二类地区	二类地区	二类地区	二类地区	二类地区	二类地区
姚安县	三类地区	三类地区	三类地区	三类地区	三类地区	三类地区	三类地区	三类地区	三类地区	三类地区
大姚县	三类地区	三类地区	三类地区	三类地区	三类地区	三类地区	三类地区	三类地区	三类地区	三类地区
永仁县	三类地区	三类地区	三类地区	三类地区	三类地区	三类地区	三类地区	三类地区	三类地区	三类地区
元谋县	三类地区	三类地区	三类地区	三类地区	三类地区	三类地区	三类地区	三类地区	三类地区	三类地区
武定县	一类地区	一类地区	一类地区	一类地区	一类地区	一类地区	一类地区	一类地区	一类地区	一类地区
禄丰县	二类地区	二类地区	二类地区	二类地区	二类地区	二类地区	二类地区	二类地区	二类地区	二类地区
个旧市	二类地区	二类地区	二类地区	二类地区	二类地区	二类地区	二类地区	二类地区	二类地区	二类地区
开远市	三类地区	三类地区	三类地区	三类地区	三类地区	三类地区	三类地区	三类地区	三类地区	三类地区
蒙自市	一类地区	一类地区	一类地区	一类地区	一类地区	一类地区	一类地区	一类地区	一类地区	一类地区
弥勒市	三类地区	三类地区	三类地区	三类地区	三类地区	三类地区	三类地区	三类地区	三类地区	三类地区
屏边县	三类地区	三类地区	三类地区	三类地区	三类地区	三类地区	三类地区	三类地区	三类地区	三类地区
建水县	三类地区	三类地区	三类地区	三类地区	三类地区	三类地区	三类地区	三类地区	三类地区	三类地区
石屏县	三类地区	三类地区	三类地区	三类地区	三类地区	三类地区	三类地区	三类地区	三类地区	三类地区

续表

县(市、区)	2007 年	2008 年	2009 年	2010 年	2011 年	2012 年	2013 年	2014 年	2015 年	2016 年
泸西县	三类地区	三类地区	三类地区	三类地区	三类地区	三类地区	三类地区	三类地区	三类地区	三类地区
元阳县	三类地区	三类地区	三类地区	三类地区	三类地区	三类地区	三类地区	三类地区	三类地区	三类地区
红河县	三类地区	三类地区	三类地区	三类地区	三类地区	三类地区	三类地区	三类地区	三类地区	三类地区
金平县	三类地区	三类地区	三类地区	三类地区	三类地区	三类地区	三类地区	三类地区	三类地区	三类地区
绿春县	三类地区	三类地区	三类地区	三类地区	三类地区	三类地区	三类地区	三类地区	三类地区	三类地区
河口县	三类地区	三类地区	三类地区	三类地区	三类地区	三类地区	三类地区	三类地区	三类地区	三类地区
文山市	三类地区	三类地区	三类地区	三类地区	三类地区	三类地区	三类地区	三类地区	三类地区	三类地区
砚山县	一类地区	一类地区	一类地区	一类地区	一类地区	一类地区	一类地区	一类地区	一类地区	一类地区
西畴县	三类地区	三类地区	三类地区	三类地区	三类地区	三类地区	三类地区	三类地区	三类地区	三类地区
麻栗坡县	三类地区	三类地区	三类地区	三类地区	三类地区	三类地区	三类地区	三类地区	三类地区	三类地区
马关县	三类地区	三类地区	三类地区	三类地区	三类地区	三类地区	三类地区	三类地区	三类地区	三类地区
丘北县	三类地区	三类地区	三类地区	三类地区	三类地区	三类地区	三类地区	三类地区	三类地区	三类地区
广南县	三类地区	三类地区	三类地区	三类地区	三类地区	三类地区	三类地区	三类地区	三类地区	三类地区
富宁县	三类地区	三类地区	三类地区	三类地区	三类地区	三类地区	三类地区	三类地区	三类地区	三类地区
景洪市	三类地区	三类地区	三类地区	三类地区	三类地区	三类地区	三类地区	三类地区	三类地区	三类地区
勐海县	三类地区	三类地区	三类地区	三类地区	三类地区	三类地区	三类地区	三类地区	三类地区	三类地区
勐腊县	三类地区	三类地区	三类地区	三类地区	三类地区	三类地区	三类地区	三类地区	三类地区	三类地区

续表

县(市、区)	2007 年	2008 年	2009 年	2010 年	2011 年	2012 年	2013 年	2014 年	2015 年	2016 年
大理市	一类地区	一类地区	一类地区	一类地区	一类地区	一类地区	一类地区	一类地区	一类地区	一类地区
漾濞县	三类地区	三类地区	三类地区	三类地区	三类地区	三类地区	三类地区	三类地区	三类地区	三类地区
祥云县	一类地区	一类地区	一类地区	一类地区	一类地区	一类地区	一类地区	一类地区	一类地区	一类地区
宾川县	三类地区	三类地区	三类地区	三类地区	三类地区	三类地区	三类地区	三类地区	三类地区	三类地区
弥渡县	一类地区	一类地区	一类地区	一类地区	一类地区	一类地区	一类地区	一类地区	一类地区	一类地区
南涧县	三类地区	三类地区	三类地区	三类地区	三类地区	三类地区	三类地区	三类地区	三类地区	三类地区
巍山县	三类地区	三类地区	三类地区	三类地区	三类地区	三类地区	三类地区	三类地区	三类地区	三类地区
永平县	三类地区	三类地区	三类地区	三类地区	三类地区	三类地区	三类地区	三类地区	三类地区	三类地区
云龙县	三类地区	三类地区	三类地区	三类地区	三类地区	三类地区	三类地区	三类地区	三类地区	三类地区
洱源县	三类地区	三类地区	三类地区	三类地区	三类地区	三类地区	三类地区	三类地区	三类地区	三类地区
剑川县	三类地区	三类地区	三类地区	三类地区	三类地区	三类地区	三类地区	三类地区	三类地区	三类地区
鹤庆县	三类地区	三类地区	三类地区	三类地区	三类地区	三类地区	三类地区	三类地区	三类地区	三类地区
瑞丽市	一类地区	一类地区	一类地区	一类地区	一类地区	一类地区	一类地区	一类地区	一类地区	一类地区
芒市	三类地区	三类地区	三类地区	三类地区	三类地区	三类地区	三类地区	三类地区	三类地区	三类地区
梁河县	三类地区	三类地区	三类地区	三类地区	三类地区	三类地区	三类地区	三类地区	三类地区	三类地区
盈江县	三类地区	三类地区	三类地区	三类地区	三类地区	三类地区	三类地区	三类地区	三类地区	三类地区
陇川县	三类地区	三类地区	三类地区	三类地区	三类地区	三类地区	三类地区	三类地区	三类地区	三类地区

续表

县(市、区)	2007 年	2008 年	2009 年	2010 年	2011 年	2012 年	2013 年	2014 年	2015 年	2016 年
泸水市	三类地区	三类地区	三类地区	三类地区	三类地区	三类地区	三类地区	三类地区	三类地区	三类地区
福贡县	三类地区	三类地区	三类地区	三类地区	三类地区	三类地区	三类地区	三类地区	三类地区	三类地区
贡山县	三类地区	三类地区	三类地区	三类地区	三类地区	三类地区	三类地区	三类地区	三类地区	三类地区
兰坪县	三类地区	三类地区	三类地区	三类地区	三类地区	三类地区	三类地区	三类地区	三类地区	三类地区
香格里拉市	三类地区	三类地区	三类地区	三类地区	三类地区	三类地区	三类地区	三类地区	三类地区	三类地区
德钦县	三类地区	三类地区	三类地区	三类地区	三类地区	三类地区	三类地区	三类地区	三类地区	三类地区
维西县	三类地区	三类地区	三类地区	三类地区	三类地区	三类地区	三类地区	三类地区	三类地区	三类地区

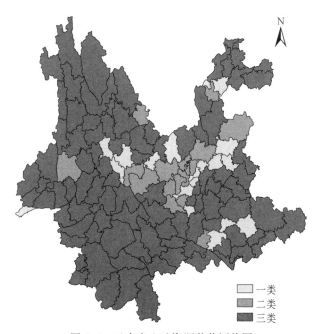

图 2-4　云南省土地资源载荷评价图

第二节 云南省水资源评价

一、水资源评价的科学内涵

水资源评价主要表征区域或流域水资源可支撑社会经济发展的最大负荷，水资源评价还能准确把握水资源开发利用在数量、质量等方面的特性。水资源载荷能力评价是合理开发利用和保护管理水资源的基础工作，以达到水资源可持续利用和支撑经济社会可持续发展的目的。采用云南省各县（市、区）水资源利用程度作为评价指标，通过对比各县（市、区）用水总量、水资源利用率确立控制指标，将云南省各县（市、区）水资源承载能力由低至高划分为三类地区、二类地区和一类地区三种载荷类型，以期对水资源利用现状和供需发展趋势做出客观评估。

二、水资源评价的基本结论

2007～2016 年云南省水资源利用程度指数见表 2-4。总体来看，云南省大部分县（市、区）各年份水资源利用程度指数大多介于合理区间，但五华区、盘龙区、红塔区、官渡区各年份的水资源利用程度整体偏高，其水资源利用程度指数都大于 1，最大值达到 52.11，平均值分别达到 43.46、31.58、1.76 和 1.68。2007～2016 年各县（市、区）水资源利用程度指数变化波动较大的是五华区、盘龙区和红塔区，其他各县（市、区）水资源利用程度指数变化波动较小。

表 2-4　2007～2016 年云南省水资源利用程度指数

县（市、区）	2007 年	2008 年	2009 年	2010 年	2011 年	2012 年	2013 年	2014 年	2015 年	2016 年
五华区	52.11	52.68	50.29	46.88	38.91	39.35	39.74	37.69	38.46	38.46
盘龙区	31.76	32.53	31.31	32.96	28.80	29.91	32.41	31.03	32.53	32.53
官渡区	1.76	1.87	1.80	1.78	1.53	1.58	1.65	1.58	1.63	1.63
西山区	0.37	0.39	0.36	0.36	0.31	0.32	0.34	0.30	0.32	0.32
东川区	0.05	0.05	0.04	0.05	0.05	0.05	0.05	0.04	0.04	0.04
呈贡区	0.79	0.81	0.76	0.80	0.69	0.74	0.81	0.92	0.95	0.95
晋宁区	0.16	0.18	0.18	0.17	0.15	0.16	0.16	0.16	0.17	0.17
富民县	0.08	0.10	0.10	0.10	0.10	0.10	0.10	0.10	0.10	0.10
宜良县	0.14	0.15	0.15	0.15	0.12	0.13	0.13	0.11	0.11	0.11
石林县	0.08	0.09	0.09	0.08	0.07	0.08	0.08	0.08	0.08	0.08
嵩明县	0.08	0.08	0.08	0.07	0.07	0.07	0.07	0.08	0.08	0.08

续表

县(市、区)	2007 年	2008 年	2009 年	2010 年	2011 年	2012 年	2013 年	2014 年	2015 年	2016 年
禄劝县	0.02	0.02	0.02	0.02	0.02	0.02	0.02	0.02	0.02	0.02
寻甸县	0.02	0.02	0.02	0.02	0.02	0.02	0.02	0.02	0.02	0.02
安宁市	0.78	0.80	0.72	0.69	0.63	0.68	0.65	0.65	0.63	0.63
麒麟区	0.28	0.27	0.27	0.24	0.19	0.21	0.23	0.28	0.28	0.28
马龙区	0.05	0.05	0.05	0.05	0.04	0.04	0.05	0.06	0.06	0.06
陆良县	0.16	0.16	0.16	0.15	0.12	0.13	0.11	0.14	0.15	0.15
师宗县	0.04	0.04	0.04	0.04	0.03	0.04	0.04	0.05	0.05	0.05
罗平县	0.05	0.05	0.05	0.04	0.04	0.04	0.04	0.05	0.05	0.05
富源县	0.07	0.07	0.07	0.06	0.05	0.05	0.06	0.04	0.05	0.05
会泽县	0.08	0.07	0.07	0.06	0.05	0.05	0.06	0.07	0.07	0.07
沾益区	0.22	0.23	0.25	0.23	0.19	0.20	0.22	0.27	0.27	0.27
宣威市	0.08	0.08	0.08	0.08	0.06	0.07	0.07	0.07	0.08	0.08
红塔区	2.00	2.11	2.07	1.60	1.63	1.73	1.63	1.58	1.62	1.62
江川区	0.32	0.35	0.26	0.21	0.21	0.23	0.24	0.26	0.29	0.29
澄江市	0.14	0.16	0.18	0.14	0.15	0.17	0.17	0.18	0.20	0.20
通海县	0.48	0.52	0.49	0.39	0.38	0.43	0.44	0.46	0.52	0.52
华宁县	0.12	0.13	0.12	0.10	0.10	0.12	0.13	0.13	0.15	0.15
易门县	0.16	0.18	0.15	0.12	0.12	0.13	0.14	0.16	0.19	0.19
峨山县	0.09	0.10	0.09	0.08	0.07	0.08	0.09	0.09	0.10	0.10
新平县	0.03	0.06	0.03	0.03	0.04	0.04	0.04	0.04	0.05	0.05
元江县	0.03	0.03	0.04	0.03	0.03	0.03	0.03	0.04	0.04	0.04
隆阳区	0.18	0.16	0.17	0.17	0.19	0.18	0.18	0.17	0.17	0.17
施甸县	0.12	0.11	0.11	0.12	0.14	0.14	0.14	0.14	0.14	0.14
龙陵县	0.04	0.04	0.04	0.04	0.04	0.05	0.05	0.04	0.05	0.05
昌宁县	0.07	0.07	0.07	0.06	0.09	0.10	0.10	0.09	0.09	0.09
腾冲市	0.03	0.03	0.03	0.02	0.04	0.04	0.04	0.04	0.04	0.04
昭阳区	0.30	0.31	0.31	0.32	0.34	0.33	0.36	0.34	0.36	0.36
鲁甸县	0.09	0.08	0.08	0.08	0.09	0.10	0.10	0.10	0.10	0.10
巧家县	0.04	0.04	0.04	0.04	0.04	0.04	0.05	0.04	0.04	0.04
盐津县	0.03	0.03	0.03	0.03	0.03	0.03	0.03	0.03	0.03	0.03
大关县	0.02	0.02	0.02	0.02	0.02	0.02	0.03	0.03	0.03	0.03
永善县	0.04	0.04	0.04	0.04	0.04	0.04	0.05	0.06	0.06	0.06

续表

县(市、区)	2007年	2008年	2009年	2010年	2011年	2012年	2013年	2014年	2015年	2016年
绥江县	0.02	0.03	0.03	0.03	0.03	0.03	0.03	0.03	0.03	0.03
镇雄县	0.04	0.04	0.04	0.04	0.05	0.05	0.06	0.04	0.05	0.05
彝良县	0.03	0.04	0.03	0.03	0.04	0.04	0.05	0.04	0.04	0.04
威信县	0.03	0.03	0.03	0.03	0.03	0.04	0.04	0.03	0.03	0.03
水富市	0.22	0.21	0.18	0.17	0.18	0.19	0.22	0.20	0.21	0.21
古城区	0.07	0.07	0.07	0.08	0.07	0.07	0.07	0.08	0.08	0.08
玉龙县	0.08	0.07	0.08	0.08	0.08	0.08	0.09	0.09	0.09	0.09
永胜县	0.08	0.08	0.08	0.08	0.08	0.08	0.09	0.09	0.09	0.09
华坪县	0.09	0.08	0.08	0.09	0.09	0.08	0.08	0.05	0.05	0.05
宁蒗县	0.03	0.02	0.02	0.02	0.02	0.02	0.03	0.03	0.02	0.02
思茅区	0.11	0.11	0.11	0.10	0.12	0.12	0.12	0.13	0.12	0.12
宁洱县	0.04	0.04	0.04	0.04	0.04	0.04	0.04	0.04	0.04	0.04
墨江县	0.03	0.03	0.03	0.03	0.03	0.03	0.03	0.03	0.03	0.03
景东县	0.05	0.05	0.05	0.05	0.05	0.05	0.05	0.05	0.04	0.04
景谷县	0.04	0.04	0.04	0.04	0.05	0.05	0.05	0.05	0.04	0.04
镇沅县	0.02	0.03	0.03	0.02	0.03	0.03	0.03	0.03	0.03	0.03
江城县	0.02	0.02	0.01	0.01	0.02	0.02	0.02	0.01	0.01	0.01
孟连县	0.03	0.03	0.03	0.03	0.03	0.04	0.04	0.03	0.03	0.03
澜沧县	0.02	0.02	0.02	0.02	0.02	0.02	0.02	0.02	0.02	0.02
西盟县	0.01	0.01	0.01	0.01	0.01	0.01	0.01	0.01	0.01	0.01
临翔区	0.08	0.09	0.10	0.10	0.10	0.10	0.10	0.11	0.11	0.11
凤庆县	0.06	0.07	0.08	0.07	0.10	0.11	0.10	0.10	0.09	0.09
云县	0.11	0.12	0.12	0.10	0.10	0.10	0.10	0.09	0.09	0.09
永德县	0.05	0.06	0.06	0.06	0.06	0.06	0.06	0.06	0.06	0.06
镇康县	0.03	0.03	0.03	0.03	0.03	0.03	0.03	0.03	0.03	0.03
双江县	0.05	0.05	0.06	0.06	0.06	0.06	0.06	0.06	0.06	0.06
耿马县	0.04	0.05	0.05	0.05	0.05	0.05	0.05	0.05	0.04	0.04
沧源县	0.02	0.03	0.02	0.02	0.02	0.03	0.03	0.03	0.03	0.03
楚雄市	0.46	0.47	0.47	0.39	0.38	0.35	0.33	0.38	0.38	0.38
双柏县	0.03	0.04	0.04	0.03	0.03	0.03	0.03	0.03	0.04	0.04
牟定县	0.17	0.18	0.18	0.15	0.16	0.15	0.15	0.15	0.15	0.15
南华县	0.08	0.09	0.08	0.07	0.07	0.07	0.07	0.08	0.09	0.09

续表

县(市、区)	2007 年	2008 年	2009 年	2010 年	2011 年	2012 年	2013 年	2014 年	2015 年	2016 年
姚安县	0.14	0.14	0.14	0.11	0.11	0.11	0.11	0.11	0.11	0.11
大姚县	0.07	0.07	0.06	0.05	0.05	0.05	0.05	0.05	0.05	0.05
永仁县	0.06	0.06	0.06	0.05	0.05	0.05	0.05	0.07	0.07	0.07
元谋县	0.22	0.21	0.23	0.20	0.20	0.19	0.18	0.22	0.23	0.23
武定县	0.07	0.07	0.07	0.06	0.06	0.06	0.06	0.07	0.07	0.07
禄丰县	0.29	0.29	0.29	0.23	0.23	0.21	0.20	0.17	0.17	0.17
个旧市	0.49	0.52	0.47	0.45	0.45	0.47	0.41	0.38	0.38	0.38
开远市	0.32	0.34	0.35	0.35	0.34	0.36	0.32	0.29	0.30	0.30
蒙自市	0.14	0.16	0.18	0.18	0.17	0.19	0.18	0.17	0.17	0.17
弥勒市	0.42	0.43	0.42	0.41	0.39	0.44	0.40	0.37	0.38	0.38
屏边县	0.02	0.02	0.02	0.02	0.02	0.02	0.02	0.02	0.02	0.02
建水县	0.20	0.21	0.22	0.20	0.20	0.22	0.21	0.20	0.20	0.20
石屏县	0.10	0.10	0.10	0.09	0.09	0.10	0.10	0.10	0.10	0.10
泸西县	0.14	0.15	0.16	0.16	0.16	0.18	0.17	0.17	0.17	0.17
元阳县	0.03	0.03	0.03	0.03	0.03	0.03	0.03	0.03	0.03	0.03
红河县	0.03	0.03	0.03	0.03	0.03	0.03	0.03	0.03	0.03	0.03
金平县	0.01	0.01	0.01	0.01	0.01	0.01	0.01	0.01	0.01	0.01
绿春县	0.00	0.00	0.01	0.01	0.01	0.01	0.01	0.01	0.01	0.01
河口县	0.02	0.03	0.03	0.03	0.03	0.03	0.03	0.03	0.03	0.03
文山市	0.14	0.14	0.14	0.13	0.15	0.15	0.17	0.18	0.18	0.18
砚山县	0.07	0.08	0.08	0.07	0.08	0.09	0.10	0.10	0.10	0.10
西畴县	0.04	0.04	0.04	0.03	0.04	0.04	0.04	0.05	0.05	0.05
麻栗坡县	0.03	0.03	0.03	0.03	0.03	0.03	0.04	0.04	0.04	0.04
马关县	0.03	0.03	0.03	0.03	0.03	0.03	0.03	0.04	0.04	0.04
丘北县	0.02	0.02	0.02	0.02	0.02	0.02	0.03	0.03	0.04	0.04
广南县	0.02	0.02	0.02	0.02	0.03	0.03	0.03	0.03	0.03	0.03
富宁县	0.03	0.03	0.03	0.02	0.03	0.03	0.03	0.04	0.04	0.04
景洪市	0.10	0.11	0.11	0.12	0.12	0.13	0.11	0.09	0.09	0.09
勐海县	0.06	0.06	0.06	0.06	0.06	0.07	0.06	0.05	0.05	0.05
勐腊县	0.04	0.04	0.04	0.04	0.04	0.04	0.03	0.03	0.03	0.03
大理市	0.75	0.74	0.78	0.77	0.77	0.79	0.72	0.76	0.71	0.71
漾濞县	0.03	0.03	0.03	0.03	0.03	0.03	0.03	0.03	0.03	0.03

县(市、区)	2007年	2008年	2009年	2010年	2011年	2012年	2013年	2014年	2015年	2016年
祥云县	0.37	0.38	0.42	0.45	0.47	0.48	0.44	0.43	0.41	0.41
宾川县	0.25	0.25	0.27	0.28	0.28	0.30	0.27	0.26	0.26	0.26
弥渡县	0.18	0.18	0.19	0.20	0.20	0.21	0.20	0.20	0.19	0.19
南涧县	0.08	0.08	0.09	0.09	0.09	0.13	0.12	0.12	0.12	0.12
巍山县	0.09	0.09	0.09	0.10	0.10	0.12	0.11	0.11	0.10	0.10
永平县	0.05	0.05	0.06	0.06	0.06	0.06	0.06	0.06	0.06	0.06
云龙县	0.02	0.02	0.02	0.02	0.02	0.03	0.03	0.03	0.02	0.02
洱源县	0.06	0.05	0.06	0.06	0.06	0.07	0.07	0.07	0.06	0.06
剑川县	0.04	0.04	0.04	0.04	0.04	0.04	0.04	0.04	0.04	0.04
鹤庆县	0.07	0.07	0.08	0.08	0.10	0.10	0.10	0.10	0.10	0.10
瑞丽市	0.23	0.23	0.21	0.18	0.20	0.14	0.20	0.27	0.25	0.25
芒市	0.10	0.09	0.09	0.09	0.09	0.09	0.09	0.07	0.08	0.08
梁河县	0.07	0.07	0.07	0.06	0.06	0.13	0.06	0.06	0.06	0.06
盈江县	0.02	0.02	0.02	0.02	0.02	0.03	0.02	0.02	0.02	0.02
陇川县	0.06	0.06	0.05	0.05	0.05	0.06	0.05	0.05	0.05	0.05
泸水市	0.01	0.02	0.02	0.02	0.03	0.03	0.02	0.02	0.02	0.02
福贡县	0.00	0.01	0.01	0.01	0.01	0.02	0.01	0.01	0.01	0.01
贡山县	0.00	0.00	0.00	0.00	0.00	0.00	0.00	0.00	0.00	0.00
兰坪县	0.04	0.03	0.03	0.02	0.03	0.04	0.02	0.02	0.02	0.02
香格里拉市	0.02	0.02	0.02	0.02	0.02	0.01	0.02	0.02	0.02	0.02
德钦县	0.00	0.00	0.01	0.01	0.01	0.01	0.01	0.01	0.01	0.01
维西县	0.01	0.01	0.01	0.01	0.01	0.02	0.01	0.01	0.01	0.01

　　根据云南省水资源利用程度指数结合水资源利用的实际情况,可将云南省129个县(市、区)水资源承载能力由低至高划分为三类地区、二类地区和一类地区,并形成云南省水资源载荷评价表(表2-5)和云南省水资源载荷评价图(图2-5)。水资源利用程度指数大于1的为水资源载荷能力三类地区;水资源利用程度指数介于0.9～1的为水资源载荷能力二类地区;水资源利用程度指数小于0.9的为水资源载荷能力一类地区。总体来看,云南省大部分县(市、区)水资源载荷类型为一类地区,极少数县(市、区)的水资源载荷类型为三类地区或二类地区,表明云南省目前水资源环境承载能力较强,可以支撑云南经济社会可持续发展;从水资源载荷类型的空间分布来看,三类地区主要分布在滇中地区的五华区、盘龙区、官渡区和红塔

区,二类地区分布在呈贡区,表明滇中地区水资源承载能力较低,属于缺水型区域;安宁市、大理市、个旧市等124个县(市、区)为水资源一类地区。

表 2-5　2007~2016 年云南省水资源承载能力评价表

县(市、区)	2007 年	2008 年	2009 年	2010 年	2011 年	2012 年	2013 年	2014 年	2015 年	2016 年
五华区	三类地区	三类地区	三类地区	三类地区	三类地区	三类地区	三类地区	三类地区	三类地区	三类地区
盘龙区	三类地区	三类地区	三类地区	三类地区	三类地区	三类地区	三类地区	三类地区	三类地区	三类地区
红塔区	三类地区	三类地区	三类地区	三类地区	三类地区	三类地区	三类地区	三类地区	三类地区	三类地区
官渡区	三类地区	三类地区	三类地区	三类地区	三类地区	三类地区	三类地区	三类地区	三类地区	三类地区
呈贡区	一类地区	一类地区	一类地区	一类地区	一类地区	一类地区	一类地区	二类地区	二类地区	二类地区
安宁市	一类地区	一类地区	一类地区	一类地区	一类地区	一类地区	一类地区	一类地区	一类地区	一类地区
大理市	一类地区	一类地区	一类地区	一类地区	一类地区	一类地区	一类地区	一类地区	一类地区	一类地区
个旧市	一类地区	一类地区	一类地区	一类地区	一类地区	一类地区	一类地区	一类地区	一类地区	一类地区
通海县	一类地区	一类地区	一类地区	一类地区	一类地区	一类地区	一类地区	一类地区	一类地区	一类地区
楚雄市	一类地区	一类地区	一类地区	一类地区	一类地区	一类地区	一类地区	一类地区	一类地区	一类地区
弥勒市	一类地区	一类地区	一类地区	一类地区	一类地区	一类地区	一类地区	一类地区	一类地区	一类地区
祥云县	一类地区	一类地区	一类地区	一类地区	一类地区	一类地区	一类地区	一类地区	一类地区	一类地区
西山区	一类地区	一类地区	一类地区	一类地区	一类地区	一类地区	一类地区	一类地区	一类地区	一类地区
江川区	一类地区	一类地区	一类地区	一类地区	一类地区	一类地区	一类地区	一类地区	一类地区	一类地区
开远市	一类地区	一类地区	一类地区	一类地区	一类地区	一类地区	一类地区	一类地区	一类地区	一类地区
昭阳区	一类地区	一类地区	一类地区	一类地区	一类地区	一类地区	一类地区	一类地区	一类地区	一类地区

县(市、区)	2007 年	2008 年	2009 年	2010 年	2011 年	2012 年	2013 年	2014 年	2015 年	2016 年
禄丰县	一类地区	一类地区	一类地区	一类地区	一类地区	一类地区	一类地区	一类地区	一类地区	一类地区
麒麟区	一类地区	一类地区	一类地区	一类地区	一类地区	一类地区	一类地区	一类地区	一类地区	一类地区
宾川县	一类地区	一类地区	一类地区	一类地区	一类地区	一类地区	一类地区	一类地区	一类地区	一类地区
瑞丽市	一类地区	一类地区	一类地区	一类地区	一类地区	一类地区	一类地区	一类地区	一类地区	一类地区
沾益区	一类地区	一类地区	一类地区	一类地区	一类地区	一类地区	一类地区	一类地区	一类地区	一类地区
水富市	一类地区	一类地区	一类地区	一类地区	一类地区	一类地区	一类地区	一类地区	一类地区	一类地区
元谋县	一类地区	一类地区	一类地区	一类地区	一类地区	一类地区	一类地区	一类地区	一类地区	一类地区
建水县	一类地区	一类地区	一类地区	一类地区	一类地区	一类地区	一类地区	一类地区	一类地区	一类地区
弥渡县	一类地区	一类地区	一类地区	一类地区	一类地区	一类地区	一类地区	一类地区	一类地区	一类地区
隆阳区	一类地区	一类地区	一类地区	一类地区	一类地区	一类地区	一类地区	一类地区	一类地区	一类地区
牟定县	一类地区	一类地区	一类地区	一类地区	一类地区	一类地区	一类地区	一类地区	一类地区	一类地区
陆良县	一类地区	一类地区	一类地区	一类地区	一类地区	一类地区	一类地区	一类地区	一类地区	一类地区
晋宁区	一类地区	一类地区	一类地区	一类地区	一类地区	一类地区	一类地区	一类地区	一类地区	一类地区
易门县	一类地区	一类地区	一类地区	一类地区	一类地区	一类地区	一类地区	一类地区	一类地区	一类地区
澄江市	一类地区	一类地区	一类地区	一类地区	一类地区	一类地区	一类地区	一类地区	一类地区	一类地区
蒙自市	一类地区	一类地区	一类地区	一类地区	一类地区	一类地区	一类地区	一类地区	一类地区	一类地区
姚安县	一类地区	一类地区	一类地区	一类地区	一类地区	一类地区	一类地区	一类地区	一类地区	一类地区

续表

县(市、区)	2007 年	2008 年	2009 年	2010 年	2011 年	2012 年	2013 年	2014 年	2015 年	2016 年
泸西县	一类地区	一类地区	一类地区	一类地区	一类地区	一类地区	一类地区	一类地区	一类地区	一类地区
宜良县	一类地区	一类地区	一类地区	一类地区	一类地区	一类地区	一类地区	一类地区	一类地区	一类地区
文山市	一类地区	一类地区	一类地区	一类地区	一类地区	一类地区	一类地区	一类地区	一类地区	一类地区
施甸县	一类地区	一类地区	一类地区	一类地区	一类地区	一类地区	一类地区	一类地区	一类地区	一类地区
华宁县	一类地区	一类地区	一类地区	一类地区	一类地区	一类地区	一类地区	一类地区	一类地区	一类地区
云县	一类地区	一类地区	一类地区	一类地区	一类地区	一类地区	一类地区	一类地区	一类地区	一类地区
思茅区	一类地区	一类地区	一类地区	一类地区	一类地区	一类地区	一类地区	一类地区	一类地区	一类地区
景洪市	一类地区	一类地区	一类地区	一类地区	一类地区	一类地区	一类地区	一类地区	一类地区	一类地区
石屏县	一类地区	一类地区	一类地区	一类地区	一类地区	一类地区	一类地区	一类地区	一类地区	一类地区
芒市	一类地区	一类地区	一类地区	一类地区	一类地区	一类地区	一类地区	一类地区	一类地区	一类地区
峨山县	一类地区	一类地区	一类地区	一类地区	一类地区	一类地区	一类地区	一类地区	一类地区	一类地区
巍山县	一类地区	一类地区	一类地区	一类地区	一类地区	一类地区	一类地区	一类地区	一类地区	一类地区
华坪县	一类地区	一类地区	一类地区	一类地区	一类地区	一类地区	一类地区	一类地区	一类地区	一类地区
鲁甸县	一类地区	一类地区	一类地区	一类地区	一类地区	一类地区	一类地区	一类地区	一类地区	一类地区
南华县	一类地区	一类地区	一类地区	一类地区	一类地区	一类地区	一类地区	一类地区	一类地区	一类地区
南涧县	一类地区	一类地区	一类地区	一类地区	一类地区	一类地区	一类地区	一类地区	一类地区	一类地区
宣威市	一类地区	一类地区	一类地区	一类地区	一类地区	一类地区	一类地区	一类地区	一类地区	一类地区

县(市、区)	2007年	2008年	2009年	2010年	2011年	2012年	2013年	2014年	2015年	2016年
石林县	一类地区	一类地区	一类地区	一类地区	一类地区	一类地区	一类地区	一类地区	一类地区	一类地区
永胜县	一类地区	一类地区	一类地区	一类地区	一类地区	一类地区	一类地区	一类地区	一类地区	一类地区
临翔区	一类地区	一类地区	一类地区	一类地区	一类地区	一类地区	一类地区	一类地区	一类地区	一类地区
富民县	一类地区	一类地区	一类地区	一类地区	一类地区	一类地区	一类地区	一类地区	一类地区	一类地区
玉龙县	一类地区	一类地区	一类地区	一类地区	一类地区	一类地区	一类地区	一类地区	一类地区	一类地区
嵩明县	一类地区	一类地区	一类地区	一类地区	一类地区	一类地区	一类地区	一类地区	一类地区	一类地区
会泽县	一类地区	一类地区	一类地区	一类地区	一类地区	一类地区	一类地区	一类地区	一类地区	一类地区
昌宁县	一类地区	一类地区	一类地区	一类地区	一类地区	一类地区	一类地区	一类地区	一类地区	一类地区
砚山县	一类地区	一类地区	一类地区	一类地区	一类地区	一类地区	一类地区	一类地区	一类地区	一类地区
古城区	一类地区	一类地区	一类地区	一类地区	一类地区	一类地区	一类地区	一类地区	一类地区	一类地区
武定县	一类地区	一类地区	一类地区	一类地区	一类地区	一类地区	一类地区	一类地区	一类地区	一类地区
大姚县	一类地区	一类地区	一类地区	一类地区	一类地区	一类地区	一类地区	一类地区	一类地区	一类地区
梁河县	一类地区	一类地区	一类地区	一类地区	一类地区	一类地区	一类地区	一类地区	一类地区	一类地区
富源县	一类地区	一类地区	一类地区	一类地区	一类地区	一类地区	一类地区	一类地区	一类地区	一类地区
鹤庆县	一类地区	一类地区	一类地区	一类地区	一类地区	一类地区	一类地区	一类地区	一类地区	一类地区
永仁县	一类地区	一类地区	一类地区	一类地区	一类地区	一类地区	一类地区	一类地区	一类地区	一类地区
凤庆县	一类地区	一类地区	一类地区	一类地区	一类地区	一类地区	一类地区	一类地区	一类地区	一类地区

县(市、区)	2007年	2008年	2009年	2010年	2011年	2012年	2013年	2014年	2015年	2016年
陇川县	一类地区	一类地区	一类地区	一类地区	一类地区	一类地区	一类地区	一类地区	一类地区	一类地区
勐海县	一类地区	一类地区	一类地区	一类地区	一类地区	一类地区	一类地区	一类地区	一类地区	一类地区
洱源县	一类地区	一类地区	一类地区	一类地区	一类地区	一类地区	一类地区	一类地区	一类地区	一类地区
永平县	一类地区	一类地区	一类地区	一类地区	一类地区	一类地区	一类地区	一类地区	一类地区	一类地区
东川区	一类地区	一类地区	一类地区	一类地区	一类地区	一类地区	一类地区	一类地区	一类地区	一类地区
马龙区	一类地区	一类地区	一类地区	一类地区	一类地区	一类地区	一类地区	一类地区	一类地区	一类地区
永德县	一类地区	一类地区	一类地区	一类地区	一类地区	一类地区	一类地区	一类地区	一类地区	一类地区
罗平县	一类地区	一类地区	一类地区	一类地区	一类地区	一类地区	一类地区	一类地区	一类地区	一类地区
双江县	一类地区	一类地区	一类地区	一类地区	一类地区	一类地区	一类地区	一类地区	一类地区	一类地区
景东县	一类地区	一类地区	一类地区	一类地区	一类地区	一类地区	一类地区	一类地区	一类地区	一类地区
宁洱县	一类地区	一类地区	一类地区	一类地区	一类地区	一类地区	一类地区	一类地区	一类地区	一类地区
师宗县	一类地区	一类地区	一类地区	一类地区	一类地区	一类地区	一类地区	一类地区	一类地区	一类地区
耿马县	一类地区	一类地区	一类地区	一类地区	一类地区	一类地区	一类地区	一类地区	一类地区	一类地区
剑川县	一类地区	一类地区	一类地区	一类地区	一类地区	一类地区	一类地区	一类地区	一类地区	一类地区
龙陵县	一类地区	一类地区	一类地区	一类地区	一类地区	一类地区	一类地区	一类地区	一类地区	一类地区
西畴县	一类地区	一类地区	一类地区	一类地区	一类地区	一类地区	一类地区	一类地区	一类地区	一类地区
永善县	一类地区	一类地区	一类地区	一类地区	一类地区	一类地区	一类地区	一类地区	一类地区	一类地区

县(市、区)	2007 年	2008 年	2009 年	2010 年	2011 年	2012 年	2013 年	2014 年	2015 年	2016 年
景谷县	一类地区	一类地区	一类地区	一类地区	一类地区	一类地区	一类地区	一类地区	一类地区	一类地区
勐腊县	一类地区	一类地区	一类地区	一类地区	一类地区	一类地区	一类地区	一类地区	一类地区	一类地区
巧家县	一类地区	一类地区	一类地区	一类地区	一类地区	一类地区	一类地区	一类地区	一类地区	一类地区
镇雄县	一类地区	一类地区	一类地区	一类地区	一类地区	一类地区	一类地区	一类地区	一类地区	一类地区
兰坪县	一类地区	一类地区	一类地区	一类地区	一类地区	一类地区	一类地区	一类地区	一类地区	一类地区
新平县	一类地区	一类地区	一类地区	一类地区	一类地区	一类地区	一类地区	一类地区	一类地区	一类地区
双柏县	一类地区	一类地区	一类地区	一类地区	一类地区	一类地区	一类地区	一类地区	一类地区	一类地区
孟连县	一类地区	一类地区	一类地区	一类地区	一类地区	一类地区	一类地区	一类地区	一类地区	一类地区
马关县	一类地区	一类地区	一类地区	一类地区	一类地区	一类地区	一类地区	一类地区	一类地区	一类地区
元江县	一类地区	一类地区	一类地区	一类地区	一类地区	一类地区	一类地区	一类地区	一类地区	一类地区
腾冲市	一类地区	一类地区	一类地区	一类地区	一类地区	一类地区	一类地区	一类地区	一类地区	一类地区
彝良县	一类地区	一类地区	一类地区	一类地区	一类地区	一类地区	一类地区	一类地区	一类地区	一类地区
麻栗坡县	一类地区	一类地区	一类地区	一类地区	一类地区	一类地区	一类地区	一类地区	一类地区	一类地区
墨江县	一类地区	一类地区	一类地区	一类地区	一类地区	一类地区	一类地区	一类地区	一类地区	一类地区
威信县	一类地区	一类地区	一类地区	一类地区	一类地区	一类地区	一类地区	一类地区	一类地区	一类地区
漾濞县	一类地区	一类地区	一类地区	一类地区	一类地区	一类地区	一类地区	一类地区	一类地区	一类地区
镇康县	一类地区	一类地区	一类地区	一类地区	一类地区	一类地区	一类地区	一类地区	一类地区	一类地区

续表

县(市、区)	2007 年	2008 年	2009 年	2010 年	2011 年	2012 年	2013 年	2014 年	2015 年	2016 年
富宁县	一类地区	一类地区	一类地区	一类地区	一类地区	一类地区	一类地区	一类地区	一类地区	一类地区
元阳县	一类地区	一类地区	一类地区	一类地区	一类地区	一类地区	一类地区	一类地区	一类地区	一类地区
盐津县	一类地区	一类地区	一类地区	一类地区	一类地区	一类地区	一类地区	一类地区	一类地区	一类地区
红河县	一类地区	一类地区	一类地区	一类地区	一类地区	一类地区	一类地区	一类地区	一类地区	一类地区
宁蒗县	一类地区	一类地区	一类地区	一类地区	一类地区	一类地区	一类地区	一类地区	一类地区	一类地区
河口县	一类地区	一类地区	一类地区	一类地区	一类地区	一类地区	一类地区	一类地区	一类地区	一类地区
镇沅县	一类地区	一类地区	一类地区	一类地区	一类地区	一类地区	一类地区	一类地区	一类地区	一类地区
广南县	一类地区	一类地区	一类地区	一类地区	一类地区	一类地区	一类地区	一类地区	一类地区	一类地区
盈江县	一类地区	一类地区	一类地区	一类地区	一类地区	一类地区	一类地区	一类地区	一类地区	一类地区
绥江县	一类地区	一类地区	一类地区	一类地区	一类地区	一类地区	一类地区	一类地区	一类地区	一类地区
沧源县	一类地区	一类地区	一类地区	一类地区	一类地区	一类地区	一类地区	一类地区	一类地区	一类地区
丘北县	一类地区	一类地区	一类地区	一类地区	一类地区	一类地区	一类地区	一类地区	一类地区	一类地区
大关县	一类地区	一类地区	一类地区	一类地区	一类地区	一类地区	一类地区	一类地区	一类地区	一类地区
禄劝县	一类地区	一类地区	一类地区	一类地区	一类地区	一类地区	一类地区	一类地区	一类地区	一类地区
澜沧县	一类地区	一类地区	一类地区	一类地区	一类地区	一类地区	一类地区	一类地区	一类地区	一类地区
寻甸县	一类地区	一类地区	一类地区	一类地区	一类地区	一类地区	一类地区	一类地区	一类地区	一类地区
屏边县	一类地区	一类地区	一类地区	一类地区	一类地区	一类地区	一类地区	一类地区	一类地区	一类地区

续表

县(市、区)	2007年	2008年	2009年	2010年	2011年	2012年	2013年	2014年	2015年	2016年
香格里拉市	一类地区	一类地区	一类地区	一类地区	一类地区	一类地区	一类地区	一类地区	一类地区	一类地区
云龙县	一类地区	一类地区	一类地区	一类地区	一类地区	一类地区	一类地区	一类地区	一类地区	一类地区
江城县	一类地区	一类地区	一类地区	一类地区	一类地区	一类地区	一类地区	一类地区	一类地区	一类地区
泸水市	一类地区	一类地区	一类地区	一类地区	一类地区	一类地区	一类地区	一类地区	一类地区	一类地区
西盟县	一类地区	一类地区	一类地区	一类地区	一类地区	一类地区	一类地区	一类地区	一类地区	一类地区
维西县	一类地区	一类地区	一类地区	一类地区	一类地区	一类地区	一类地区	一类地区	一类地区	一类地区
金平县	一类地区	一类地区	一类地区	一类地区	一类地区	一类地区	一类地区	一类地区	一类地区	一类地区
德钦县	一类地区	一类地区	一类地区	一类地区	一类地区	一类地区	一类地区	一类地区	一类地区	一类地区
绿春县	一类地区	一类地区	一类地区	一类地区	一类地区	一类地区	一类地区	一类地区	一类地区	一类地区
福贡县	一类地区	一类地区	一类地区	一类地区	一类地区	一类地区	一类地区	一类地区	一类地区	一类地区
贡山县	一类地区	一类地区	一类地区	一类地区	一类地区	一类地区	一类地区	一类地区	一类地区	一类地区

由图2-5可知,云南省总体上呈现出水资源承载能力以三类地区主导的态势,而一类地区和二类地区集中在滇中地区。依据变异系数计算云南省水资源利用程度指数区域差异的年际变化,形成2007~2016年云南省水资源利用程度指数的区际变化图(图2-6)。如图2-6所示,从水资源利用程度指数区域差异来看,2007~2010年云南省水资源利用程度指数区域差异较大,但水资源利用程度指数区域差异变化有缩小的趋势;其中2007~2009年云南省水资源利用程度指数的区域差异有小幅度缩小,2010~2012年云南省水资源利用程度指数区域差异大幅度缩小,2012~2014年云南省水资源利用程度指数出现来回波动的现象,2014~2016年云南省水资源利用程度指数区域差异变化较小,预计未来几年云南省水资源利用程度指数区域差异的变化会逐渐趋于稳定。

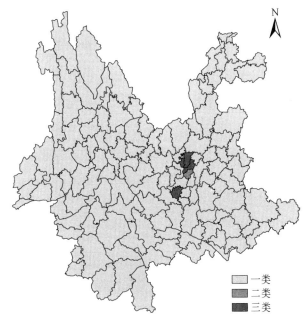

图 2-5　云南省水资源承载能力评价图

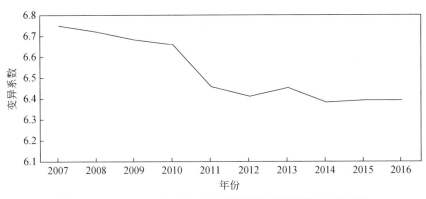

图 2-6　2007～2016 年云南省水资源利用程度指数的区际变化

第三节　云南省环境评价

一、环境评价的科学内涵

环境评价主要表征区域环境系统对经济社会活动产生的各类污染物的承受与自净能力。采用污染物浓度综合指数作为评价指标,通过主要污染物年均浓度检测值与国家现行环境质量标准的对比值反映,由大气、水主要污染物浓度指数集成获得。

二、环境评价的基本结论

(一)环境评价的总体结论

依据污染物浓度综合指数,将云南省 129 个县(市、区)按照环境良好程度,由高至低划分为一类地区、二类地区和三类地区,形成云南省环境评价表(表 2-6)和云南省环境评价图(图 2-7)。

由图 2-7 可知:①整体来看,2007~2016 年云南省环境质量较好。污染物浓度综合指数为一类地区的县域分布范围最广;昭阳县、镇雄县、宣威市等县(市、区)的污染物浓度综合指数为二类地区,其分布的状态是分散分布在云南省少数县(市、区);永胜县、祥云县、马关县等县(市、区)的污染物浓度综合指数为三类地区,其分布的范围非常小。②污染物浓度综合指数为一类地区的县(市、区)数达到 108 个,二类地区达到 16 个,三类地区只有 5 个。

由表 2-6 可知:①整体而言,2007~2016 年云南省大部分县(市、区)环境评价为一类地区,二类地区次之,三类地区的县(市、区)数量最少。②2007~2016 年云南省各县(市、区)环境评价为一类地区的有五华区、盘龙区、官渡区、东川区和西山区等 108 个县(市、区);二类地区有陆良县、师宗县、宣威市、龙陵县和昭阳区等 16 个县(市、区);三类地区有峨山县、永胜县、石屏县、马关县和祥云县等 5 个县(市、区)。③2007~2016 年云南省各县(市、区)环境评价变化幅度较小。④云南省各县(市、区)环境评价存在着一定的县域差异。

表 2-6　2007~2016 年云南省环境评价表

县(市、区)	2007 年	2008 年	2009 年	2010 年	2011 年	2012 年	2013 年	2014 年	2015 年	2016 年
五华区	一类地区	一类地区	一类地区	一类地区	一类地区	一类地区	一类地区	一类地区	一类地区	一类地区
盘龙区	一类地区	一类地区	一类地区	一类地区	一类地区	一类地区	一类地区	一类地区	一类地区	一类地区
官渡区	一类地区	一类地区	一类地区	一类地区	一类地区	一类地区	一类地区	一类地区	一类地区	一类地区
西山区	一类地区	一类地区	一类地区	一类地区	一类地区	一类地区	一类地区	一类地区	一类地区	一类地区
东川区	一类地区	一类地区	一类地区	一类地区	一类地区	一类地区	一类地区	一类地区	一类地区	一类地区

续表

县(市、区)	2007 年	2008 年	2009 年	2010 年	2011 年	2012 年	2013 年	2014 年	2015 年	2016 年
呈贡区	一类地区	一类地区	一类地区	一类地区	一类地区	一类地区	一类地区	一类地区	一类地区	一类地区
晋宁区	一类地区	一类地区	一类地区	一类地区	一类地区	一类地区	一类地区	一类地区	一类地区	一类地区
富民县	一类地区	一类地区	一类地区	一类地区	一类地区	一类地区	一类地区	一类地区	一类地区	一类地区
宜良县	一类地区	一类地区	一类地区	一类地区	一类地区	一类地区	一类地区	一类地区	一类地区	一类地区
石林县	一类地区	一类地区	一类地区	一类地区	一类地区	一类地区	一类地区	一类地区	一类地区	一类地区
嵩明县	一类地区	一类地区	一类地区	一类地区	一类地区	一类地区	一类地区	一类地区	一类地区	一类地区
禄劝县	一类地区	一类地区	一类地区	一类地区	一类地区	一类地区	一类地区	一类地区	一类地区	一类地区
寻甸县	一类地区	一类地区	一类地区	一类地区	一类地区	一类地区	一类地区	一类地区	一类地区	一类地区
安宁市	一类地区	一类地区	一类地区	一类地区	一类地区	一类地区	一类地区	一类地区	一类地区	一类地区
麒麟区	一类地区	一类地区	一类地区	一类地区	一类地区	一类地区	一类地区	一类地区	一类地区	一类地区
马龙区	一类地区	一类地区	一类地区	一类地区	一类地区	一类地区	一类地区	一类地区	一类地区	一类地区
陆良县	二类地区	二类地区	二类地区	二类地区	二类地区	二类地区	二类地区	二类地区	二类地区	二类地区
师宗县	二类地区	二类地区	二类地区	二类地区	二类地区	二类地区	二类地区	二类地区	二类地区	二类地区
罗平县	一类地区	一类地区	一类地区	一类地区	一类地区	一类地区	一类地区	一类地区	一类地区	一类地区
富源县	一类地区	一类地区	一类地区	一类地区	一类地区	一类地区	一类地区	一类地区	一类地区	一类地区
会泽县	一类地区	一类地区	一类地区	一类地区	一类地区	一类地区	一类地区	一类地区	一类地区	一类地区
沾益区	一类地区	一类地区	一类地区	一类地区	一类地区	一类地区	一类地区	一类地区	一类地区	一类地区

续表

县(市、区)	2007年	2008年	2009年	2010年	2011年	2012年	2013年	2014年	2015年	2016年
宣威市	二类地区	二类地区	二类地区	二类地区	二类地区	二类地区	二类地区	二类地区	二类地区	二类地区
红塔区	一类地区	一类地区	一类地区	一类地区	一类地区	一类地区	一类地区	一类地区	一类地区	一类地区
江川区	一类地区	一类地区	一类地区	一类地区	一类地区	一类地区	一类地区	一类地区	一类地区	一类地区
澄江市	一类地区	一类地区	一类地区	一类地区	一类地区	一类地区	一类地区	一类地区	一类地区	一类地区
通海县	一类地区	一类地区	一类地区	一类地区	一类地区	一类地区	一类地区	一类地区	一类地区	一类地区
华宁县	一类地区	一类地区	一类地区	一类地区	一类地区	一类地区	一类地区	一类地区	一类地区	一类地区
易门县	一类地区	一类地区	一类地区	一类地区	一类地区	一类地区	一类地区	一类地区	一类地区	一类地区
峨山县	三类地区	三类地区	三类地区	三类地区	三类地区	三类地区	三类地区	三类地区	三类地区	三类地区
新平县	一类地区	一类地区	一类地区	一类地区	一类地区	一类地区	一类地区	一类地区	一类地区	一类地区
元江县	一类地区	一类地区	一类地区	一类地区	一类地区	一类地区	一类地区	一类地区	一类地区	一类地区
隆阳区	一类地区	一类地区	一类地区	一类地区	一类地区	一类地区	一类地区	一类地区	一类地区	一类地区
施甸县	一类地区	一类地区	一类地区	一类地区	一类地区	一类地区	一类地区	一类地区	一类地区	一类地区
龙陵县	二类地区	二类地区	二类地区	二类地区	二类地区	二类地区	二类地区	二类地区	二类地区	二类地区
昌宁县	一类地区	一类地区	一类地区	一类地区	一类地区	一类地区	一类地区	一类地区	一类地区	一类地区
腾冲市	一类地区	一类地区	一类地区	一类地区	一类地区	一类地区	一类地区	一类地区	一类地区	一类地区
昭阳区	二类地区	二类地区	二类地区	二类地区	二类地区	二类地区	二类地区	二类地区	二类地区	二类地区
鲁甸县	一类地区	一类地区	一类地区	一类地区	一类地区	一类地区	一类地区	一类地区	一类地区	一类地区

续表

县(市、区)	2007 年	2008 年	2009 年	2010 年	2011 年	2012 年	2013 年	2014 年	2015 年	2016 年
巧家县	一类地区	一类地区	一类地区	一类地区	一类地区	一类地区	一类地区	一类地区	一类地区	一类地区
盐津县	一类地区	一类地区	一类地区	一类地区	一类地区	一类地区	一类地区	一类地区	一类地区	一类地区
大关县	一类地区	一类地区	一类地区	一类地区	一类地区	一类地区	一类地区	一类地区	一类地区	一类地区
永善县	一类地区	一类地区	一类地区	一类地区	一类地区	一类地区	一类地区	一类地区	一类地区	一类地区
绥江县	一类地区	一类地区	一类地区	一类地区	一类地区	一类地区	一类地区	一类地区	一类地区	一类地区
镇雄县	二类地区	二类地区	二类地区	二类地区	二类地区	二类地区	二类地区	二类地区	二类地区	二类地区
彝良县	一类地区	一类地区	一类地区	一类地区	一类地区	一类地区	一类地区	一类地区	一类地区	一类地区
威信县	一类地区	一类地区	一类地区	一类地区	一类地区	一类地区	一类地区	一类地区	一类地区	一类地区
水富市	一类地区	一类地区	一类地区	一类地区	一类地区	一类地区	一类地区	一类地区	一类地区	一类地区
古城区	一类地区	一类地区	一类地区	一类地区	一类地区	一类地区	一类地区	一类地区	一类地区	一类地区
玉龙县	一类地区	一类地区	一类地区	一类地区	一类地区	一类地区	一类地区	一类地区	一类地区	一类地区
永胜县	三类地区	三类地区	三类地区	三类地区	三类地区	三类地区	三类地区	三类地区	三类地区	三类地区
华坪县	一类地区	一类地区	一类地区	一类地区	一类地区	一类地区	一类地区	一类地区	一类地区	一类地区
宁蒗县	一类地区	一类地区	一类地区	一类地区	一类地区	一类地区	一类地区	一类地区	一类地区	一类地区
思茅区	一类地区	一类地区	一类地区	一类地区	一类地区	一类地区	一类地区	一类地区	一类地区	一类地区
宁洱县	一类地区	一类地区	一类地区	一类地区	一类地区	一类地区	一类地区	一类地区	一类地区	一类地区
墨江县	一类地区	一类地区	一类地区	一类地区	一类地区	一类地区	一类地区	一类地区	一类地区	一类地区

县(市、区)	2007 年	2008 年	2009 年	2010 年	2011 年	2012 年	2013 年	2014 年	2015 年	2016 年
景东县	一类地区	一类地区	一类地区	一类地区	一类地区	一类地区	一类地区	一类地区	一类地区	一类地区
景谷县	一类地区	一类地区	一类地区	一类地区	一类地区	一类地区	一类地区	一类地区	一类地区	一类地区
镇沅县	一类地区	一类地区	一类地区	一类地区	一类地区	一类地区	一类地区	一类地区	一类地区	一类地区
江城县	一类地区	一类地区	一类地区	一类地区	一类地区	一类地区	一类地区	一类地区	一类地区	一类地区
孟连县	一类地区	一类地区	一类地区	一类地区	一类地区	一类地区	一类地区	一类地区	一类地区	一类地区
澜沧县	一类地区	一类地区	一类地区	一类地区	一类地区	一类地区	一类地区	一类地区	一类地区	一类地区
西盟县	一类地区	一类地区	一类地区	一类地区	一类地区	一类地区	一类地区	一类地区	一类地区	一类地区
临翔区	二类地区	二类地区	二类地区	二类地区	二类地区	二类地区	二类地区	二类地区	二类地区	二类地区
凤庆县	一类地区	一类地区	一类地区	一类地区	一类地区	一类地区	一类地区	一类地区	一类地区	一类地区
云县	一类地区	一类地区	一类地区	一类地区	一类地区	一类地区	一类地区	一类地区	一类地区	一类地区
永德县	一类地区	一类地区	一类地区	一类地区	一类地区	一类地区	一类地区	一类地区	一类地区	一类地区
镇康县	一类地区	一类地区	一类地区	一类地区	一类地区	一类地区	一类地区	一类地区	一类地区	一类地区
双江县	一类地区	一类地区	一类地区	一类地区	一类地区	一类地区	一类地区	一类地区	一类地区	一类地区
耿马县	二类地区	二类地区	二类地区	二类地区	二类地区	二类地区	二类地区	二类地区	二类地区	二类地区
沧源县	二类地区	二类地区	二类地区	二类地区	二类地区	二类地区	二类地区	二类地区	二类地区	二类地区
楚雄市	一类地区	一类地区	一类地区	一类地区	一类地区	一类地区	一类地区	一类地区	一类地区	一类地区
双柏县	一类地区	一类地区	一类地区	一类地区	一类地区	一类地区	一类地区	一类地区	一类地区	一类地区

县(市、区)	2007 年	2008 年	2009 年	2010 年	2011 年	2012 年	2013 年	2014 年	2015 年	2016 年
牟定县	一类地区	一类地区	一类地区	一类地区	一类地区	一类地区	一类地区	一类地区	一类地区	一类地区
南华县	一类地区	一类地区	一类地区	一类地区	一类地区	一类地区	一类地区	一类地区	一类地区	一类地区
姚安县	一类地区	一类地区	一类地区	一类地区	一类地区	一类地区	一类地区	一类地区	一类地区	一类地区
大姚县	一类地区	一类地区	一类地区	一类地区	一类地区	一类地区	一类地区	一类地区	一类地区	一类地区
永仁县	一类地区	一类地区	一类地区	一类地区	一类地区	一类地区	一类地区	一类地区	一类地区	一类地区
元谋县	一类地区	一类地区	一类地区	一类地区	一类地区	一类地区	一类地区	一类地区	一类地区	一类地区
武定县	一类地区	一类地区	一类地区	一类地区	一类地区	一类地区	一类地区	一类地区	一类地区	一类地区
禄丰县	一类地区	一类地区	一类地区	一类地区	一类地区	一类地区	一类地区	一类地区	一类地区	一类地区
个旧市	一类地区	一类地区	一类地区	一类地区	一类地区	一类地区	一类地区	一类地区	一类地区	一类地区
开远市	一类地区	一类地区	一类地区	一类地区	一类地区	一类地区	一类地区	一类地区	一类地区	一类地区
蒙自市	一类地区	一类地区	一类地区	一类地区	一类地区	一类地区	一类地区	一类地区	一类地区	一类地区
弥勒市	一类地区	一类地区	一类地区	一类地区	一类地区	一类地区	一类地区	一类地区	一类地区	一类地区
屏边县	一类地区	一类地区	一类地区	一类地区	一类地区	一类地区	一类地区	一类地区	一类地区	一类地区
建水县	一类地区	一类地区	一类地区	一类地区	一类地区	一类地区	一类地区	一类地区	一类地区	一类地区
石屏县	三类地区	三类地区	三类地区	三类地区	三类地区	三类地区	三类地区	三类地区	三类地区	三类地区
泸西县	一类地区	一类地区	一类地区	一类地区	一类地区	一类地区	一类地区	一类地区	一类地区	一类地区
元阳县	一类地区	一类地区	一类地区	一类地区	一类地区	一类地区	一类地区	一类地区	一类地区	一类地区

续表

县(市、区)	2007 年	2008 年	2009 年	2010 年	2011 年	2012 年	2013 年	2014 年	2015 年	2016 年
红河县	一类地区	一类地区	一类地区	一类地区	一类地区	一类地区	一类地区	一类地区	一类地区	一类地区
金平县	一类地区	一类地区	一类地区	一类地区	一类地区	一类地区	一类地区	一类地区	一类地区	一类地区
绿春县	一类地区	一类地区	一类地区	一类地区	一类地区	一类地区	一类地区	一类地区	一类地区	一类地区
河口县	一类地区	一类地区	一类地区	一类地区	一类地区	一类地区	一类地区	一类地区	一类地区	一类地区
文山市	一类地区	一类地区	一类地区	一类地区	一类地区	一类地区	一类地区	一类地区	一类地区	一类地区
砚山县	二类地区	二类地区	二类地区	二类地区	二类地区	二类地区	二类地区	二类地区	二类地区	二类地区
西畴县	一类地区	一类地区	一类地区	一类地区	一类地区	一类地区	一类地区	一类地区	一类地区	一类地区
麻栗坡县	一类地区	一类地区	一类地区	一类地区	一类地区	一类地区	一类地区	一类地区	一类地区	一类地区
马关县	三类地区	三类地区	三类地区	三类地区	三类地区	三类地区	三类地区	三类地区	三类地区	三类地区
丘北县	二类地区	二类地区	二类地区	二类地区	二类地区	二类地区	二类地区	二类地区	二类地区	二类地区
广南县	二类地区	二类地区	二类地区	二类地区	二类地区	二类地区	二类地区	二类地区	二类地区	二类地区
富宁县	一类地区	一类地区	一类地区	一类地区	一类地区	一类地区	一类地区	一类地区	一类地区	一类地区
景洪市	一类地区	一类地区	一类地区	一类地区	一类地区	一类地区	一类地区	一类地区	一类地区	一类地区
勐海县	一类地区	一类地区	一类地区	一类地区	一类地区	一类地区	一类地区	一类地区	一类地区	一类地区
勐腊县	一类地区	一类地区	一类地区	一类地区	一类地区	一类地区	一类地区	一类地区	一类地区	一类地区
大理市	一类地区	一类地区	一类地区	一类地区	一类地区	一类地区	一类地区	一类地区	一类地区	一类地区
漾濞县	二类地区	二类地区	二类地区	二类地区	二类地区	二类地区	二类地区	二类地区	二类地区	二类地区

续表

县(市、区)	2007 年	2008 年	2009 年	2010 年	2011 年	2012 年	2013 年	2014 年	2015 年	2016 年
祥云县	三类地区	三类地区	三类地区	三类地区	三类地区	三类地区	三类地区	三类地区	三类地区	三类地区
宾川县	一类地区	一类地区	一类地区	一类地区	一类地区	一类地区	一类地区	一类地区	一类地区	一类地区
弥渡县	一类地区	一类地区	一类地区	一类地区	一类地区	一类地区	一类地区	一类地区	一类地区	一类地区
南涧县	二类地区	二类地区	二类地区	二类地区	二类地区	二类地区	二类地区	二类地区	二类地区	二类地区
巍山县	二类地区	二类地区	二类地区	二类地区	二类地区	二类地区	二类地区	二类地区	二类地区	二类地区
永平县	一类地区	一类地区	一类地区	一类地区	一类地区	一类地区	一类地区	一类地区	一类地区	一类地区
云龙县	一类地区	一类地区	一类地区	一类地区	一类地区	一类地区	一类地区	一类地区	一类地区	一类地区
洱源县	一类地区	一类地区	一类地区	一类地区	一类地区	一类地区	一类地区	一类地区	一类地区	一类地区
剑川县	一类地区	一类地区	一类地区	一类地区	一类地区	一类地区	一类地区	一类地区	一类地区	一类地区
鹤庆县	一类地区	一类地区	一类地区	一类地区	一类地区	一类地区	一类地区	一类地区	一类地区	一类地区
瑞丽市	二类地区	二类地区	二类地区	二类地区	二类地区	二类地区	二类地区	二类地区	二类地区	二类地区
芒市	一类地区	一类地区	一类地区	一类地区	一类地区	一类地区	一类地区	一类地区	一类地区	一类地区
梁河县	一类地区	一类地区	一类地区	一类地区	一类地区	一类地区	一类地区	一类地区	一类地区	一类地区
盈江县	一类地区	一类地区	一类地区	一类地区	一类地区	一类地区	一类地区	一类地区	一类地区	一类地区
陇川县	一类地区	一类地区	一类地区	一类地区	一类地区	一类地区	一类地区	一类地区	一类地区	一类地区
泸水市	一类地区	一类地区	一类地区	一类地区	一类地区	一类地区	一类地区	一类地区	一类地区	一类地区
福贡县	一类地区	一类地区	一类地区	一类地区	一类地区	一类地区	一类地区	一类地区	一类地区	一类地区

续表

县(市、区)	2007 年	2008 年	2009 年	2010 年	2011 年	2012 年	2013 年	2014 年	2015 年	2016 年
贡山县	一类地区	一类地区	一类地区	一类地区	一类地区	一类地区	一类地区	一类地区	一类地区	一类地区
兰坪县	一类地区	一类地区	一类地区	一类地区	一类地区	一类地区	一类地区	一类地区	一类地区	一类地区
香格里拉市	一类地区	一类地区	一类地区	一类地区	一类地区	一类地区	一类地区	一类地区	一类地区	一类地区
德钦县	一类地区	一类地区	一类地区	一类地区	一类地区	一类地区	一类地区	一类地区	一类地区	一类地区
维西县	一类地区	一类地区	一类地区	一类地区	一类地区	一类地区	一类地区	一类地区	一类地区	一类地区

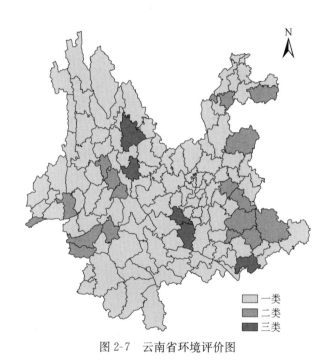

图 2-7　云南省环境评价图

(二)环境评价的分项结论

1. 大气污染评价

2007～2016 年云南省大气污染程度指数见表 2-7。由表可知：①整体而言，2007～2016 年云南省各县(市、区)的空气质量基本达到良好及好于良好的天数较多。②2007～2016 年云南省各县(市、区)空气质量出现波动的趋势,分别在 2010 年和 2013 年出现下降的情况,其中 2013 年的下降幅度较 2010 年大,自 2014 年以来,云南省各县(市、区)空气质量出现逐渐上升的趋势。

表 2-7　2007～2016 年云南省大气污染程度指数　　　　(单位:天)

县(市、区)	2007 年	2008 年	2009 年	2010 年	2011 年	2012 年	2013 年	2014 年	2015 年	2016 年
五华区	365	366	365	358	365	365	333	354	357	357
盘龙区	365	366	365	358	365	365	333	354	358	358
官渡区	365	366	365	358	365	365	333	354	358	358
西山区	365	366	365	358	365	365	333	354	358	358
东川区	365	366	365	358	365	365	333	354	359	359
呈贡区	365	366	366	360	365	365	333	360	364	364
晋宁区	365	366	366	360	365	365	340	361	364	364
富民县	365	366	366	360	365	365	342	360	364	364
宜良县	365	366	366	360	365	365	342	360	364	364
石林县	365	366	366	360	365	365	342	360	364	364
嵩明县	365	366	366	360	365	365	342	360	364	364
禄劝县	365	366	366	360	365	365	342	360	364	364
寻甸县	365	366	366	360	365	365	342	360	364	364
安宁市	365	366	365	360	365	365	340	360	364	364
麒麟区	355	366	363	355	362	365	365	354	354	354
马龙区	360	366	365	360	365	365	365	362	360	360
陆良县	360	366	365	360	365	365	365	362	361	361
师宗县	360	366	365	360	365	365	365	362	362	362
罗平县	360	366	365	360	365	365	365	362	363	363
富源县	360	366	365	360	365	365	365	362	363	363
会泽县	360	366	365	360	365	365	365	362	363	363
沾益区	360	366	365	360	365	365	365	362	363	363
宣威市	360	366	365	360	365	365	365	362	363	363
红塔区	364	365	363	360	365	365	364	358	362	362
江川区	365	366	365	363	365	365	365	365	365	365
澄江市	365	366	365	363	365	365	365	365	365	365
通海县	365	366	365	363	365	365	365	365	365	365
华宁县	365	366	365	363	365	365	365	365	365	365

续表

县(市、区)	2007 年	2008 年	2009 年	2010 年	2011 年	2012 年	2013 年	2014 年	2015 年	2016 年
易门县	365	366	365	363	365	365	365	365	365	365
峨山县	365	366	365	363	365	365	365	365	365	365
新平县	365	366	365	363	365	365	365	365	365	365
元江县	365	366	365	363	365	365	365	365	365	365
隆阳区	363	366	363	365	357	365	365	360	354	354
施甸县	365	366	365	366	365	365	365	365	365	365
龙陵县	365	366	365	366	365	365	365	365	365	365
昌宁县	365	366	365	366	365	365	365	365	365	365
腾冲市	364	366	365	366	365	365	365	365	365	365
昭阳区	314	307	345	332	334	362	362	348	349	349
鲁甸县	320	340	355	340	345	365	365	360	340	340
巧家县	323	340	355	340	340	365	365	360	345	345
盐津县	320	340	355	340	345	365	365	360	342	342
大关县	315	340	355	340	345	365	365	360	346	346
永善县	321	340	355	340	346	365	365	360	340	340
绥江县	325	340	355	340	347	365	365	360	340	340
镇雄县	322	340	355	340	348	365	365	360	344	344
彝良县	320	340	355	340	349	365	365	360	341	341
威信县	320	340	355	340	350	365	365	360	342	342
水富市	315	320	350	335	335	365	365	360	343	343
古城区	365	366	365	358	347	359	354	363	365	365
玉龙县	365	366	365	360	350	365	360	365	365	365
永胜县	365	366	365	360	350	365	360	365	365	365
华坪县	365	366	365	360	350	365	360	365	365	365
宁蒗县	365	366	365	360	350	365	360	365	365	365
思茅区	365	366	365	349	360	360	363	358	351	351
宁洱县	365	366	365	355	365	365	365	365	360	360
墨江县	365	366	365	355	365	365	365	365	361	361
景东县	365	366	365	355	365	365	365	365	362	362
景谷县	365	366	365	355	365	365	365	365	363	363
镇沅县	365	366	365	355	365	365	365	365	364	364
江城县	365	366	365	355	365	365	365	365	365	365

续表

县(市、区)	2007 年	2008 年	2009 年	2010 年	2011 年	2012 年	2013 年	2014 年	2015 年	2016 年
孟连县	365	366	365	355	365	365	365	365	363	363
澜沧县	365	366	365	355	365	365	365	365	362	362
西盟县	365	366	365	355	365	365	365	365	363	363
临翔区	365	362	365	345	349	353	358	329	344	344
凤庆县	365	366	365	350	355	360	363	350	360	360
云县	365	366	365	350	356	360	363	350	360	360
永德县	365	366	365	350	357	360	363	350	360	360
镇康县	365	366	365	350	358	360	363	350	360	360
双江县	365	366	365	350	359	360	363	350	360	360
耿马县	365	366	365	350	360	360	363	350	360	360
沧源县	365	366	365	350	361	360	363	350	360	360
楚雄市	363	366	365	364	365	363	365	364	364	364
双柏县	365	366	365	366	365	365	365	365	365	365
牟定县	365	366	365	366	365	365	365	365	365	365
南华县	365	366	365	366	365	365	365	365	365	365
姚安县	365	366	365	366	365	365	365	365	365	365
大姚县	365	366	365	366	365	365	365	365	365	365
永仁县	365	366	365	366	365	365	365	365	365	365
元谋县	365	366	365	366	365	365	365	365	365	365
武定县	365	366	365	366	365	365	365	365	365	365
禄丰县	365	366	365	366	365	365	365	365	365	365
个旧市	309	326	353	339	333	342	316	327	343	343
开远市	309	326	353	339	306	329	330	319	345	345
蒙自市	127	363	364	346	351	363	358	354	343	343
弥勒市	320	366	365	350	365	363	360	360	365	365
屏边县	320	366	365	350	365	363	360	360	365	365
建水县	320	366	365	350	365	363	360	360	365	365
石屏县	320	366	365	350	365	363	360	360	365	365
泸西县	320	366	365	350	365	363	360	360	365	365
元阳县	320	366	365	350	365	363	360	360	365	365

续表

县(市、区)	2007 年	2008 年	2009 年	2010 年	2011 年	2012 年	2013 年	2014 年	2015 年	2016 年
红河县	310	366	365	350	365	363	360	360	365	365
金平县	320	366	365	350	365	363	360	360	365	365
绿春县	320	366	365	350	365	363	360	360	365	365
河口县	365	363	364	350	365	363	360	360	365	365
文山市	365	363	365	362	353	359	363	360	355	355
砚山县	365	366	365	363	358	365	365	365	365	365
西畴县	365	366	365	363	360	365	365	365	365	365
麻栗坡县	365	366	365	363	360	365	365	365	365	365
马关县	365	366	365	363	360	365	365	365	365	365
丘北县	365	366	365	363	360	365	365	365	365	365
广南县	365	366	365	363	360	365	365	365	365	365
富宁县	365	366	365	363	360	365	365	365	365	365
景洪市	365	366	365	356	365	363	365	334	339	339
勐海县	365	366	365	360	365	365	365	348	360	360
勐腊县	365	366	365	361	365	365	365	348	365	365
大埋市	365	366	365	338	363	362	362	360	363	363
漾濞县	365	366	365	340	365	365	365	365	365	365
祥云县	365	366	365	345	365	365	365	365	365	365
宾川县	365	366	365	345	365	365	365	365	365	365
弥渡县	365	366	365	345	365	365	365	365	365	365
南涧县	365	366	365	345	365	365	365	365	365	365
巍山县	365	366	365	345	365	365	365	365	365	365
永平县	365	366	365	345	365	365	365	365	365	365
云龙县	365	366	365	345	365	365	365	365	365	365
洱源县	365	366	365	345	365	365	365	365	365	365
剑川县	365	366	365	345	365	365	365	365	365	365
鹤庆县	365	366	365	345	365	365	365	365	365	365
瑞丽市	365	360	365	339	355	349	360	353	345	345
芒市	365	357	358	339	355	349	360	360	360	360
梁河县	365	366	365	343	358	355	365	360	365	365

续表

县(市、区)	2007 年	2008 年	2009 年	2010 年	2011 年	2012 年	2013 年	2014 年	2015 年	2016 年
盈江县	365	366	365	343	359	355	365	360	365	365
陇川县	365	366	365	343	359	355	365	360	365	365
泸水市	365	365	365	355	339	361	344	363	358	358
福贡县	365	366	365	358	340	365	360	365	365	365
贡山县	365	366	365	358	340	365	360	365	365	365
兰坪县	365	366	365	340	340	365	360	365	365	365
香格里拉市	365	365	365	356	359	315	355	290	365	365
德钦县	365	366	365	360	363	320	365	320	365	365
维西县	365	366	365	361	363	338	365	320	365	365

注:使用环境空气质量指数优良天数表征污染程度。

　　云南省各县(市、区)的大气污染程度图如图 2-8 所示。由图可知,云南省 129 个县(市、区)的空气质量整体而言较好。其中,空气质量为一类的县(市、区)分布区域所占范围最广,空气质量为二类的主要零星分布在东川区、麒麟区、五华区等 10 个县(市、区),而空气质量为三类的县(市、区)除了集中分布在滇东北各县(市、区),在瑞丽市、临翔区等其他 6 个县(市、区)也有零星分布。

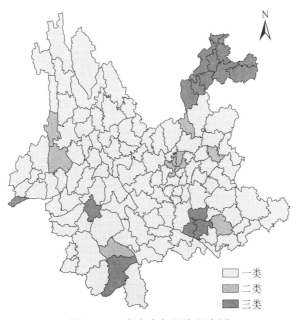

图 2-8　云南省大气污染程度图

2007～2016年云南省大气污染程度评价情况见表2-8,由表可知:①云南省各县(市、区)空气质量总体都比较好,空气等级都在三类及三类以上;②云南省空气质量为一类地区的有呈贡区、晋宁县、富民县、宜良县和石林县等102个县(市、区),二类地区有五华区、盘龙区、官渡区、西山区和东川区等10个县(市、区),三类地区有昭阳区、鲁甸县、巧家县、盐津县和大关县等17个县(市、区);③2007～2016年云南省各县(市、区)空气质量变化幅度较小;④云南省各县(市、区)空气质量存在一定的县域差异。

表 2-8　2007～2016 年云南省大气污染程度评价表

县(市、区)	2007 年	2008 年	2009 年	2010 年	2011 年	2012 年	2013 年	2014 年	2015 年	2016 年
五华区	二类地区	二类地区	二类地区	二类地区	二类地区	二类地区	二类地区	二类地区	二类地区	二类地区
盘龙区	二类地区	二类地区	二类地区	二类地区	二类地区	二类地区	二类地区	二类地区	二类地区	二类地区
官渡区	二类地区	二类地区	二类地区	二类地区	二类地区	二类地区	二类地区	二类地区	二类地区	二类地区
西山区	二类地区	二类地区	二类地区	二类地区	二类地区	二类地区	二类地区	二类地区	二类地区	二类地区
东川区	二类地区	二类地区	二类地区	二类地区	二类地区	二类地区	二类地区	二类地区	二类地区	二类地区
呈贡区	一类地区	一类地区	一类地区	一类地区	一类地区	一类地区	一类地区	一类地区	一类地区	一类地区
晋宁区	一类地区	一类地区	一类地区	一类地区	一类地区	一类地区	一类地区	一类地区	一类地区	一类地区
富民县	一类地区	一类地区	一类地区	一类地区	一类地区	一类地区	一类地区	一类地区	一类地区	一类地区
宜良县	一类地区	一类地区	一类地区	一类地区	一类地区	一类地区	一类地区	一类地区	一类地区	一类地区
石林县	一类地区	一类地区	一类地区	一类地区	一类地区	一类地区	一类地区	一类地区	一类地区	一类地区
嵩明县	一类地区	一类地区	一类地区	一类地区	一类地区	一类地区	一类地区	一类地区	一类地区	一类地区
禄劝县	一类地区	一类地区	一类地区	一类地区	一类地区	一类地区	一类地区	一类地区	一类地区	一类地区
寻甸县	一类地区	一类地区	一类地区	一类地区	一类地区	一类地区	一类地区	一类地区	一类地区	一类地区

续表

县(市、区)	2007 年	2008 年	2009 年	2010 年	2011 年	2012 年	2013 年	2014 年	2015 年	2016 年
安宁市	一类地区	一类地区	一类地区	一类地区	一类地区	一类地区	一类地区	一类地区	一类地区	一类地区
麒麟区	二类地区	二类地区	二类地区	二类地区	二类地区	二类地区	二类地区	二类地区	二类地区	二类地区
马龙区	一类地区	一类地区	一类地区	一类地区	一类地区	一类地区	一类地区	一类地区	一类地区	一类地区
陆良县	一类地区	一类地区	一类地区	一类地区	一类地区	一类地区	一类地区	一类地区	一类地区	一类地区
师宗县	一类地区	一类地区	一类地区	一类地区	一类地区	一类地区	一类地区	一类地区	一类地区	一类地区
罗平县	一类地区	一类地区	一类地区	一类地区	一类地区	一类地区	一类地区	一类地区	一类地区	一类地区
富源县	一类地区	一类地区	一类地区	一类地区	一类地区	一类地区	一类地区	一类地区	一类地区	一类地区
会泽县	一类地区	一类地区	一类地区	一类地区	一类地区	一类地区	一类地区	一类地区	一类地区	一类地区
沾益区	一类地区	一类地区	一类地区	一类地区	一类地区	一类地区	一类地区	一类地区	一类地区	一类地区
宣威市	一类地区	一类地区	一类地区	一类地区	一类地区	一类地区	一类地区	一类地区	一类地区	一类地区
红塔区	一类地区	一类地区	一类地区	一类地区	一类地区	一类地区	一类地区	一类地区	一类地区	一类地区
江川区	一类地区	一类地区	一类地区	一类地区	一类地区	一类地区	一类地区	一类地区	一类地区	一类地区
澄江市	一类地区	一类地区	一类地区	一类地区	一类地区	一类地区	一类地区	一类地区	一类地区	一类地区
通海县	一类地区	一类地区	一类地区	一类地区	一类地区	一类地区	一类地区	一类地区	一类地区	一类地区
华宁县	一类地区	一类地区	一类地区	一类地区	一类地区	一类地区	一类地区	一类地区	一类地区	一类地区
易门县	一类地区	一类地区	一类地区	一类地区	一类地区	一类地区	一类地区	一类地区	一类地区	一类地区
峨山县	一类地区	一类地区	一类地区	一类地区	一类地区	一类地区	一类地区	一类地区	一类地区	一类地区

续表

县(市、区)	2007 年	2008 年	2009 年	2010 年	2011 年	2012 年	2013 年	2014 年	2015 年	2016 年
新平县	一类地区	一类地区	一类地区	一类地区	一类地区	一类地区	一类地区	一类地区	一类地区	一类地区
元江县	一类地区	一类地区	一类地区	一类地区	一类地区	一类地区	一类地区	一类地区	一类地区	一类地区
隆阳区	二类地区	二类地区	二类地区	二类地区	二类地区	二类地区	二类地区	二类地区	二类地区	二类地区
施甸县	一类地区	一类地区	一类地区	一类地区	一类地区	一类地区	一类地区	一类地区	一类地区	一类地区
龙陵县	一类地区	一类地区	一类地区	一类地区	一类地区	一类地区	一类地区	一类地区	一类地区	一类地区
昌宁县	一类地区	一类地区	一类地区	一类地区	一类地区	一类地区	一类地区	一类地区	一类地区	一类地区
腾冲市	一类地区	一类地区	一类地区	一类地区	一类地区	一类地区	一类地区	一类地区	一类地区	一类地区
昭阳区	三类地区	三类地区	三类地区	三类地区	三类地区	三类地区	三类地区	三类地区	三类地区	三类地区
鲁甸县	三类地区	三类地区	三类地区	三类地区	三类地区	三类地区	三类地区	三类地区	三类地区	三类地区
巧家县	三类地区	三类地区	三类地区	三类地区	三类地区	三类地区	三类地区	三类地区	三类地区	三类地区
盐津县	三类地区	三类地区	三类地区	三类地区	三类地区	三类地区	三类地区	三类地区	三类地区	三类地区
大关县	三类地区	三类地区	三类地区	三类地区	三类地区	三类地区	三类地区	三类地区	三类地区	三类地区
永善县	三类地区	三类地区	三类地区	三类地区	三类地区	三类地区	三类地区	三类地区	三类地区	三类地区
绥江县	三类地区	三类地区	三类地区	三类地区	三类地区	三类地区	三类地区	三类地区	三类地区	三类地区
镇雄县	三类地区	三类地区	三类地区	三类地区	三类地区	三类地区	三类地区	三类地区	三类地区	三类地区
彝良县	三类地区	三类地区	三类地区	三类地区	三类地区	三类地区	三类地区	三类地区	三类地区	三类地区
威信县	三类地区	三类地区	三类地区	三类地区	三类地区	三类地区	三类地区	三类地区	三类地区	三类地区

续表

县(市、区)	2007年	2008年	2009年	2010年	2011年	2012年	2013年	2014年	2015年	2016年
水富市	三类地区	三类地区	三类地区	三类地区	三类地区	三类地区	三类地区	三类地区	三类地区	三类地区
古城区	一类地区	一类地区	一类地区	一类地区	一类地区	一类地区	一类地区	一类地区	一类地区	一类地区
玉龙县	一类地区	一类地区	一类地区	一类地区	一类地区	一类地区	一类地区	一类地区	一类地区	一类地区
永胜县	一类地区	一类地区	一类地区	一类地区	一类地区	一类地区	一类地区	一类地区	一类地区	一类地区
华坪县	一类地区	一类地区	一类地区	一类地区	一类地区	一类地区	一类地区	一类地区	一类地区	一类地区
宁蒗县	一类地区	一类地区	一类地区	一类地区	一类地区	一类地区	一类地区	一类地区	一类地区	一类地区
思茅区	二类地区	二类地区	二类地区	二类地区	二类地区	二类地区	二类地区	二类地区	二类地区	二类地区
宁洱县	一类地区	一类地区	一类地区	一类地区	一类地区	一类地区	一类地区	一类地区	一类地区	一类地区
墨江县	一类地区	一类地区	一类地区	一类地区	一类地区	一类地区	一类地区	一类地区	一类地区	一类地区
景东县	一类地区	一类地区	一类地区	一类地区	一类地区	一类地区	一类地区	一类地区	一类地区	一类地区
景谷县	一类地区	一类地区	一类地区	一类地区	一类地区	一类地区	一类地区	一类地区	一类地区	一类地区
镇沅县	一类地区	一类地区	一类地区	一类地区	一类地区	一类地区	一类地区	一类地区	一类地区	一类地区
江城县	一类地区	一类地区	一类地区	一类地区	一类地区	一类地区	一类地区	一类地区	一类地区	一类地区
孟连县	一类地区	一类地区	一类地区	一类地区	一类地区	一类地区	一类地区	一类地区	一类地区	一类地区
澜沧县	一类地区	一类地区	一类地区	一类地区	一类地区	一类地区	一类地区	一类地区	一类地区	一类地区
西盟县	一类地区	一类地区	一类地区	一类地区	一类地区	一类地区	一类地区	一类地区	一类地区	一类地区
临翔区	三类地区	三类地区	三类地区	三类地区	三类地区	三类地区	三类地区	三类地区	三类地区	三类地区

县(市、区)	2007 年	2008 年	2009 年	2010 年	2011 年	2012 年	2013 年	2014 年	2015 年	2016 年
凤庆县	一类地区	一类地区	一类地区	一类地区	一类地区	一类地区	一类地区	一类地区	一类地区	一类地区
云县	一类地区	一类地区	一类地区	一类地区	一类地区	一类地区	一类地区	一类地区	一类地区	一类地区
永德县	一类地区	一类地区	一类地区	一类地区	一类地区	一类地区	一类地区	一类地区	一类地区	一类地区
镇康县	一类地区	一类地区	一类地区	一类地区	一类地区	一类地区	一类地区	一类地区	一类地区	一类地区
双江县	一类地区	一类地区	一类地区	一类地区	一类地区	一类地区	一类地区	一类地区	一类地区	一类地区
耿马县	一类地区	一类地区	一类地区	一类地区	一类地区	一类地区	一类地区	一类地区	一类地区	一类地区
沧源县	一类地区	一类地区	一类地区	一类地区	一类地区	一类地区	一类地区	一类地区	一类地区	一类地区
楚雄市	一类地区	一类地区	一类地区	一类地区	一类地区	一类地区	一类地区	一类地区	一类地区	一类地区
双柏县	一类地区	一类地区	一类地区	一类地区	一类地区	一类地区	一类地区	一类地区	一类地区	一类地区
牟定县	一类地区	一类地区	一类地区	一类地区	一类地区	一类地区	一类地区	一类地区	一类地区	一类地区
南华县	一类地区	一类地区	一类地区	一类地区	一类地区	一类地区	一类地区	一类地区	一类地区	一类地区
姚安县	一类地区	一类地区	一类地区	一类地区	一类地区	一类地区	一类地区	一类地区	一类地区	一类地区
大姚县	一类地区	一类地区	一类地区	一类地区	一类地区	一类地区	一类地区	一类地区	一类地区	一类地区
永仁县	一类地区	一类地区	一类地区	一类地区	一类地区	一类地区	一类地区	一类地区	一类地区	一类地区
元谋县	一类地区	一类地区	一类地区	一类地区	一类地区	一类地区	一类地区	一类地区	一类地区	一类地区
武定县	一类地区	一类地区	一类地区	一类地区	一类地区	一类地区	一类地区	一类地区	一类地区	一类地区
禄丰县	一类地区	一类地区	一类地区	一类地区	一类地区	一类地区	一类地区	一类地区	一类地区	一类地区

续表

县(市、区)	2007 年	2008 年	2009 年	2010 年	2011 年	2012 年	2013 年	2014 年	2015 年	2016 年
个旧市	三类地区	三类地区	三类地区	三类地区	三类地区	三类地区	三类地区	三类地区	三类地区	三类地区
开远市	三类地区	三类地区	三类地区	三类地区	三类地区	三类地区	三类地区	三类地区	三类地区	三类地区
蒙自市	三类地区	三类地区	三类地区	三类地区	三类地区	三类地区	三类地区	三类地区	三类地区	
弥勒市	一类地区	一类地区	一类地区	一类地区	一类地区	一类地区	一类地区	一类地区	一类地区	一类地区
屏边县	一类地区	一类地区	一类地区	一类地区	一类地区	一类地区	一类地区	一类地区	一类地区	一类地区
建水县	一类地区	一类地区	一类地区	一类地区	一类地区	一类地区	一类地区	一类地区	一类地区	一类地区
石屏县	一类地区	一类地区	一类地区	一类地区	一类地区	一类地区	一类地区	一类地区	一类地区	一类地区
泸西县	一类地区	一类地区	一类地区	一类地区	一类地区	一类地区	一类地区	一类地区	一类地区	一类地区
元阳县	一类地区	一类地区	一类地区	一类地区	一类地区	一类地区	一类地区	一类地区	一类地区	一类地区
红河县	一类地区	一类地区	一类地区	一类地区	一类地区	一类地区	一类地区	一类地区	一类地区	一类地区
金平县	一类地区	一类地区	一类地区	一类地区	一类地区	一类地区	一类地区	一类地区	一类地区	一类地区
绿春县	一类地区	一类地区	一类地区	一类地区	一类地区	一类地区	一类地区	一类地区	一类地区	一类地区
河口县	一类地区	一类地区	一类地区	一类地区	一类地区	一类地区	一类地区	一类地区	一类地区	一类地区
文山市	二类地区	二类地区	二类地区	二类地区	二类地区	二类地区	二类地区	二类地区	二类地区	二类地区
砚山县	一类地区	一类地区	一类地区	一类地区	一类地区	一类地区	一类地区	一类地区	一类地区	一类地区
西畴县	一类地区	一类地区	一类地区	一类地区	一类地区	一类地区	一类地区	一类地区	一类地区	一类地区
麻栗坡县	一类地区	一类地区	一类地区	一类地区	一类地区	一类地区	一类地区	一类地区	一类地区	一类地区

续表

县(市、区)	2007 年	2008 年	2009 年	2010 年	2011 年	2012 年	2013 年	2014 年	2015 年	2016 年
马关县	一类地区	一类地区	一类地区	一类地区	一类地区	一类地区	一类地区	一类地区	一类地区	一类地区
丘北县	一类地区	一类地区	一类地区	一类地区	一类地区	一类地区	一类地区	一类地区	一类地区	一类地区
广南县	一类地区	一类地区	一类地区	一类地区	一类地区	一类地区	一类地区	一类地区	一类地区	一类地区
富宁县	一类地区	一类地区	一类地区	一类地区	一类地区	一类地区	一类地区	一类地区	一类地区	一类地区
景洪市	三类地区	三类地区	三类地区	三类地区	三类地区	三类地区	三类地区	三类地区	三类地区	三类地区
勐海县	一类地区	一类地区	一类地区	一类地区	一类地区	一类地区	一类地区	一类地区	一类地区	一类地区
勐腊县	一类地区	一类地区	一类地区	一类地区	一类地区	一类地区	一类地区	一类地区	一类地区	一类地区
大理市	一类地区	一类地区	一类地区	一类地区	一类地区	一类地区	一类地区	一类地区	一类地区	一类地区
漾濞县	一类地区	一类地区	一类地区	一类地区	一类地区	一类地区	一类地区	一类地区	一类地区	一类地区
祥云县	一类地区	一类地区	一类地区	一类地区	一类地区	一类地区	一类地区	一类地区	一类地区	一类地区
宾川县	一类地区	一类地区	一类地区	一类地区	一类地区	一类地区	一类地区	一类地区	一类地区	一类地区
弥渡县	一类地区	一类地区	一类地区	一类地区	一类地区	一类地区	一类地区	一类地区	一类地区	一类地区
南涧县	一类地区	一类地区	一类地区	一类地区	一类地区	一类地区	一类地区	一类地区	一类地区	一类地区
巍山县	一类地区	一类地区	一类地区	一类地区	一类地区	一类地区	一类地区	一类地区	一类地区	一类地区
永平县	一类地区	一类地区	一类地区	一类地区	一类地区	一类地区	一类地区	一类地区	一类地区	一类地区
云龙县	一类地区	一类地区	一类地区	一类地区	一类地区	一类地区	一类地区	一类地区	一类地区	一类地区
洱源县	一类地区	一类地区	一类地区	一类地区	一类地区	一类地区	一类地区	一类地区	一类地区	一类地区

续表

县(市、区)	2007 年	2008 年	2009 年	2010 年	2011 年	2012 年	2013 年	2014 年	2015 年	2016 年
剑川县	一类地区	一类地区	一类地区	一类地区	一类地区	一类地区	一类地区	一类地区	一类地区	一类地区
鹤庆县	一类地区	一类地区	一类地区	一类地区	一类地区	一类地区	一类地区	一类地区	一类地区	一类地区
瑞丽市	三类地区	三类地区	三类地区	三类地区	三类地区	三类地区	三类地区	三类地区	三类地区	三类地区
芒市	一类地区	一类地区	一类地区	一类地区	一类地区	一类地区	一类地区	一类地区	一类地区	一类地区
梁河县	一类地区	一类地区	一类地区	一类地区	一类地区	一类地区	一类地区	一类地区	一类地区	一类地区
盈江县	一类地区	一类地区	一类地区	一类地区	一类地区	一类地区	一类地区	一类地区	一类地区	一类地区
陇川县	一类地区	一类地区	一类地区	一类地区	一类地区	一类地区	一类地区	一类地区	一类地区	一类地区
泸水市	二类地区	二类地区	二类地区	二类地区	二类地区	二类地区	二类地区	二类地区	二类地区	二类地区
福贡县	一类地区	一类地区	一类地区	一类地区	一类地区	一类地区	一类地区	一类地区	一类地区	一类地区
贡山县	一类地区	一类地区	一类地区	一类地区	一类地区	一类地区	一类地区	一类地区	一类地区	一类地区
兰坪县	一类地区	一类地区	一类地区	一类地区	一类地区	一类地区	一类地区	一类地区	一类地区	一类地区
香格里拉市	一类地区	一类地区	一类地区	一类地区	一类地区	一类地区	一类地区	一类地区	一类地区	一类地区
德钦县	一类地区	一类地区	一类地区	一类地区	一类地区	一类地区	一类地区	一类地区	一类地区	一类地区
维西县	一类地区	一类地区	一类地区	一类地区	一类地区	一类地区	一类地区	一类地区	一类地区	一类地区

2. 水污染评价

云南省各县(市、区)的水污染评价图如图 2-9 所示。由图可见:①云南省水污染物浓度的水质可以分为五类,从整体情况来看,云南省大部分县(市、区)的水质情况较好;②云南省Ⅱ类水质分布的县(市、区)范围最广,Ⅰ类水质次之,Ⅲ类水质分散分布在瑞丽市、龙陵县、沧源县、耿马县和临翔区等 16 个县(市、区),Ⅳ类水质主要分布在峨山县和石屏县 2 个县,Ⅴ类水质主要分布在永胜县、祥云县、马关县

3 个县。

　　2007～2016 年云南省各县(市、区)水污染物浓度超标指数情况见表 2-9。由表可知:①云南省各县(市、区)的水污染物浓度超标指数主要集中在 -0.3～ -0.2,小于 -0.3 的污染物浓度超标指数次之,整体而言,云南省大多数县(市、区)水污染物浓度超标指数较小;②2007～2016 年云南省各县(市、区)水污染物浓度超标指数变化较小;③云南省各县(市、区)水污染物浓度超标指数存在一定的县域差异。

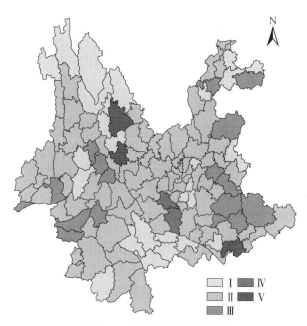

图 2-9　云南省水污染评价图

表 2-9　2007～2016 年云南省水污染物浓度超标指数

县(市、区)	2007 年	2008 年	2009 年	2010 年	2011 年	2012 年	2013 年	2014 年	2015 年	2016 年
五华区	-0.23	-0.23	-0.23	-0.23	-0.23	-0.23	-0.23	-0.23	-0.23	-0.23
盘龙区	-0.25	-0.25	-0.25	-0.25	-0.25	-0.25	-0.25	-0.25	-0.25	-0.25
官渡区	-0.21	-0.21	-0.21	-0.21	-0.21	-0.21	-0.21	-0.21	-0.21	-0.21
西山区	-0.26	-0.26	-0.26	-0.26	-0.26	-0.26	-0.26	-0.26	-0.26	-0.26
东川区	-0.22	-0.22	-0.22	-0.22	-0.22	-0.22	-0.22	-0.22	-0.22	-0.22
呈贡区	-0.29	-0.29	-0.29	-0.29	-0.29	-0.29	-0.29	-0.29	-0.29	-0.29
晋宁区	-0.29	-0.29	-0.29	-0.29	-0.29	-0.29	-0.29	-0.29	-0.29	-0.29
富民县	-0.28	-0.28	-0.28	-0.28	-0.28	-0.28	-0.28	-0.28	-0.28	-0.28

续表

县(市、区)	2007 年	2008 年	2009 年	2010 年	2011 年	2012 年	2013 年	2014 年	2015 年	2016 年
宜良县	−0.28	−0.28	−0.28	−0.28	−0.28	−0.28	−0.28	−0.28	−0.28	−0.28
石林县	−0.27	−0.27	−0.27	−0.27	−0.27	−0.27	−0.27	−0.27	−0.27	−0.27
嵩明县	−0.33	−0.33	−0.33	−0.33	−0.33	−0.33	−0.33	−0.33	−0.33	−0.33
禄劝县	−0.26	−0.26	−0.26	−0.26	−0.26	−0.26	−0.26	−0.26	−0.26	−0.26
寻甸县	−0.28	−0.28	−0.28	−0.28	−0.28	−0.28	−0.28	−0.28	−0.28	−0.28
安宁市	−0.24	−0.24	−0.24	−0.24	−0.24	−0.24	−0.24	−0.24	−0.24	−0.24
麒麟区	−0.26	−0.26	−0.26	−0.26	−0.26	−0.26	−0.26	−0.26	−0.26	−0.26
马龙区	−0.25	−0.25	−0.25	−0.25	−0.25	−0.25	−0.25	−0.25	−0.25	−0.25
陆良县	−0.16	−0.16	−0.16	−0.16	−0.16	−0.16	−0.16	−0.16	−0.16	−0.16
师宗县	−0.13	−0.13	−0.13	−0.13	−0.13	−0.13	−0.13	−0.13	−0.13	−0.13
罗平县	−0.28	−0.28	−0.28	−0.28	−0.28	−0.28	−0.28	−0.28	−0.28	−0.28
富源县	−0.35	−0.35	−0.35	−0.35	−0.35	−0.35	−0.35	−0.35	−0.35	−0.35
会泽县	−0.28	−0.28	−0.28	−0.28	−0.28	−0.28	−0.28	−0.28	−0.28	−0.28
沾益区	−0.28	−0.28	−0.28	−0.28	−0.28	−0.28	−0.28	−0.28	−0.28	−0.28
宣威市	−0.14	−0.14	−0.14	−0.14	−0.14	−0.14	−0.14	−0.14	−0.14	−0.14
红塔区	−0.26	−0.26	−0.26	−0.26	−0.26	−0.26	−0.26	−0.26	−0.26	−0.26
江川区	−0.36	−0.36	−0.36	−0.36	−0.36	−0.36	−0.36	−0.36	−0.36	−0.36
澄江市	−0.36	−0.36	−0.36	−0.36	−0.36	−0.36	−0.36	−0.36	−0.36	−0.36
通海县	−0.21	−0.21	−0.21	−0.21	−0.21	−0.21	−0.21	−0.21	−0.21	−0.21
华宁县	−0.32	−0.32	−0.32	−0.32	−0.32	−0.32	−0.32	−0.32	−0.32	−0.32
易门县	−0.23	−0.23	−0.23	−0.23	−0.23	−0.23	−0.23	−0.23	−0.23	−0.23
峨山县	0.15	0.15	0.15	0.15	0.15	0.15	0.15	0.15	0.15	0.15
新平县	−0.25	−0.25	−0.25	−0.25	−0.25	−0.25	−0.25	−0.25	−0.25	−0.25
元江县	−0.25	−0.25	−0.25	−0.25	−0.25	−0.25	−0.25	−0.25	−0.25	−0.25
隆阳区	−0.23	−0.23	−0.23	−0.23	−0.23	−0.23	−0.23	−0.23	−0.23	−0.23
施甸县	−0.29	−0.29	−0.29	−0.29	−0.29	−0.29	−0.29	−0.29	−0.29	−0.29
龙陵县	−0.15	−0.15	−0.15	−0.15	−0.15	−0.15	−0.15	−0.15	−0.15	−0.15
昌宁县	−0.33	−0.33	−0.33	−0.33	−0.33	−0.33	−0.33	−0.33	−0.33	−0.33
腾冲市	−0.26	−0.26	−0.26	−0.26	−0.26	−0.26	−0.26	−0.26	−0.26	−0.26
昭阳区	−0.18	−0.18	−0.18	−0.18	−0.18	−0.18	−0.18	−0.18	−0.18	−0.18
鲁甸县	−0.32	−0.32	−0.32	−0.32	−0.32	−0.32	−0.32	−0.32	−0.32	−0.32
巧家县	−0.23	−0.23	−0.23	−0.23	−0.23	−0.23	−0.23	−0.23	−0.23	−0.23

续表

县(市、区)	2007 年	2008 年	2009 年	2010 年	2011 年	2012 年	2013 年	2014 年	2015 年	2016 年
盐津县	−0.31	−0.31	−0.31	−0.31	−0.31	−0.31	−0.31	−0.31	−0.31	−0.31
大关县	−0.24	−0.24	−0.24	−0.24	−0.24	−0.24	−0.24	−0.24	−0.24	−0.24
永善县	−0.26	−0.26	−0.26	−0.26	−0.26	−0.26	−0.26	−0.26	−0.26	−0.26
绥江县	−0.26	−0.26	−0.26	−0.26	−0.26	−0.26	−0.26	−0.26	−0.26	−0.26
镇雄县	−0.16	−0.16	−0.16	−0.16	−0.16	−0.16	−0.16	−0.16	−0.16	−0.16
彝良县	−0.34	−0.34	−0.34	−0.34	−0.34	−0.34	−0.34	−0.34	−0.34	−0.34
威信县	−0.35	−0.35	−0.35	−0.35	−0.35	−0.35	−0.35	−0.35	−0.35	−0.35
水富市	−0.25	−0.25	−0.25	−0.25	−0.25	−0.25	−0.25	−0.25	−0.25	−0.25
古城区	−0.35	−0.35	−0.35	−0.35	−0.35	−0.35	−0.35	−0.35	−0.35	−0.35
玉龙县	−0.35	−0.35	−0.35	−0.35	−0.35	−0.35	−0.35	−0.35	−0.35	−0.35
永胜县	0.25	0.25	0.25	0.25	0.25	0.25	0.25	0.25	0.25	0.25
华坪县	−0.27	−0.27	−0.27	−0.27	−0.27	−0.27	−0.27	−0.27	−0.27	−0.27
宁蒗县	−0.32	−0.32	−0.32	−0.32	−0.32	−0.32	−0.32	−0.32	−0.32	−0.32
思茅区	−0.26	−0.26	−0.26	−0.26	−0.26	−0.26	−0.26	−0.26	−0.26	−0.26
宁洱县	−0.36	−0.36	−0.36	−0.36	−0.36	−0.36	−0.36	−0.36	−0.36	−0.36
墨江县	−0.38	−0.38	−0.38	−0.38	−0.38	−0.38	−0.38	−0.38	−0.38	−0.38
景东县	−0.24	−0.24	−0.24	−0.24	−0.24	−0.24	−0.24	−0.24	−0.24	−0.24
景谷县	−0.25	−0.25	−0.25	−0.25	−0.25	−0.25	−0.25	−0.25	−0.25	−0.25
镇沅县	−0.26	−0.26	−0.26	−0.26	−0.26	−0.26	−0.26	−0.26	−0.26	−0.26
江城县	−0.38	−0.38	−0.38	−0.38	−0.38	−0.38	−0.38	−0.38	−0.38	−0.38
孟连县	−0.23	−0.23	−0.23	−0.23	−0.23	−0.23	−0.23	−0.23	−0.23	−0.23
澜沧县	−0.25	−0.25	−0.25	−0.25	−0.25	−0.25	−0.25	−0.25	−0.25	−0.25
西盟县	−0.24	−0.24	−0.24	−0.24	−0.24	−0.24	−0.24	−0.24	−0.24	−0.24
临翔区	−0.15	−0.15	−0.15	−0.15	−0.15	−0.15	−0.15	−0.15	−0.15	−0.15
凤庆县	−0.25	−0.25	−0.25	−0.25	−0.25	−0.25	−0.25	−0.25	−0.25	−0.25
云县	−0.25	−0.25	−0.25	−0.25	−0.25	−0.25	−0.25	−0.25	−0.25	−0.25
永德县	−0.25	−0.25	−0.25	−0.25	−0.25	−0.25	−0.25	−0.25	−0.25	−0.25
镇康县	−0.26	−0.26	−0.26	−0.26	−0.26	−0.26	−0.26	−0.26	−0.26	−0.26
双江县	−0.26	−0.26	−0.26	−0.26	−0.26	−0.26	−0.26	−0.26	−0.26	−0.26
耿马县	−0.16	−0.16	−0.16	−0.16	−0.16	−0.16	−0.16	−0.16	−0.16	−0.16
沧源县	−0.16	−0.16	−0.16	−0.16	−0.16	−0.16	−0.16	−0.16	−0.16	−0.16
楚雄市	−0.22	−0.22	−0.22	−0.22	−0.22	−0.22	−0.22	−0.22	−0.22	−0.22

续表

县(市、区)	2007 年	2008 年	2009 年	2010 年	2011 年	2012 年	2013 年	2014 年	2015 年	2016 年
双柏县	−0.23	−0.23	−0.23	−0.23	−0.23	−0.23	−0.23	−0.23	−0.23	−0.23
牟定县	−0.25	−0.25	−0.25	−0.25	−0.25	−0.25	−0.25	−0.25	−0.25	−0.25
南华县	−0.24	−0.24	−0.24	−0.24	−0.24	−0.24	−0.24	−0.24	−0.24	−0.24
姚安县	−0.27	−0.27	−0.27	−0.27	−0.27	−0.27	−0.27	−0.27	−0.27	−0.27
大姚县	−0.25	−0.25	−0.25	−0.25	−0.25	−0.25	−0.25	−0.25	−0.25	−0.25
永仁县	−0.26	−0.26	−0.26	−0.26	−0.26	−0.26	−0.26	−0.26	−0.26	−0.26
元谋县	−0.27	−0.27	−0.27	−0.27	−0.27	−0.27	−0.27	−0.27	−0.27	−0.27
武定县	−0.26	−0.26	−0.26	−0.26	−0.26	−0.26	−0.26	−0.26	−0.26	−0.26
禄丰县	−0.26	−0.26	−0.26	−0.26	−0.26	−0.26	−0.26	−0.26	−0.26	−0.26
个旧市	−0.22	−0.22	−0.22	−0.22	−0.22	−0.22	−0.22	−0.22	−0.22	−0.22
开远市	−0.22	−0.22	−0.22	−0.22	−0.22	−0.22	−0.22	−0.22	−0.22	−0.22
蒙自市	−0.22	−0.22	−0.22	−0.22	−0.22	−0.22	−0.22	−0.22	−0.22	−0.22
弥勒市	−0.25	−0.25	−0.25	−0.25	−0.25	−0.25	−0.25	−0.25	−0.25	−0.25
屏边县	−0.32	−0.32	−0.32	−0.32	−0.32	−0.32	−0.32	−0.32	−0.32	−0.32
建水县	−0.25	−0.25	−0.25	−0.25	−0.25	−0.25	−0.25	−0.25	−0.25	−0.25
石屏县	0.13	0.13	0.13	0.13	0.13	0.13	0.13	0.13	0.13	0.13
泸西县	−0.25	−0.25	−0.25	−0.25	−0.25	−0.25	−0.25	−0.25	−0.25	−0.25
元阳县	−0.36	−0.36	−0.36	−0.36	−0.36	−0.36	−0.36	−0.36	−0.36	−0.36
红河县	−0.36	−0.36	−0.36	−0.36	−0.36	−0.36	−0.36	−0.36	−0.36	−0.36
金平县	−0.24	−0.24	−0.24	−0.24	−0.24	−0.24	−0.24	−0.24	−0.24	−0.24
绿春县	−0.35	−0.35	−0.35	−0.35	−0.35	−0.35	−0.35	−0.35	−0.35	−0.35
河口县	−0.23	−0.23	−0.23	−0.23	−0.23	−0.23	−0.23	−0.23	−0.23	−0.23
文山市	−0.24	−0.24	−0.24	−0.24	−0.24	−0.24	−0.24	−0.24	−0.24	−0.24
砚山县	−0.14	−0.14	−0.14	−0.14	−0.14	−0.14	−0.14	−0.14	−0.14	−0.14
西畴县	−0.24	−0.24	−0.24	−0.24	−0.24	−0.24	−0.24	−0.24	−0.24	−0.24
麻栗坡县	−0.24	−0.24	−0.24	−0.24	−0.24	−0.24	−0.24	−0.24	−0.24	−0.24
马关县	0.26	0.26	0.26	0.26	0.26	0.26	0.26	0.26	0.26	0.26
丘北县	−0.15	−0.15	−0.15	−0.15	−0.15	−0.15	−0.15	−0.15	−0.15	−0.15
广南县	−0.16	−0.16	−0.16	−0.16	−0.16	−0.16	−0.16	−0.16	−0.16	−0.16
富宁县	−0.25	−0.25	−0.25	−0.25	−0.25	−0.25	−0.25	−0.25	−0.25	−0.25
景洪市	−0.23	−0.23	−0.23	−0.23	−0.23	−0.23	−0.23	−0.23	−0.23	−0.23
勐海县	−0.34	−0.34	−0.34	−0.34	−0.34	−0.34	−0.34	−0.34	−0.34	−0.34

县(市、区)	2007年	2008年	2009年	2010年	2011年	2012年	2013年	2014年	2015年	2016年
勐腊县	−0.23	−0.23	−0.23	−0.23	−0.23	−0.23	−0.23	−0.23	−0.23	−0.23
大理市	−0.23	−0.23	−0.23	−0.23	−0.23	−0.23	−0.23	−0.23	−0.23	−0.23
漾濞县	−0.13	−0.13	−0.13	−0.13	−0.13	−0.13	−0.13	−0.13	−0.13	−0.13
祥云县	0.25	0.25	0.25	0.25	0.25	0.25	0.25	0.25	0.25	0.25
宾川县	−0.32	−0.32	−0.32	−0.32	−0.32	−0.32	−0.32	−0.32	−0.32	−0.32
弥渡县	−0.25	−0.25	−0.25	−0.25	−0.25	−0.25	−0.25	−0.25	−0.25	−0.25
南涧县	−0.16	−0.16	−0.16	−0.16	−0.16	−0.16	−0.16	−0.16	−0.16	−0.16
巍山县	−0.18	−0.18	−0.18	−0.18	−0.18	−0.18	−0.18	−0.18	−0.18	−0.18
永平县	−0.33	−0.33	−0.33	−0.33	−0.33	−0.33	−0.33	−0.33	−0.33	−0.33
云龙县	−0.24	−0.24	−0.24	−0.24	−0.24	−0.24	−0.24	−0.24	−0.24	−0.24
洱源县	−0.23	−0.23	−0.23	−0.23	−0.23	−0.23	−0.23	−0.23	−0.23	−0.23
剑川县	−0.26	−0.26	−0.26	−0.26	−0.26	−0.26	−0.26	−0.26	−0.26	−0.26
鹤庆县	−0.38	−0.38	−0.38	−0.38	−0.38	−0.38	−0.38	−0.38	−0.38	−0.38
瑞丽市	−0.16	−0.16	−0.16	−0.16	−0.16	−0.16	−0.16	−0.16	−0.16	−0.16
芒市	−0.27	−0.27	−0.27	−0.27	−0.27	−0.27	−0.27	−0.27	−0.27	−0.27
梁河县	−0.28	−0.28	−0.28	−0.28	−0.28	−0.28	−0.28	−0.28	−0.28	−0.28
盈江县	−0.27	−0.27	−0.27	−0.27	−0.27	−0.27	−0.27	−0.27	−0.27	−0.27
陇川县	−0.26	−0.26	−0.26	−0.26	−0.26	−0.26	−0.26	−0.26	−0.26	−0.26
泸水市	−0.26	−0.26	−0.26	−0.26	−0.26	−0.26	−0.26	−0.26	−0.26	−0.26
福贡县	−0.25	−0.25	−0.25	−0.25	−0.25	−0.25	−0.25	−0.25	−0.25	−0.25
贡山县	−0.38	−0.38	−0.38	−0.38	−0.38	−0.38	−0.38	−0.38	−0.38	−0.38
兰坪县	−0.26	−0.26	−0.26	−0.26	−0.26	−0.26	−0.26	−0.26	−0.26	−0.26
香格里拉市	−0.38	−0.38	−0.38	−0.38	−0.38	−0.38	−0.38	−0.38	−0.38	−0.38
德钦县	−0.38	−0.38	−0.38	−0.38	−0.38	−0.38	−0.38	−0.38	−0.38	−0.38
维西县	−0.27	−0.27	−0.27	−0.27	−0.27	−0.27	−0.27	−0.27	−0.27	−0.27

2007～2016年云南省水污染物浓度超标指数等级定性评价情况见表2-10。由表可知:①云南省各县(市、区)水质依据水污染物浓度超标指数可分为五类。整体而言,云南省各县(市、区)水质Ⅱ类水质居多,水质情况较好;②云南省水质为Ⅰ类的有嵩明县、富源县、江川区、澄江市和华宁县等27个县(市、区),Ⅱ类有五华区、盘龙区、官渡区、西山区和东川区等81个县(市、区),Ⅲ类有陆良县、师宗县、宣威市、龙陵县和昭阳区等16个县(市、区),Ⅳ类有峨山县和石屏县2个县,Ⅴ类有

永胜县、马关县和祥云县 3 个县;③2007~2016 年云南省的水质变化幅度较小;
④云南省各县(市、区)之间水质情况存在一定的县域差异。

表 2-10　2007~2016 年云南省水污染物浓度超标指数等级定性评价表

县区名	2007 年	2008 年	2009 年	2010 年	2011 年	2012 年	2013 年	2014 年	2015 年	2016 年
五华区	Ⅱ	Ⅱ	Ⅱ	Ⅱ	Ⅱ	Ⅱ	Ⅱ	Ⅱ	Ⅱ	Ⅱ
盘龙区	Ⅱ	Ⅱ	Ⅱ	Ⅱ	Ⅱ	Ⅱ	Ⅱ	Ⅱ	Ⅱ	Ⅱ
官渡区	Ⅱ	Ⅱ	Ⅱ	Ⅱ	Ⅱ	Ⅱ	Ⅱ	Ⅱ	Ⅱ	Ⅱ
西山区	Ⅱ	Ⅱ	Ⅱ	Ⅱ	Ⅱ	Ⅱ	Ⅱ	Ⅱ	Ⅱ	Ⅱ
东川区	Ⅱ	Ⅱ	Ⅱ	Ⅱ	Ⅱ	Ⅱ	Ⅱ	Ⅱ	Ⅱ	Ⅱ
呈贡区	Ⅱ	Ⅱ	Ⅱ	Ⅱ	Ⅱ	Ⅱ	Ⅱ	Ⅱ	Ⅱ	Ⅱ
晋宁区	Ⅱ	Ⅱ	Ⅱ	Ⅱ	Ⅱ	Ⅱ	Ⅱ	Ⅱ	Ⅱ	Ⅱ
富民县	Ⅱ	Ⅱ	Ⅱ	Ⅱ	Ⅱ	Ⅱ	Ⅱ	Ⅱ	Ⅱ	Ⅱ
宜良县	Ⅱ	Ⅱ	Ⅱ	Ⅱ	Ⅱ	Ⅱ	Ⅱ	Ⅱ	Ⅱ	Ⅱ
石林县	Ⅱ	Ⅱ	Ⅱ	Ⅱ	Ⅱ	Ⅱ	Ⅱ	Ⅱ	Ⅱ	Ⅱ
嵩明县	Ⅰ	Ⅰ	Ⅰ	Ⅰ	Ⅰ	Ⅰ	Ⅰ	Ⅰ	Ⅰ	Ⅰ
禄劝县	Ⅱ	Ⅱ	Ⅱ	Ⅱ	Ⅱ	Ⅱ	Ⅱ	Ⅱ	Ⅱ	Ⅱ
寻甸县	Ⅱ	Ⅱ	Ⅱ	Ⅱ	Ⅱ	Ⅱ	Ⅱ	Ⅱ	Ⅱ	Ⅱ
安宁市	Ⅱ	Ⅱ	Ⅱ	Ⅱ	Ⅱ	Ⅱ	Ⅱ	Ⅱ	Ⅱ	Ⅱ
麒麟区	Ⅱ	Ⅱ	Ⅱ	Ⅱ	Ⅱ	Ⅱ	Ⅱ	Ⅱ	Ⅱ	Ⅱ
马龙区	Ⅱ	Ⅱ	Ⅱ	Ⅱ	Ⅱ	Ⅱ	Ⅱ	Ⅱ	Ⅱ	Ⅱ
陆良县	Ⅲ	Ⅲ	Ⅲ	Ⅲ	Ⅲ	Ⅲ	Ⅲ	Ⅲ	Ⅲ	Ⅲ
师宗县	Ⅲ	Ⅲ	Ⅲ	Ⅲ	Ⅲ	Ⅲ	Ⅲ	Ⅲ	Ⅲ	Ⅲ
罗平县	Ⅱ	Ⅱ	Ⅱ	Ⅱ	Ⅱ	Ⅱ	Ⅱ	Ⅱ	Ⅱ	Ⅱ
富源县	Ⅰ	Ⅰ	Ⅰ	Ⅰ	Ⅰ	Ⅰ	Ⅰ	Ⅰ	Ⅰ	Ⅰ
会泽县	Ⅱ	Ⅱ	Ⅱ	Ⅱ	Ⅱ	Ⅱ	Ⅱ	Ⅱ	Ⅱ	Ⅱ
沾益区	Ⅱ	Ⅱ	Ⅱ	Ⅱ	Ⅱ	Ⅱ	Ⅱ	Ⅱ	Ⅱ	Ⅱ
宣威市	Ⅲ	Ⅲ	Ⅲ	Ⅲ	Ⅲ	Ⅲ	Ⅲ	Ⅲ	Ⅲ	Ⅲ
红塔区	Ⅱ	Ⅱ	Ⅱ	Ⅱ	Ⅱ	Ⅱ	Ⅱ	Ⅱ	Ⅱ	Ⅱ
江川区	Ⅰ	Ⅰ	Ⅰ	Ⅰ	Ⅰ	Ⅰ	Ⅰ	Ⅰ	Ⅰ	Ⅰ
澄江市	Ⅰ	Ⅰ	Ⅰ	Ⅰ	Ⅰ	Ⅰ	Ⅰ	Ⅰ	Ⅰ	Ⅰ
通海县	Ⅱ	Ⅱ	Ⅱ	Ⅱ	Ⅱ	Ⅱ	Ⅱ	Ⅱ	Ⅱ	Ⅱ
华宁县	Ⅰ	Ⅰ	Ⅰ	Ⅰ	Ⅰ	Ⅰ	Ⅰ	Ⅰ	Ⅰ	Ⅰ
易门县	Ⅱ	Ⅱ	Ⅱ	Ⅱ	Ⅱ	Ⅱ	Ⅱ	Ⅱ	Ⅱ	Ⅱ

续表

县区名	2007 年	2008 年	2009 年	2010 年	2011 年	2012 年	2013 年	2014 年	2015 年	2016 年
峨山县	IV	IV	IV	IV	IV	IV	IV	IV	IV	IV
新平县	II	II	II	II	II	II	II	II	II	II
元江县	II	II	II	II	II	II	II	II	II	II
隆阳区	II	II	II	II	II	II	II	II	II	II
施甸县	II	II	II	II	II	II	II	II	II	II
龙陵县	III	III	III	III	III	III	III	III	III	III
昌宁县	I	I	I	I	I	I	I	I	I	I
腾冲市	II	II	II	II	II	II	II	II	II	II
昭阳区	III	III	III	III	III	III	III	III	III	III
鲁甸县	I	I	I	I	I	I	I	I	I	I
巧家县	II	II	II	II	II	II	II	II	II	II
盐津县	I	I	I	I	I	I	I	I	I	I
大关县	II	II	II	II	II	II	II	II	II	II
永善县	II	II	II	II	II	II	II	II	II	II
绥江县	II	II	II	II	II	II	II	II	II	II
镇雄县	III	III	III	III	III	III	III	III	III	III
彝良县	I	I	I	I	I	I	I	I	I	I
威信县	I	I	I	I	I	I	I	I	I	I
水富市	II	II	II	II	II	II	II	II	II	II
古城区	I	I	I	I	I	I	I	I	I	I
玉龙县	I	I	I	I	I	I	I	I	I	I
永胜县	V	V	V	V	V	V	V	V	V	V
华坪县	II	II	II	II	II	II	II	II	II	II
宁蒗县	I	I	I	I	I	I	I	I	I	I
思茅区	II	II	II	II	II	II	II	II	II	II
宁洱县	I	I	I	I	I	I	I	I	I	I
墨江县	I	I	I	I	I	I	I	I	I	I
景东县	II	II	II	II	II	II	II	II	II	II
景谷县	II	II	II	II	II	II	II	II	II	II
镇沅县	II	II	II	II	II	II	II	II	II	II
江城县	I	I	I	I	I	I	I	I	I	I
孟连县	II	II	II	II	II	II	II	II	II	II

续表

县区名	2007 年	2008 年	2009 年	2010 年	2011 年	2012 年	2013 年	2014 年	2015 年	2016 年
澜沧县	II	II	II	II	II	II	II	II	II	II
西盟县	II	II	II	II	II	II	II	II	II	II
临翔区	III	III	III	III	III	III	III	III	III	III
凤庆县	II	II	II	II	II	II	II	II	II	II
云县	II	II	II	II	II	II	II	II	II	II
永德县	II	II	II	II	II	II	II	II	II	II
镇康县	II	II	II	II	II	II	II	II	II	II
双江县	II	II	II	II	II	II	II	II	II	II
耿马县	III	III	III	III	III	III	III	III	III	III
沧源县	III	III	III	III	III	III	III	III	III	III
楚雄市	II	II	II	II	II	II	II	II	II	II
双柏县	II	II	II	II	II	II	II	II	II	II
牟定县	II	II	II	II	II	II	II	II	II	II
南华县	II	II	II	II	II	II	II	II	II	II
姚安县	II	II	II	II	II	II	II	II	II	II
大姚县	II	II	II	II	II	II	II	II	II	II
永仁县	II	II	II	II	II	II	II	II	II	II
元谋县	II	II	II	II	II	II	II	II	II	II
武定县	II	II	II	II	II	II	II	II	II	II
禄丰县	II	II	II	II	II	II	II	II	II	II
个旧市	II	II	II	II	II	II	II	II	II	II
开远市	II	II	II	II	II	II	II	II	II	II
蒙自市	II	II	II	II	II	II	II	II	II	II
弥勒市	II	II	II	II	II	II	II	II	II	II
屏边县	I	I	I	I	I	I	I	I	I	I
建水县	II	II	II	II	II	II	II	II	II	II
石屏县	IV	IV	IV	IV	IV	IV	IV	IV	IV	IV
泸西县	II	II	II	II	II	II	II	II	II	II
元阳县	I	I	I	I	I	I	I	I	I	I
红河县	I	I	I	I	I	I	I	I	I	I
金平县	II	II	II	II	II	II	II	II	II	II
绿春县	I	I	I	I	I	I	I	I	I	I

续表

县区名	2007 年	2008 年	2009 年	2010 年	2011 年	2012 年	2013 年	2014 年	2015 年	2016 年
河口县	II	II	II	II	II	II	II	II	II	II
文山市	II	II	II	II	II	II	II	II	II	II
砚山县	III	III	III	III	III	III	III	III	III	III
西畴县	II	II	II	II	II	II	II	II	II	II
麻栗坡县	II	II	II	II	II	II	II	II	II	II
马关县	V	V	V	V	V	V	V	V	V	V
丘北县	III	III	III	III	III	III	III	III	III	III
广南县	III	III	III	III	III	III	III	III	III	III
富宁县	II	II	II	II	II	II	II	II	II	II
景洪市	II	II	II	II	II	II	II	II	II	II
勐海县	I	I	I	I	I	I	I	I	I	I
勐腊县	II	II	II	II	II	II	II	II	II	II
大理市	II	II	II	II	II	II	II	II	II	II
漾濞县	III	III	III	III	III	III	III	III	III	III
祥云县	V	V	V	V	V	V	V	V	V	V
宾川县	I	I	I	I	I	I	I	I	I	I
弥渡县	II	II	II	II	II	II	II	II	II	II
南涧县	III	III	III	III	III	III	III	III	III	III
巍山县	III	III	III	III	III	III	III	III	III	III
永平县	I	I	I	I	I	I	I	I	I	I
云龙县	II	II	II	II	II	II	II	II	II	II
洱源县	II	II	II	II	II	II	II	II	II	II
剑川县	II	II	II	II	II	II	II	II	II	II
鹤庆县	I	I	I	I	I	I	I	I	I	I
瑞丽市	III	III	III	III	III	III	III	III	III	III
芒市	II	II	II	II	II	II	II	II	II	II
梁河县	II	II	II	II	II	II	II	II	II	II
盈江县	II	II	II	II	II	II	II	II	II	II
陇川县	II	II	II	II	II	II	II	II	II	II
泸水市	II	II	II	II	II	II	II	II	II	II
福贡县	II	II	II	II	II	II	II	II	II	II
贡山县	I	I	I	I	I	I	I	I	I	I

续表

县区名	2007年	2008年	2009年	2010年	2011年	2012年	2013年	2014年	2015年	2016年
兰坪县	II	II	II	II	II	II	II	II	II	II
香格里拉市	I	I	I	I	I	I	I	I	I	I
德钦县	I	I	I	I	I	I	I	I	I	I
维西县	II	II	II	II	II	II	II	II	II	II

第四节　云南省生态评价

一、生态评价的科学内涵

生态评价也称生态环境评价,主要表征社会经济活动压力下生态系统的健康状况,包括生态环境质量评价和生态环境影响评价。生态环境质量评价是按照一定的评价标准并运用综合评价方法对某一区域的生态环境质量进行评定和预测,可为生态环境规划及生态环境建设提供科学依据。生态环境影响评价是通过许多生物和生态概念的方法,对人类开发建设活动可能导致的生态环境影响进行分析和预测,其目的是确定某一地区的生态负荷及环境容量,为制定环境市域规划及环境法规等提供科学依据,以期实现资源利用率最高、经济效益最好、生态影响最小的良性开发。

二、生态评价的基本结论

依据云南省生态健康度指数,将云南省129个县(市、区)的生态健康程度由好至差划分为一类地区、二类地区和三类地区,形成云南省生态健康评价图(图2-10)和云南省生态健康评价表(表2-11)。如图2-10所示,总体来说,云南省大部分县(市、区)的生态评价类型为二类地区、三类地区,表明云南省生态系统较为健康,大部分县(市、区)可以支撑社会经济活动压力,但也有不少地区生态健康度指数较低。在空间分布上,云南省各县(市、区)生态健康度指数处于高、中、低的地区错落交叉分布。其中,二类地区的县(市、区)最多,区域最广;生态健康度指数处于高和低的县(市、区)和面积相当,分布也相对分散。

由表2-11可知,云南省的生态系统总体较健康。其中,二类地区健康程度的县(市、区)数量最大,且二类地区程度及其以上的县(市、区)占绝大部分,健康程度高和低的县(市、区)数量相当。各县(市、区)生态健康程度有明显的区域变化,但无年际变化。

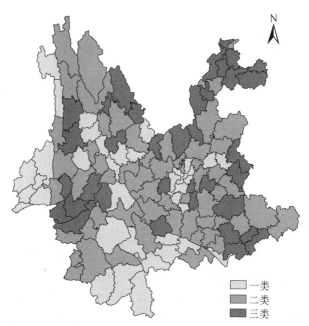

图 2-10　云南省生态健康评价图

表 2-11　云南省生态健康评价表

县（市、区）	2007 年	2008 年	2009 年	2010 年	2011 年	2012 年	2013 年	2014 年	2015 年	2016 年
五华区	二类地区	二类地区	二类地区	二类地区	二类地区	二类地区	二类地区	二类地区	二类地区	二类地区
盘龙区	一类地区	一类地区	一类地区	一类地区	一类地区	一类地区	一类地区	一类地区	一类地区	一类地区
官渡区	一类地区	一类地区	一类地区	一类地区	一类地区	一类地区	一类地区	一类地区	一类地区	一类地区
西山区	一类地区	一类地区	一类地区	一类地区	一类地区	一类地区	一类地区	一类地区	一类地区	一类地区
东川区	三类地区	三类地区	三类地区	三类地区	三类地区	三类地区	三类地区	三类地区	三类地区	三类地区
呈贡区	一类地区	一类地区	一类地区	一类地区	一类地区	一类地区	一类地区	一类地区	一类地区	一类地区
晋宁区	一类地区	一类地区	一类地区	一类地区	一类地区	一类地区	一类地区	一类地区	一类地区	一类地区
富民县	二类地区	二类地区	二类地区	二类地区	二类地区	二类地区	二类地区	二类地区	二类地区	二类地区

续表

县(市、区)	2007 年	2008 年	2009 年	2010 年	2011 年	2012 年	2013 年	2014 年	2015 年	2016 年
宜良县	二类地区	二类地区	二类地区	二类地区	二类地区	二类地区	二类地区	二类地区	二类地区	二类地区
石林县	三类地区	三类地区	三类地区	三类地区	三类地区	三类地区	三类地区	三类地区	三类地区	三类地区
嵩明县	二类地区	二类地区	二类地区	二类地区	二类地区	二类地区	二类地区	二类地区	二类地区	二类地区
禄劝县	三类地区	三类地区	三类地区	三类地区	三类地区	三类地区	三类地区	三类地区	三类地区	三类地区
寻甸县	二类地区	二类地区	二类地区	二类地区	二类地区	二类地区	二类地区	二类地区	二类地区	二类地区
安宁市	一类地区	一类地区	一类地区	一类地区	一类地区	一类地区	一类地区	一类地区	一类地区	一类地区
麒麟区	一类地区	一类地区	一类地区	一类地区	一类地区	一类地区	一类地区	一类地区	一类地区	一类地区
马龙区	一类地区	一类地区	一类地区	一类地区	一类地区	一类地区	一类地区	一类地区	一类地区	一类地区
陆良县	二类地区	二类地区	二类地区	二类地区	二类地区	二类地区	二类地区	二类地区	二类地区	二类地区
师宗县	二类地区	二类地区	二类地区	二类地区	二类地区	二类地区	二类地区	二类地区	二类地区	二类地区
罗平县	三类地区	三类地区	三类地区	三类地区	三类地区	三类地区	三类地区	三类地区	三类地区	三类地区
富源县	三类地区	三类地区	三类地区	三类地区	三类地区	三类地区	三类地区	三类地区	三类地区	三类地区
会泽县	二类地区	二类地区	二类地区	二类地区	二类地区	二类地区	二类地区	二类地区	二类地区	二类地区
沾益区	二类地区	二类地区	二类地区	二类地区	二类地区	二类地区	二类地区	二类地区	二类地区	二类地区
宣威市	二类地区	二类地区	二类地区	二类地区	二类地区	二类地区	二类地区	二类地区	二类地区	二类地区
红塔区	一类地区	一类地区	一类地区	一类地区	一类地区	一类地区	一类地区	一类地区	一类地区	一类地区
江川区	二类地区	二类地区	二类地区	二类地区	二类地区	二类地区	二类地区	二类地区	二类地区	二类地区

县(市、区)	2007 年	2008 年	2009 年	2010 年	2011 年	2012 年	2013 年	2014 年	2015 年	2016 年
澄江市	三类地区	三类地区	三类地区	三类地区	三类地区	三类地区	三类地区	三类地区	三类地区	三类地区
通海县	一类地区	一类地区	一类地区	一类地区	一类地区	一类地区	一类地区	一类地区	一类地区	一类地区
华宁县	三类地区	三类地区	三类地区	三类地区	三类地区	三类地区	三类地区	三类地区	三类地区	三类地区
易门县	三类地区	三类地区	三类地区	三类地区	三类地区	三类地区	三类地区	三类地区	三类地区	三类地区
峨山县	二类地区	二类地区	二类地区	二类地区	二类地区	二类地区	二类地区	二类地区	二类地区	二类地区
新平县	二类地区	二类地区	二类地区	二类地区	二类地区	二类地区	二类地区	二类地区	二类地区	二类地区
元江县	三类地区	三类地区	三类地区	三类地区	三类地区	三类地区	三类地区	三类地区	三类地区	三类地区
隆阳区	二类地区	二类地区	二类地区	二类地区	二类地区	二类地区	二类地区	二类地区	二类地区	二类地区
施甸县	三类地区	三类地区	三类地区	三类地区	三类地区	三类地区	三类地区	三类地区	三类地区	三类地区
龙陵县	二类地区	二类地区	二类地区	二类地区	二类地区	二类地区	二类地区	二类地区	二类地区	二类地区
昌宁县	二类地区	二类地区	二类地区	二类地区	二类地区	二类地区	二类地区	二类地区	二类地区	二类地区
腾冲市	一类地区	一类地区	一类地区	一类地区	一类地区	一类地区	一类地区	一类地区	一类地区	一类地区
昭阳区	二类地区	二类地区	二类地区	二类地区	二类地区	二类地区	二类地区	二类地区	二类地区	二类地区
鲁甸县	三类地区	三类地区	三类地区	三类地区	三类地区	三类地区	三类地区	三类地区	三类地区	三类地区
巧家县	三类地区	三类地区	三类地区	三类地区	三类地区	三类地区	三类地区	三类地区	三类地区	三类地区
盐津县	三类地区	三类地区	三类地区	三类地区	三类地区	三类地区	三类地区	三类地区	三类地区	三类地区
大关县	三类地区	三类地区	三类地区	三类地区	三类地区	三类地区	三类地区	三类地区	三类地区	三类地区

续表

县(市、区)	2007 年	2008 年	2009 年	2010 年	2011 年	2012 年	2013 年	2014 年	2015 年	2016 年
永善县	三类地区	三类地区	三类地区	三类地区	三类地区	三类地区	三类地区	三类地区	三类地区	三类地区
绥江县	三类地区	三类地区	三类地区	三类地区	三类地区	三类地区	三类地区	三类地区	三类地区	三类地区
镇雄县	三类地区	三类地区	三类地区	三类地区	三类地区	三类地区	三类地区	三类地区	三类地区	三类地区
彝良县	三类地区	三类地区	三类地区	三类地区	三类地区	三类地区	三类地区	三类地区	三类地区	三类地区
威信县	三类地区	三类地区	三类地区	三类地区	三类地区	三类地区	三类地区	三类地区	三类地区	三类地区
水富市	二类地区	二类地区	二类地区	二类地区	二类地区	二类地区	二类地区	二类地区	二类地区	二类地区
古城区	三类地区	三类地区	三类地区	三类地区	三类地区	三类地区	三类地区	三类地区	三类地区	三类地区
玉龙县	二类地区	二类地区	二类地区	二类地区	二类地区	二类地区	二类地区	二类地区	二类地区	二类地区
永胜县	二类地区	二类地区	二类地区	二类地区	二类地区	二类地区	二类地区	二类地区	二类地区	二类地区
华坪县	三类地区	三类地区	三类地区	三类地区	三类地区	三类地区	三类地区	三类地区	三类地区	三类地区
宁蒗县	三类地区	三类地区	三类地区	三类地区	三类地区	三类地区	三类地区	三类地区	三类地区	三类地区
思茅区	二类地区	二类地区	二类地区	二类地区	二类地区	二类地区	二类地区	二类地区	二类地区	二类地区
宁洱县	一类地区	一类地区	一类地区	一类地区	一类地区	一类地区	一类地区	一类地区	一类地区	一类地区
墨江县	二类地区	二类地区	二类地区	二类地区	二类地区	二类地区	二类地区	二类地区	二类地区	二类地区
景东县	一类地区	一类地区	一类地区	一类地区	一类地区	一类地区	一类地区	一类地区	一类地区	一类地区
景谷县	一类地区	一类地区	一类地区	一类地区	一类地区	一类地区	一类地区	一类地区	一类地区	一类地区
镇沅县	二类地区	二类地区	二类地区	二类地区	二类地区	二类地区	二类地区	二类地区	二类地区	二类地区

县(市、区)	2007 年	2008 年	2009 年	2010 年	2011 年	2012 年	2013 年	2014 年	2015 年	2016 年
江城县	一类地区	一类地区	一类地区	一类地区	一类地区	一类地区	一类地区	一类地区	一类地区	一类地区
孟连县	二类地区	二类地区	二类地区	二类地区	二类地区	二类地区	二类地区	二类地区	二类地区	二类地区
澜沧县	二类地区	二类地区	二类地区	二类地区	二类地区	二类地区	二类地区	二类地区	二类地区	二类地区
西盟县	二类地区	二类地区	二类地区	二类地区	二类地区	二类地区	二类地区	二类地区	二类地区	二类地区
临翔区	二类地区	二类地区	二类地区	二类地区	二类地区	二类地区	二类地区	二类地区	二类地区	二类地区
凤庆县	三类地区	三类地区	三类地区	三类地区	三类地区	三类地区	三类地区	三类地区	三类地区	三类地区
云县	三类地区	三类地区	三类地区	三类地区	三类地区	三类地区	三类地区	三类地区	三类地区	三类地区
永德县	三类地区	三类地区	三类地区	三类地区	三类地区	三类地区	三类地区	三类地区	三类地区	三类地区
镇康县	三类地区	三类地区	三类地区	三类地区	三类地区	三类地区	三类地区	三类地区	三类地区	三类地区
双江县	二类地区	二类地区	二类地区	二类地区	二类地区	二类地区	二类地区	二类地区	二类地区	二类地区
耿马县	三类地区	三类地区	三类地区	三类地区	三类地区	三类地区	三类地区	三类地区	三类地区	三类地区
沧源县	二类地区	二类地区	二类地区	二类地区	二类地区	二类地区	二类地区	二类地区	二类地区	二类地区
楚雄市	二类地区	二类地区	二类地区	二类地区	二类地区	二类地区	二类地区	二类地区	二类地区	二类地区
双柏县	二类地区	二类地区	二类地区	二类地区	二类地区	二类地区	二类地区	二类地区	二类地区	二类地区
牟定县	二类地区	二类地区	二类地区	二类地区	二类地区	二类地区	二类地区	二类地区	二类地区	二类地区
南华县	二类地区	二类地区	二类地区	二类地区	二类地区	二类地区	二类地区	二类地区	二类地区	二类地区
姚安县	一类地区	一类地区	一类地区	一类地区	一类地区	一类地区	一类地区	一类地区	一类地区	一类地区

续表

县(市、区)	2007 年	2008 年	2009 年	2010 年	2011 年	2012 年	2013 年	2014 年	2015 年	2016 年
大姚县	二类地区	二类地区	二类地区	二类地区	二类地区	二类地区	二类地区	二类地区	二类地区	二类地区
永仁县	一类地区	一类地区	一类地区	一类地区	一类地区	一类地区	一类地区	一类地区	一类地区	一类地区
元谋县	三类地区	三类地区	三类地区	三类地区	三类地区	三类地区	三类地区	三类地区	三类地区	三类地区
武定县	二类地区	二类地区	二类地区	二类地区	二类地区	二类地区	二类地区	二类地区	二类地区	二类地区
禄丰县	二类地区	二类地区	二类地区	二类地区	二类地区	二类地区	二类地区	二类地区	二类地区	二类地区
个旧市	二类地区	二类地区	二类地区	二类地区	二类地区	二类地区	二类地区	二类地区	二类地区	二类地区
开远市	二类地区	二类地区	二类地区	二类地区	二类地区	二类地区	二类地区	二类地区	二类地区	二类地区
蒙自市	二类地区	二类地区	二类地区	二类地区	二类地区	二类地区	二类地区	二类地区	二类地区	二类地区
弥勒市	二类地区	二类地区	二类地区	二类地区	二类地区	二类地区	二类地区	二类地区	二类地区	二类地区
屏边县	二类地区	二类地区	二类地区	二类地区	二类地区	二类地区	二类地区	二类地区	二类地区	二类地区
建水县	二类地区	二类地区	二类地区	二类地区	二类地区	二类地区	二类地区	二类地区	二类地区	二类地区
石屏县	二类地区	二类地区	二类地区	二类地区	二类地区	二类地区	二类地区	二类地区	二类地区	二类地区
泸西县	二类地区	二类地区	二类地区	二类地区	二类地区	二类地区	二类地区	二类地区	二类地区	二类地区
元阳县	一类地区	一类地区	一类地区	一类地区	一类地区	一类地区	一类地区	一类地区	一类地区	一类地区
红河县	一类地区	一类地区	一类地区	一类地区	一类地区	一类地区	一类地区	一类地区	一类地区	一类地区
金平县	二类地区	二类地区	二类地区	二类地区	二类地区	二类地区	二类地区	二类地区	二类地区	二类地区
绿春县	一类地区	一类地区	一类地区	一类地区	一类地区	一类地区	一类地区	一类地区	一类地区	一类地区

续表

县(市、区)	2007 年	2008 年	2009 年	2010 年	2011 年	2012 年	2013 年	2014 年	2015 年	2016 年
河口县	一类地区	一类地区	一类地区	一类地区	一类地区	一类地区	一类地区	一类地区	一类地区	一类地区
文山市	三类地区	三类地区	三类地区	三类地区	三类地区	三类地区	三类地区	三类地区	三类地区	三类地区
砚山县	二类地区	二类地区	二类地区	二类地区	二类地区	二类地区	二类地区	二类地区	二类地区	二类地区
西畴县	三类地区	三类地区	三类地区	三类地区	三类地区	三类地区	三类地区	三类地区	三类地区	三类地区
麻栗坡县	三类地区	三类地区	三类地区	三类地区	三类地区	三类地区	三类地区	三类地区	三类地区	三类地区
马关县	三类地区	三类地区	三类地区	三类地区	三类地区	三类地区	三类地区	三类地区	三类地区	三类地区
丘北县	三类地区	三类地区	三类地区	三类地区	三类地区	三类地区	三类地区	三类地区	三类地区	三类地区
广南县	二类地区	二类地区	二类地区	二类地区	二类地区	二类地区	二类地区	二类地区	二类地区	二类地区
富宁县	二类地区	二类地区	二类地区	二类地区	二类地区	二类地区	二类地区	二类地区	二类地区	二类地区
景洪市	一类地区	一类地区	一类地区	一类地区	一类地区	一类地区	一类地区	一类地区	一类地区	一类地区
勐海县	一类地区	一类地区	一类地区	一类地区	一类地区	一类地区	一类地区	一类地区	一类地区	一类地区
勐腊县	一类地区	一类地区	一类地区	一类地区	一类地区	一类地区	一类地区	一类地区	一类地区	一类地区
大理市	一类地区	一类地区	一类地区	一类地区	一类地区	一类地区	一类地区	一类地区	一类地区	一类地区
漾濞县	二类地区	二类地区	二类地区	二类地区	二类地区	二类地区	二类地区	二类地区	二类地区	二类地区
祥云县	一类地区	一类地区	一类地区	一类地区	一类地区	一类地区	一类地区	一类地区	一类地区	一类地区
宾川县	三类地区	三类地区	三类地区	三类地区	三类地区	三类地区	三类地区	三类地区	三类地区	三类地区
弥渡县	一类地区	一类地区	一类地区	一类地区	一类地区	一类地区	一类地区	一类地区	一类地区	一类地区

续表

县(市、区)	2007 年	2008 年	2009 年	2010 年	2011 年	2012 年	2013 年	2014 年	2015 年	2016 年
南涧县	二类地区	二类地区	二类地区	二类地区	二类地区	二类地区	二类地区	二类地区	二类地区	二类地区
巍山县	二类地区	二类地区	二类地区	二类地区	二类地区	二类地区	二类地区	二类地区	二类地区	二类地区
永平县	一类地区	一类地区	一类地区	一类地区	一类地区	一类地区	一类地区	一类地区	一类地区	一类地区
云龙县	三类地区	三类地区	三类地区	三类地区	三类地区	三类地区	三类地区	三类地区	三类地区	三类地区
洱源县	一类地区	一类地区	一类地区	一类地区	一类地区	一类地区	一类地区	一类地区	一类地区	一类地区
剑川县	一类地区	一类地区	一类地区	一类地区	一类地区	一类地区	一类地区	一类地区	一类地区	一类地区
鹤庆县	二类地区	二类地区	二类地区	二类地区	二类地区	二类地区	二类地区	二类地区	二类地区	二类地区
瑞丽市	一类地区	一类地区	一类地区	一类地区	一类地区	一类地区	一类地区	一类地区	一类地区	一类地区
芒市	一类地区	一类地区	一类地区	一类地区	一类地区	一类地区	一类地区	一类地区	一类地区	一类地区
梁河县	一类地区	一类地区	一类地区	一类地区	一类地区	一类地区	一类地区	一类地区	一类地区	一类地区
盈江县	一类地区	一类地区	一类地区	一类地区	一类地区	一类地区	一类地区	一类地区	一类地区	一类地区
陇川县	一类地区	一类地区	一类地区	一类地区	一类地区	一类地区	一类地区	一类地区	一类地区	一类地区
泸水市	二类地区	二类地区	二类地区	二类地区	二类地区	二类地区	二类地区	二类地区	二类地区	二类地区
福贡县	一类地区	一类地区	一类地区	一类地区	一类地区	一类地区	一类地区	一类地区	一类地区	一类地区
贡山县	一类地区	一类地区	一类地区	一类地区	一类地区	一类地区	一类地区	一类地区	一类地区	一类地区
兰坪县	三类地区	三类地区	三类地区	三类地区	三类地区	三类地区	三类地区	三类地区	三类地区	三类地区
香格里拉市	二类地区	二类地区	二类地区	二类地区	二类地区	二类地区	二类地区	二类地区	二类地区	二类地区

续表

县(市、区)	2007 年	2008 年	2009 年	2010 年	2011 年	2012 年	2013 年	2014 年	2015 年	2016 年
德钦县	二类地区	二类地区	二类地区	二类地区	二类地区	二类地区	二类地区	二类地区	二类地区	二类地区
维西县	二类地区	二类地区	二类地区	二类地区	二类地区	二类地区	二类地区	二类地区	二类地区	二类地区

第三章 云南省资源环境承载能力专项评价

第一节 云南省城市化地区评价

一、城市化地区评价的科学内涵

城市化地区对应的是主体功能区规划中的优化开发区和重点开发区,根据《云南省主体功能区规划》方案,云南省城市化地区为重点开发区,是指具备较好经济基础,具有较强资源环境承载能力和较大发展潜力的地区。城市化地区的评价采用水体污染程度指数和空气污染程度指数作为特征指标,由城市水环境质量和空气质量情况集成获得,并结合城市化地区实际情况,对城市水和大气环境的不同要求设定差异化阈值。

二、城市化地区评价的基本结论

(一)城市化地区评价的总体结论

根据城市水体污染程度和城市环境空气质量情况,结合云南省重点开发区对城市环境的差异化等级划分,集成得到城市化地区承载能力评价结果(表3-1、图3-1)。云南省城市化地区承载能力由低至高分为三类地区、二类地区和一类地区三种类型。总体来看,云南省城市化地区的大部分县(市、区)承载能力为一类地区,少数县(市、区)的承载能力为三类地区或二类地区,表明云南省城市化地区大部分的县(市、区)承载能力较强;从城市化地区承载能力评价的空间分布来看,属于三类地区或二类地区的县(市、区)主要分布在滇中地区的楚雄州、玉溪市所辖县(市、区),在瑞丽市、临翔区、隆阳区、思茅区也有零星分布,具体有红塔区、江川区、澄江市、通海县和易门县等17个县(市、区),表明这些地区承载能力较低;属于一类地区的县(市、区)分布在安宁市、大理市、个旧市等26个县(市、区)。

表3-1 云南省城市化地区承载能力评价表

县(市、区)	城市水体污染等级	城市环境空气污染等级	集成评价
五华区	一类地区	一类地区	一类地区

县(市、区)	城市水体污染等级	城市环境空气污染等级	集成评价
盘龙区	一类地区	一类地区	一类地区
官渡区	一类地区	一类地区	一类地区
西山区	一类地区	一类地区	一类地区
呈贡区	一类地区	一类地区	一类地区
晋宁区	一类地区	一类地区	一类地区
富民县	一类地区	一类地区	一类地区
嵩明县	一类地区	一类地区	一类地区
寻甸县	一类地区	一类地区	一类地区
安宁市	一类地区	一类地区	一类地区
麒麟区	一类地区	一类地区	一类地区
马龙区	一类地区	一类地区	一类地区
富源县	一类地区	一类地区	一类地区
沾益区	一类地区	一类地区	一类地区
宣威市	一类地区	一类地区	一类地区
红塔区	三类地区	一类地区	三类地区
江川区	二类地区	一类地区	二类地区
澄江市	二类地区	一类地区	二类地区
通海县	二类地区	一类地区	二类地区
华宁县	一类地区	一类地区	一类地区
易门县	三类地区	一类地区	三类地区
峨山县	一类地区	一类地区	一类地区
楚雄市	三类地区	一类地区	三类地区
牟定县	三类地区	一类地区	三类地区
南华县	三类地区	一类地区	三类地区
武定县	三类地区	一类地区	三类地区
禄丰县	三类地区	一类地区	三类地区
个旧市	二类地区	一类地区	二类地区
开远市	一类地区	一类地区	一类地区
蒙自市	二类地区	一类地区	二类地区
河口县	一类地区	一类地区	一类地区
砚山县	二类地区	一类地区	二类地区
大理市	一类地区	一类地区	一类地区

续表

县(市、区)	城市水体污染等级	城市环境空气污染等级	集成评价
祥云县	一类地区	一类地区	一类地区
弥渡县	一类地区	一类地区	一类地区
瑞丽市	三类地区	一类地区	三类地区
隆阳区	三类地区	一类地区	三类地区
昭阳区	一类地区	一类地区	一类地区
鲁甸县	一类地区	一类地区	一类地区
古城区	一类地区	一类地区	一类地区
华坪县	一类地区	一类地区	一类地区
临翔区	三类地区	一类地区	三类地区
思茅区	三类地区	一类地区	三类地区

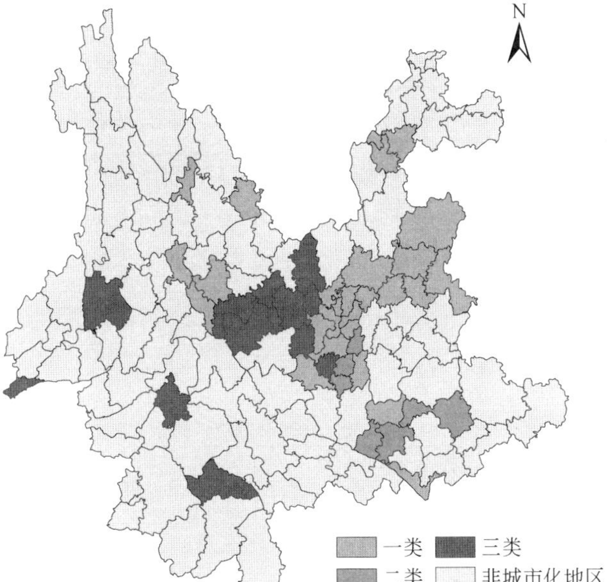

图 3-1　云南省城市化地区承载能力评价图

(二)城市化地区的分项评价

1. 城市化地区水环境质量评价

根据云南省城市水体污染程度指数,可将各城市水体污染程度聚类为三种类型,其具体划分等级和分布情况见表 3-2、图 3-2。城市水体污染程度类型分别为轻度污染、中度污染和重度污染三种类型。水体污染程度指数小于0.9的水体为轻度污染，即一类地区；水体污染程度指数介于0.9～1.1的水体为中度污染，即二类地区；水体污染程度指数大于1.1的水体为重度污染，即三类地区。总体来看，云南省城市化地区大部分县(市、区)水体污染评价为一类地区，少数县(市、区)的水体污染评价为二类地区或三类地区，表明云南省城市化地区水环境质量总体较好，但部分地区的水环境质量较差；从水体污染类型的空间分布来看，城市水体污染程度较轻的分布在嵩明县、寻甸县、安宁市等26个县(市、区)，水体中度污染的分布在江川区、澄江市、通海县等6个县(市、区)，水体重度污染地区主要分布在楚雄州和玉溪市所辖县(市、区)，在瑞丽市、临翔区、隆阳区、思茅区也有零星分布。

2007～2016年云南省城市化地区水体污染程度指数见表3-3。整体而言，云南省城市水体污染程度指数较小，其水体污染程度指数大部分小于1.1，较小部分县(市、区)城市水体污染程度指数偏高。2007～2016年各县(市、区)城市水体污染程度指数变化波动较大的是红塔区、易门县、楚雄市、牟定县、南华县、武定县、禄丰县、个旧市，其他各县(市、区)各年间水体污染程度指数变化波动较小。由图3-3可知，2007～2016年云南省城市水体污染程度指数的区域差异较大；其中2007～2010年云南省水体污染程度指数的区域差异有小幅度缩小，整体上2010～2016年云南省水体污染程度指数区域差异变大，但2010～2014年云南省水体污染程度指数出现小幅度波动现象，预计未来几年云南省水体污染程度指数区域差异会逐渐变大。

表3-2 2007～2016年云南省城市化地区水体污染程度评价表

县(市、区)	2007年	2008年	2009年	2010年	2011年	2012年	2013年	2014年	2015年	2016年
五华区	一类地区	一类地区	一类地区	一类地区	一类地区	一类地区	一类地区	一类地区	一类地区	一类地区
盘龙区	一类地区	一类地区	一类地区	一类地区	一类地区	一类地区	一类地区	一类地区	一类地区	一类地区
官渡区	一类地区	一类地区	一类地区	一类地区	一类地区	一类地区	一类地区	一类地区	一类地区	一类地区
西山区	一类地区	一类地区	一类地区	一类地区	一类地区	一类地区	一类地区	一类地区	一类地区	一类地区
呈贡区	一类地区	一类地区	一类地区	一类地区	一类地区	一类地区	一类地区	一类地区	一类地区	一类地区
晋宁区	一类地区	一类地区	一类地区	一类地区	一类地区	一类地区	一类地区	一类地区	一类地区	一类地区
富民县	一类地区	一类地区	一类地区	一类地区	一类地区	一类地区	一类地区	一类地区	一类地区	一类地区

续表

县(市、区)	2007 年	2008 年	2009 年	2010 年	2011 年	2012 年	2013 年	2014 年	2015 年	2016 年
嵩明县	一类地区	一类地区	一类地区	一类地区	一类地区	一类地区	一类地区	一类地区	一类地区	一类地区
寻甸县	一类地区	一类地区	一类地区	一类地区	一类地区	一类地区	一类地区	一类地区	一类地区	一类地区
安宁市	一类地区	一类地区	一类地区	一类地区	一类地区	一类地区	一类地区	一类地区	一类地区	一类地区
麒麟区	一类地区	一类地区	一类地区	二类地区	一类地区	一类地区	一类地区	一类地区	一类地区	一类地区
马龙区	一类地区	一类地区	一类地区	一类地区	一类地区	一类地区	一类地区	一类地区	一类地区	一类地区
富源县	一类地区	一类地区	一类地区	一类地区	一类地区	一类地区	一类地区	一类地区	一类地区	一类地区
沾益区	一类地区	一类地区	一类地区	一类地区	一类地区	一类地区	一类地区	一类地区	一类地区	一类地区
宣威市	一类地区	一类地区	一类地区	一类地区	一类地区	一类地区	一类地区	一类地区	一类地区	一类地区
红塔区	一类地区	一类地区	一类地区	一类地区	三类地区	三类地区	三类地区	三类地区	三类地区	三类地区
江川区	一类地区	一类地区	一类地区	一类地区	一类地区	一类地区	一类地区	一类地区	一类地区	二类地区
澄江市	一类地区	一类地区	一类地区	一类地区	二类地区	一类地区	二类地区	一类地区	一类地区	二类地区
通海县	一类地区	一类地区	一类地区	一类地区	一类地区	一类地区	一类地区	二类地区	二类地区	二类地区
华宁县	一类地区	一类地区	一类地区	一类地区	一类地区	一类地区	一类地区	一类地区	一类地区	一类地区
易门县	一类地区	一类地区	一类地区	一类地区	二类地区	二类地区	二类地区	三类地区	三类地区	三类地区
峨山县	一类地区	一类地区	一类地区	一类地区	二类地区	二类地区	二类地区	一类地区	一类地区	一类地区
楚雄市	三类地区	一类地区	一类地区	一类地区	一类地区	一类地区	三类地区	二类地区	三类地区	三类地区
牟定县	一类地区	一类地区	一类地区	一类地区	一类地区	一类地区	一类地区	一类地区	三类地区	三类地区

县(市、区)	2007年	2008年	2009年	2010年	2011年	2012年	2013年	2014年	2015年	2016年
南华县	一类地区	一类地区	一类地区	一类地区	一类地区	一类地区	一类地区	一类地区	三类地区	三类地区
武定县	一类地区	一类地区	一类地区	一类地区	一类地区	一类地区	一类地区	一类地区	三类地区	三类地区
禄丰县	一类地区	一类地区	一类地区	一类地区	一类地区	一类地区	一类地区	一类地区	三类地区	三类地区
个旧市	二类地区	二类地区	二类地区	三类地区	三类地区	二类地区	二类地区	二类地区	二类地区	二类地区
开远市	一类地区	一类地区	一类地区	一类地区	二类地区	一类地区	一类地区	一类地区	一类地区	一类地区
蒙自市	一类地区	一类地区	一类地区	一类地区	二类地区	一类地区	一类地区	一类地区	二类地区	二类地区
河口县	一类地区	一类地区	一类地区	一类地区	一类地区	一类地区	一类地区	一类地区	一类地区	一类地区
砚山县	三类地区	三类地区	三类地区	二类地区	二类地区	二类地区	二类地区	二类地区	二类地区	二类地区
大理市	一类地区	一类地区	一类地区	一类地区	一类地区	一类地区	一类地区	一类地区	一类地区	一类地区
祥云县	一类地区	一类地区	一类地区	一类地区	二类地区	一类地区	一类地区	一类地区	一类地区	一类地区
弥渡县	一类地区	一类地区	一类地区	一类地区	一类地区	一类地区	一类地区	一类地区	一类地区	一类地区
瑞丽市	三类地区	三类地区	三类地区	三类地区	三类地区	三类地区	三类地区	三类地区	三类地区	三类地区
隆阳区	三类地区	三类地区	三类地区	三类地区	三类地区	三类地区	三类地区	三类地区	三类地区	三类地区
昭阳区	一类地区	一类地区	一类地区	一类地区	一类地区	一类地区	一类地区	一类地区	一类地区	一类地区
鲁甸县	一类地区	一类地区	一类地区	一类地区	一类地区	一类地区	一类地区	一类地区	一类地区	一类地区
古城区	一类地区	一类地区	一类地区	一类地区	一类地区	一类地区	—	一类地区	一类地区	一类地区
华坪县	一类地区	一类地区	一类地区	一类地区	二类地区	一类地区	—	一类地区	一类地区	一类地区

续表

县(市、区)	2007 年	2008 年	2009 年	2010 年	2011 年	2012 年	2013 年	2014 年	2015 年	2016 年
临翔区	三类地区	三类地区	三类地区	三类地区	三类地区	三类地区	三类地区	三类地区	三类地区	三类地区
思茅区	三类地区	三类地区	三类地区	三类地区	三类地区	三类地区	三类地区	三类地区	三类地区	三类地区

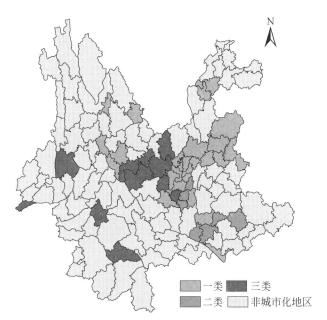

图 3-2 云南省城市化地区水体污染程度评价图

表 3-3 2007～2016 年云南省城市化地区水体污染程度指数

县(市、区)	2007 年	2008 年	2009 年	2010 年	2011 年	2012 年	2013 年	2014 年	2015 年	2016 年
五华区	0.4735	0.4581	0.4503	0.3272	0.6430	0.5287	0.5096	0.4275	0.4316	0.4685
盘龙区	0.2429	0.2353	0.2290	0.1750	0.3339	0.2715	0.2697	0.2298	0.2402	0.2608
官渡区	0.2954	0.3027	0.3089	0.2233	0.4489	0.3463	0.3349	0.2773	0.2937	0.3188
西山区	0.2448	0.2521	0.2329	0.1681	0.3424	0.2495	0.2483	0.2138	0.2171	0.2357
呈贡区	0.3843	0.3798	0.3819	0.2952	0.5783	0.4322	0.4692	0.4285	0.4404	0.4780
晋宁区	0.3573	0.3909	0.4105	0.2999	0.6080	0.5013	0.5072	0.3142	0.3129	0.3397
富民县	0.3570	0.3835	0.3632	0.2797	0.5652	0.4538	0.4710	0.3898	0.4004	0.4346
嵩明县	0.3563	0.3664	0.3442	0.2920	0.6160	0.4950	0.2521	0.3774	0.3949	0.4287

续表

县(市、区)	2007 年	2008 年	2009 年	2010 年	2011 年	2012 年	2013 年	2014 年	2015 年	2016 年
寻甸县	0.1655	0.2231	0.2047	0.1690	0.3441	0.2999	0.2936	0.2599	0.2566	0.2785
安宁市	0.5053	0.4851	0.3412	0.3324	0.6802	0.5504	0.5264	0.3723	0.3693	0.4009
麒麟区	0.6108	0.6738	0.7044	0.5976	0.9367	0.6574	0.4648	0.5250	0.4613	0.5007
马龙区	0.3850	0.4485	0.5043	0.4520	0.7258	0.5106	0.3537	0.5284	0.4190	0.4549
富源县	0.5229	0.5874	0.6187	0.5471	0.8638	0.5817	0.4230	0.3571	0.2800	0.3040
沾益区	0.5563	0.6170	0.5849	0.5087	0.7943	0.5466	0.3926	0.4872	0.3929	0.4265
宣威市	0.4609	0.5026	0.5033	0.4420	0.6933	0.4880	0.3588	0.3033	0.2432	0.2640
红塔区	0.4994	0.4799	0.5189	0.4426	1.6716	1.5318	1.6706	1.9449	1.8789	2.0396
江川区	0.2437	0.2495	0.1685	0.1533	0.6242	0.5944	0.6767	0.7943	0.8367	0.9083
澄江市	0.2806	0.2760	0.2645	0.2278	0.9570	0.8878	0.9302	0.8324	0.8501	0.9228
通海县	0.2786	0.2734	0.2741	0.2320	0.8595	0.8037	0.8804	0.9569	0.9777	1.0613
华宁县	0.2028	0.2071	0.2169	0.1888	0.7216	0.6709	0.7374	0.6926	0.7571	0.8218
易门县	0.3296	0.3353	0.3127	0.2631	0.9900	0.9208	1.0420	1.2064	1.3137	1.4260
峨山县	0.2948	0.2981	0.3130	0.2728	1.0003	0.9197	1.0126	0.9801	1.0074	1.0936
楚雄市	1.1853	0.6491	0.6714	0.7553	0.8270	0.7084	1.2043	1.1889	2.4018	2.6072
牟定县	0.6331	0.3300	0.3620	0.4278	0.4809	0.4157	0.7128	0.6991	1.4857	1.6127
南华县	0.5271	0.3211	0.3553	0.3865	0.4402	0.3779	0.6620	0.6702	1.4007	1.5205
武定县	0.6289	0.3551	0.3421	0.4051	0.4448	0.3852	0.7088	0.6346	1.2878	1.3979
禄丰县	0.8583	0.4622	0.4533	0.4982	0.5447	0.4604	0.8060	0.7118	1.4043	1.5243
个旧市	1.0072	0.9672	0.9392	1.0390	1.2282	1.0232	0.9889	0.9277	1.0828	1.1754
开远市	0.7746	0.7080	0.7091	0.7838	0.9159	0.7633	0.7216	0.6567	0.7231	0.7849
蒙自市	0.6445	0.6605	0.7568	0.8258	0.9264	0.7766	0.8281	0.7584	0.9203	0.9990
河口县	0.3564	0.3251	0.3569	0.3197	0.3697	0.3352	0.3912	0.3556	0.4279	0.4644
砚山县	1.7164	1.6515	1.5773	0.9764	1.1300	1.0341	1.1995	0.9914	0.9757	1.0591
大理市	0.3005	0.3092	0.3286	0.3740	0.5908	0.5594	0.4456	0.6158	0.4293	0.4661
祥云县	0.2913	0.2966	0.3336	0.3974	0.0970	0.5985	0.4663	0.5125	0.3457	0.3753
弥渡县	0.1729	0.1859	0.1886	0.2120	0.3631	0.3691	0.3093	0.3497	0.2523	0.2738
瑞丽市	6.5259	6.3494	5.3668	3.6728	1.5694	2.9155	1.5664	1.4209	1.5831	1.7185
隆阳区	2.2961	2.4728	2.5192	2.4333	5.2913	5.9149	5.6006	4.7175	3.8450	4.1738
昭阳区	0.5314	0.2313	0.2538	0.1874	0.5974	0.6043	0.4542	0.8141	0.8090	0.8782

续表

县(市、区)	2007 年	2008 年	2009 年	2010 年	2011 年	2012 年	2013 年	2014 年	2015 年	2016 年
鲁甸县	0.5965	0.2204	0.2176	0.1801	0.5961	0.6191	0.4481	0.6024	0.6242	0.6776
古城区	0.1782	0.1934	0.1714	0.1556	0.5183	0.5409	—	0.2725	0.2659	0.2886
华坪县	0.2787	0.3121	0.2996	0.2737	0.9048	0.8399	—	0.3709	0.3780	0.4103
临翔区	1.2127	1.2777	1.3127	1.3797	3.0497	2.8612	3.1649	2.3726	4.2477	4.6110
思茅区	2.3076	2.3511	2.1955	2.0805	1.6960	1.6666	2.3455	1.7653	2.5623	2.7814

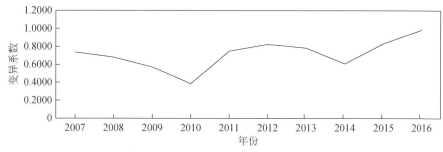

图 3-3　2007～2016 年云南省水体污染程度区际差异变化

2. 城市化地区环境空气质量评价

由图 3-4 可知,云南省城市化地区空气质量整体优良。由表 3-4 和表 3-5 可知,2007 年昆明市、曲靖市、保山市、昭通市、红河州的城市化地区的空气质量相对稍差于其他城市化地区,2011 年部分地区如隆阳区和砚山县的空气质量有所改善,2016 年全部地区的空气质量整体下降到或保持为较清洁等级(二类地区),但都处于较清洁及以上等级。从时间序列上看,云南省城市化地区从 2007 年部分地区空气质量处于清洁等级(一类地区),到 2016 年全部地区处于较清洁等级,表明云南省城市化地区的空气质量总体呈现下降趋势,但总体空气质量仍然较为优良。

表 3-4　2007～2016 年云南省城市化地区空气污染综合指数

县(市、区)	2007 年	2008 年	2009 年	2010 年	2011 年	2012 年	2013 年	2014 年	2015 年	2016 年
五华区	2.91	2.50	1.90	1.93	1.81	1.81	1.80	4.32	3.73	3.73
盘龙区	2.89	2.40	1.85	1.90	1.80	1.80	1.75	4.25	3.65	3.65
官渡区	2.85	2.31	1.79	1.89	1.75	1.78	1.76	4.21	3.70	3.70
西山区	2.79	2.28	1.75	1.91	1.78	1.75	1.79	4.31	3.68	3.68
呈贡区	2.79	2.15	1.70	1.85	1.70	1.71	1.65	4.11	3.55	3.55

续表

县(市、区)	2007年	2008年	2009年	2010年	2011年	2012年	2013年	2014年	2015年	2016年
晋宁区	2.64	2.23	1.65	1.75	1.60	1.55	1.56	3.85	3.35	3.35
富民县	2.46	2.15	1.64	1.79	1.56	1.52	1.61	3.84	3.31	3.31
崇明县	2.33	2.13	1.59	1.82	1.49	1.48	1.59	3.98	3.28	3.28
寻甸县	2.26	2.07	1.65	1.75	1.51	1.39	1.51	3.89	3.25	3.25
安宁市	2.91	2.25	1.75	1.85	1.68	1.65	1.65	4.15	3.50	3.50
麒麟区	2.69	2.40	1.90	1.96	1.61	1.61	1.53	4.02	3.54	3.54
马龙区	2.24	2.15	1.60	1.79	1.45	1.45	1.35	3.79	3.20	3.20
富源县	2.11	2.16	1.62	1.65	1.46	1.35	1.30	3.71	3.15	3.15
沾益区	2.16	2.07	1.66	1.70	1.43	1.42	1.33	3.72	3.09	3.09
宣威市	2.65	2.11	1.77	1.85	1.55	1.55	1.42	3.85	3.20	3.20
红塔区	1.70	1.80	2.10	2.05	1.50	1.50	1.75	4.30	3.13	3.13
江川区	1.51	1.52	1.80	1.85	1.40	1.31	1.55	3.85	2.85	2.85
澄江市	1.43	1.49	1.89	1.90	1.39	1.32	1.54	3.90	2.80	2.80
通海县	1.45	1.52	1.88	0.88	1.35	1.25	1.49	3.91	2.90	2.90
华宁县	1.32	1.39	1.80	1.79	1.30	1.27	1.45	3.81	2.82	2.82
易门县	1.42	1.41	1.75	1.81	1.41	1.29	1.48	3.85	2.80	2.80
峨山县	1.39	1.31	1.72	1.84	1.32	1.23	1.50	3.79	2.86	2.86
隆阳区	1.34	1.40	1.20	1.17	1.08	1.08	1.22	1.06	3.76	3.76
昭阳区	3.51	2.40	1.80	2.11	2.09	2.09	1.54	1.34	4.01	4.01
鲁甸县	3.21	2.13	1.56	1.95	1.85	1.80	1.35	1.05	3.75	3.75
古城区	1.07	0.80	0.80	0.77	0.65	0.65	0.72	0.70	2.27	2.27
华坪县	10.7	0.77	0.77	0.68	0.58	0.58	0.64	0.59	1.90	1.90
思茅区	1.24	1.50	1.00	0.81	0.52	0.52	0.57	0.78	2.76	2.76
临翔区	1.02	1.20	0.80	0.93	0.95	0.95	0.75	0.89	2.80	2.80
楚雄市	1.12	1.50	1.30	1.42	1.31	1.31	1.04	1.08	2.81	2.81
牟定县	0.99	1.21	1.09	1.15	1.15	1.01	0.90	0.80	2.45	2.45
南华县	0.98	1.19	0.21	1.26	1.12	1.00	0.87	0.79	2.44	2.44
武定县	0.95	1.18	1.05	1.15	1.17	1.02	0.79	0.66	2.41	2.41
禄丰县	0.91	1.13	1.05	1.06	1.11	0.95	0.78	0.70	2.31	2.31

续表

县(市、区)	2007 年	2008 年	2009 年	2010 年	2011 年	2012 年	2013 年	2014 年	2015 年	2016 年
个旧市	2.89	2.50	2.30	1.82	1.93	1.93	2.06	1.56	3.45	3.45
开远市	2.76	2.30	1.00	1.91	1.98	1.98	2.68	2.88	3.50	3.50
蒙自市	1.71	1.40	1.30	1.29	1.42	1.42	1.36	1.07	3.51	3.51
河口县	1.71	1.29	0.95	1.21	1.20	1.20	1.12	0.90	2.90	2.90
砚山县	1.45	0.84	0.79	0.80	0.70	0.65	0.85	0.80	2.90	2.90
大理市	1.07	1.00	0.90	0.88	1.02	1.02	0.80	0.68	2.65	2.65
祥云县	0.96	0.89	0.80	0.69	0.81	0.81	0.69	0.55	2.25	2.25
弥渡县	0.97	0.91	0.77	0.75	0.78	0.75	0.67	0.60	2.15	2.15
瑞丽市	1.43	1.40	0.90	0.88	0.97	0.97	0.79	0.79	3.77	3.77

表 3-5　2007～2016 年云南省城市化地区空气污染程度评价表

县(市、区)	2007 年	2008 年	2009 年	2010 年	2011 年	2012 年	2013 年	2014 年	2015 年	2016 年
五华区	一类地区	一类地区	一类地区	一类地区	一类地区	一类地区	一类地区	一类地区	一类地区	一类地区
盘龙区	一类地区	一类地区	一类地区	一类地区	一类地区	一类地区	一类地区	一类地区	一类地区	一类地区
官渡区	一类地区	一类地区	一类地区	一类地区	一类地区	一类地区	一类地区	一类地区	一类地区	一类地区
西山区	一类地区	一类地区	一类地区	一类地区	一类地区	一类地区	一类地区	一类地区	一类地区	一类地区
呈贡区	一类地区	一类地区	一类地区	一类地区	一类地区	一类地区	一类地区	一类地区	一类地区	一类地区
晋宁区	一类地区	一类地区	一类地区	一类地区	一类地区	一类地区	一类地区	一类地区	一类地区	一类地区
富民县	一类地区	一类地区	一类地区	一类地区	一类地区	一类地区	一类地区	一类地区	一类地区	一类地区
崇明县	一类地区	一类地区	一类地区	一类地区	一类地区	一类地区	一类地区	一类地区	一类地区	一类地区
寻甸县	一类地区	一类地区	一类地区	一类地区	一类地区	一类地区	一类地区	一类地区	一类地区	一类地区
安宁市	一类地区	一类地区	一类地区	一类地区	一类地区	一类地区	一类地区	一类地区	一类地区	一类地区

续表

县(市、区)	2007年	2008年	2009年	2010年	2011年	2012年	2013年	2014年	2015年	2016年
麒麟区	一类地区	一类地区	一类地区	一类地区	一类地区	一类地区	一类地区	一类地区	一类地区	一类地区
马龙区	一类地区	一类地区	一类地区	一类地区	一类地区	一类地区	一类地区	一类地区	一类地区	一类地区
富源县	一类地区	一类地区	一类地区	一类地区	一类地区	一类地区	一类地区	一类地区	一类地区	一类地区
沾益区	一类地区	一类地区	一类地区	一类地区	一类地区	一类地区	一类地区	一类地区	一类地区	一类地区
宣威市	一类地区	一类地区	一类地区	一类地区	一类地区	一类地区	一类地区	一类地区	一类地区	一类地区
红塔区	一类地区	一类地区	一类地区	一类地区	一类地区	一类地区	一类地区	一类地区	一类地区	一类地区
江川区	一类地区	一类地区	一类地区	一类地区	一类地区	一类地区	一类地区	一类地区	一类地区	一类地区
澄江市	一类地区	一类地区	一类地区	一类地区	一类地区	一类地区	一类地区	一类地区	一类地区	一类地区
通海县	一类地区	一类地区	一类地区	一类地区	一类地区	一类地区	一类地区	一类地区	一类地区	一类地区
华宁县	一类地区	一类地区	一类地区	一类地区	一类地区	一类地区	一类地区	一类地区	一类地区	一类地区
易门县	一类地区	一类地区	一类地区	一类地区	一类地区	一类地区	一类地区	一类地区	一类地区	一类地区
峨山县	一类地区	一类地区	一类地区	一类地区	一类地区	一类地区	一类地区	一类地区	一类地区	一类地区
楚雄市	一类地区	一类地区	一类地区	一类地区	一类地区	一类地区	一类地区	一类地区	一类地区	一类地区
牟定县	一类地区	一类地区	一类地区	一类地区	一类地区	一类地区	一类地区	一类地区	一类地区	一类地区
南华县	一类地区	一类地区	一类地区	一类地区	一类地区	一类地区	一类地区	一类地区	一类地区	一类地区
武定县	一类地区	一类地区	一类地区	一类地区	一类地区	一类地区	一类地区	一类地区	一类地区	一类地区
禄丰县	一类地区	一类地区	一类地区	一类地区	一类地区	一类地区	一类地区	一类地区	一类地区	一类地区

续表

县(市、区)	2007 年	2008 年	2009 年	2010 年	2011 年	2012 年	2013 年	2014 年	2015 年	2016 年
个旧市	一类地区	一类地区	一类地区	一类地区	一类地区	一类地区	一类地区	一类地区	一类地区	一类地区
开远市	一类地区	一类地区	一类地区	一类地区	一类地区	一类地区	一类地区	一类地区	一类地区	一类地区
蒙自市	一类地区	一类地区	一类地区	一类地区	一类地区	一类地区	一类地区	一类地区	一类地区	一类地区
河口县	一类地区	一类地区	一类地区	一类地区	一类地区	一类地区	一类地区	一类地区	一类地区	一类地区
砚山县	一类地区	一类地区	一类地区	一类地区	一类地区	一类地区	一类地区	一类地区	一类地区	一类地区
大理市	一类地区	一类地区	一类地区	一类地区	一类地区	一类地区	一类地区	一类地区	一类地区	一类地区
祥云县	一类地区	一类地区	一类地区	一类地区	一类地区	一类地区	一类地区	一类地区	一类地区	一类地区
弥渡县	一类地区	一类地区	一类地区	一类地区	一类地区	一类地区	一类地区	一类地区	一类地区	一类地区
瑞丽市	一类地区	一类地区	一类地区	一类地区	一类地区	一类地区	一类地区	一类地区	一类地区	一类地区
隆阳区	一类地区	一类地区	一类地区	一类地区	一类地区	一类地区	一类地区	一类地区	一类地区	一类地区
昭阳区	一类地区	一类地区	一类地区	一类地区	一类地区	一类地区	一类地区	一类地区	一类地区	一类地区
鲁甸县	一类地区	一类地区	一类地区	一类地区	一类地区	一类地区	一类地区	一类地区	一类地区	一类地区
古城区	一类地区	一类地区	一类地区	一类地区	一类地区	一类地区	一类地区	一类地区	一类地区	一类地区
华坪县	一类地区	一类地区	一类地区	一类地区	一类地区	一类地区	一类地区	一类地区	一类地区	一类地区
临翔区	一类地区	一类地区	一类地区	一类地区	一类地区	一类地区	一类地区	一类地区	一类地区	一类地区
思茅区	一类地区	一类地区	一类地区	一类地区	一类地区	一类地区	一类地区	一类地区	一类地区	一类地区

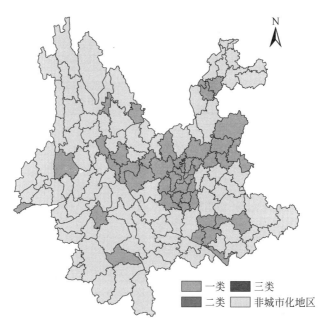

图 3-4　云南省城市化地区空气质量评价图

第二节　云南省农产品主产区评价

一、农产品主产区评价的科学内涵

农产品主产区是指具备较好的农业生产条件,以提供农产品为主体功能,以提供生态产品和服务产品及工业品为其他功能,需要在国土空间开发中限制大规模高强度工业化城镇化开发,以保持并提高农产品生产能力的区域。农产品主产区评价是按照种植业地区和牧业地区分别展开评价。种植业地区采用耕地质量指数为特征指标进行评价,牧业地区采用草原草畜平衡指数为特征指标进行评价。

二、农产品主产区评价的基本结论

云南省农产品主产区没有具体划分种植业地区和牧业地区,因此以下对种植业地区和牧业地区的评价,是对云南省农产品主产区的每一个县(市、区)进行了评价。

(一)种植业地区评价的基本结论

依据耕地质量指数形成种植业评价结果,将云南省种植业地区 48 个县(市、区)的耕地质量等级由高至低分为一类地区、二类地区和三类地区,形成云南省种植业地区耕地质量评价表(表3-6)和云南省种植业地区耕地质量评价图(图3-5)。由图3-5可知,云南省种植业地区48个县(市、区)的耕地质量整体较好。其中,种植业评价为一类地区的县(市、区)分布区域所占范围最广,种植业评价为二类地区的县(市、区)主要分布在滇西和滇东北,其他零星分布在禄劝县、罗平县、丘北县、元江县和石林县等10个县(市、区),无种植业评价三类地区。

由表3-6可知:①云南省种植业地区48个县(市、区)的种植业评价情况总体较好,种植业评价态势都处于二类地区和一类地区;②云南省种植业地区48个县(市、区)的种植业评价为一类地区的有宜良县、陆良县、师宗县、会泽县和新平县等31个县(市、区),二类地区有石林县、禄劝县、罗平县、元江县和施甸县等17个县(市、区),没有种植业评价呈三类地区的县(市、区);③2007~2016年云南省种植业地区48个县(市、区)的种植业评价情况变化幅度较小;④云南省种植业地区48个县(市、区)的种植业评价结果存在一定的县域差异。

表3-6　2007~2016年云南省种植业地区耕地质量评价表

县(市、区)	2007 年	2008 年	2009 年	2010 年	2011 年	2012 年	2013 年	2014 年	2015 年	2016 年
宜良县	一类地区	一类地区	一类地区	一类地区	一类地区	一类地区	一类地区	一类地区	一类地区	一类地区
石林县	二类地区	二类地区	二类地区	二类地区	二类地区	二类地区	二类地区	二类地区	二类地区	二类地区
禄劝县	二类地区	二类地区	二类地区	二类地区	二类地区	二类地区	二类地区	二类地区	二类地区	二类地区
陆良县	一类地区	一类地区	一类地区	一类地区	一类地区	一类地区	一类地区	一类地区	一类地区	一类地区
师宗县	一类地区	一类地区	一类地区	一类地区	一类地区	一类地区	一类地区	一类地区	一类地区	一类地区
罗平县	二类地区	二类地区	二类地区	二类地区	二类地区	二类地区	二类地区	二类地区	二类地区	二类地区
会泽县	一类地区	一类地区	一类地区	一类地区	一类地区	一类地区	一类地区	一类地区	一类地区	一类地区
新平县	一类地区	一类地区	一类地区	一类地区	一类地区	一类地区	一类地区	一类地区	一类地区	一类地区
元江县	二类地区	二类地区	二类地区	二类地区	二类地区	二类地区	二类地区	二类地区	二类地区	二类地区
施甸县	二类地区	二类地区	二类地区	二类地区	二类地区	二类地区	二类地区	二类地区	二类地区	二类地区

续表

县(市、区)	2007年	2008年	2009年	2010年	2011年	2012年	2013年	2014年	2015年	2016年
龙陵县	一类地区	一类地区	一类地区	一类地区	一类地区	一类地区	一类地区	一类地区	一类地区	一类地区
昌宁县	一类地区	一类地区	一类地区	一类地区	一类地区	一类地区	一类地区	一类地区	一类地区	一类地区
腾冲市	一类地区	一类地区	一类地区	一类地区	一类地区	一类地区	一类地区	一类地区	一类地区	一类地区
镇雄县	二类地区	二类地区	二类地区	二类地区	二类地区	二类地区	二类地区	二类地区	二类地区	二类地区
彝良县	二类地区	二类地区	二类地区	二类地区	二类地区	二类地区	二类地区	二类地区	二类地区	二类地区
威信县	二类地区	二类地区	二类地区	二类地区	二类地区	二类地区	二类地区	二类地区	二类地区	二类地区
永胜县	一类地区	一类地区	一类地区	一类地区	一类地区	一类地区	一类地区	一类地区	一类地区	一类地区
宁洱县	一类地区	一类地区	一类地区	一类地区	一类地区	一类地区	一类地区	一类地区	一类地区	一类地区
墨江县	一类地区	一类地区	一类地区	一类地区	一类地区	一类地区	一类地区	一类地区	一类地区	一类地区
景谷县	一类地区	一类地区	一类地区	一类地区	一类地区	一类地区	一类地区	一类地区	一类地区	一类地区
江城县	一类地区	一类地区	一类地区	一类地区	一类地区	一类地区	一类地区	一类地区	一类地区	一类地区
澜沧县	一类地区	一类地区	一类地区	一类地区	一类地区	一类地区	一类地区	一类地区	一类地区	一类地区
凤庆县	二类地区	二类地区	二类地区	二类地区	二类地区	二类地区	二类地区	二类地区	二类地区	二类地区
云县	二类地区	二类地区	二类地区	二类地区	二类地区	二类地区	二类地区	二类地区	二类地区	二类地区
永德县	二类地区	二类地区	二类地区	二类地区	二类地区	二类地区	二类地区	二类地区	二类地区	二类地区
镇康县	二类地区	二类地区	二类地区	二类地区	二类地区	二类地区	二类地区	二类地区	二类地区	二类地区
双江县	一类地区	一类地区	一类地区	一类地区	一类地区	一类地区	一类地区	一类地区	一类地区	一类地区

续表

县(市、区)	2007 年	2008 年	2009 年	2010 年	2011 年	2012 年	2013 年	2014 年	2015 年	2016 年
耿马县	二类地区	二类地区	二类地区	二类地区	二类地区	二类地区	二类地区	二类地区	二类地区	二类地区
沧源县	一类地区	一类地区	一类地区	一类地区	一类地区	一类地区	一类地区	一类地区	一类地区	一类地区
姚安县	一类地区	一类地区	一类地区	一类地区	一类地区	一类地区	一类地区	一类地区	一类地区	一类地区
元谋县	二类地区	二类地区	二类地区	二类地区	二类地区	二类地区	二类地区	二类地区	二类地区	二类地区
弥勒市	一类地区	一类地区	一类地区	一类地区	一类地区	一类地区	一类地区	一类地区	一类地区	一类地区
建水县	一类地区	一类地区	一类地区	一类地区	一类地区	一类地区	一类地区	一类地区	一类地区	一类地区
石屏县	一类地区	一类地区	一类地区	一类地区	一类地区	一类地区	一类地区	一类地区	一类地区	一类地区
泸西县	一类地区	一类地区	一类地区	一类地区	一类地区	一类地区	一类地区	一类地区	一类地区	一类地区
元阳县	一类地区	一类地区	一类地区	一类地区	一类地区	一类地区	一类地区	一类地区	一类地区	一类地区
红河县	一类地区	二类地区	一类地区	一类地区	一类地区	一类地区	一类地区	一类地区	一类地区	一类地区
绿春县	一类地区	一类地区	一类地区	一类地区	一类地区	一类地区	一类地区	一类地区	一类地区	一类地区
丘北县	二类地区	二类地区	二类地区	二类地区	二类地区	二类地区	二类地区	二类地区	二类地区	二类地区
宾川县	二类地区	二类地区	二类地区	二类地区	二类地区	二类地区	二类地区	二类地区	二类地区	二类地区
巍山县	一类地区	一类地区	一类地区	一类地区	一类地区	一类地区	一类地区	一类地区	一类地区	一类地区
云龙县	二类地区	二类地区	二类地区	二类地区	二类地区	二类地区	二类地区	二类地区	二类地区	二类地区
洱源县	一类地区	一类地区	一类地区	一类地区	一类地区	一类地区	一类地区	一类地区	一类地区	一类地区
鹤庆县	一类地区	一类地区	一类地区	一类地区	一类地区	一类地区	一类地区	一类地区	一类地区	一类地区

县(市、区)	2007年	2008年	2009年	2010年	2011年	2012年	2013年	2014年	2015年	2016年
芒市	一类地区	一类地区	一类地区	一类地区	一类地区	一类地区	一类地区	一类地区	一类地区	一类地区
梁河县	一类地区	一类地区	一类地区	一类地区	一类地区	一类地区	一类地区	一类地区	一类地区	一类地区
盈江县	一类地区	一类地区	一类地区	一类地区	一类地区	一类地区	一类地区	一类地区	一类地区	一类地区
陇川县	一类地区	一类地区	一类地区	一类地区	一类地区	一类地区	一类地区	一类地区	一类地区	一类地区

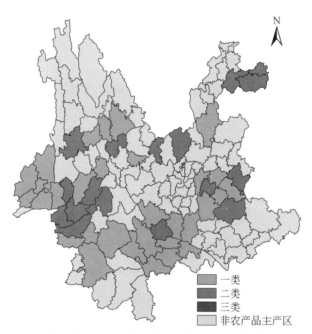

图 3-5　云南省种植业地区耕地质量评价图

（二）牧业地区评价的基本结论

如表 3-7 和图 3-6 所示，根据牧业地区草原草畜平衡指数，结合云南省牧业饲养现状，对云南省牧业地区 48 个县（市、区）的载荷能力进行评价，按照载荷能力由高至低分为一类地区、二类地区和三类地区，形成云南省牧业地区载荷能力评价表（表 3-7）和云南省牧业地区载荷能力评价图（图 3-6）。由图 3-6 可见，云南省牧业地区 48 个县（市、区）的载荷能力良好。其中，载荷能力评价为一类地区的县（市、区)分布区域所占范围最广,载荷能力评价为二类地区的县(市、区)主要分布在滇南和滇东北,载荷能力评价为三类地区的县(市、区)零星分布在滇东北、滇西、滇南地区。

由云南省牧业地区载荷能力评价表可知:①云南省牧业地区 48 个县(市、区)的载荷能力较好,载荷能力评价多为一类地区;②云南省牧业地区 48 个县(市、区)的载荷能力评价为一类地区的有永胜县、宁洱县、墨江县、宜良县和罗平县等 37 个县(市、区),二类地区有石林县、师宗县、镇雄县和威信县等 5 个县(市、区),三类地区有陆良县、昌宁县、彝良县等 6 个县(市、区);③2007～2016 年云南省牧业地区 48 个县(市、区)的载荷情况变化幅度较小;④云南省牧业地区 48 个县(市、区)的载荷能力存在一定的县域差异。

表 3-7　2007～2016 年云南省牧业地区载荷能力评价表

县(市、区)	2007 年	2008 年	2009 年	2010 年	2011 年	2012 年	2013 年	2014 年	2015 年	2016 年
宜良县	一类地区	一类地区	一类地区	一类地区	一类地区	一类地区	一类地区	一类地区	一类地区	一类地区
石林县	二类地区	二类地区	二类地区	二类地区	二类地区	二类地区	二类地区	二类地区	二类地区	二类地区
禄劝县	一类地区	一类地区	一类地区	一类地区	一类地区	一类地区	一类地区	一类地区	一类地区	一类地区
陆良县	三类地区	三类地区	三类地区	三类地区	三类地区	三类地区	三类地区	三类地区	三类地区	三类地区
师宗县	二类地区	二类地区	二类地区	二类地区	二类地区	二类地区	二类地区	二类地区	二类地区	二类地区
罗平县	一类地区	一类地区	一类地区	一类地区	一类地区	一类地区	一类地区	一类地区	一类地区	一类地区
会泽县	一类地区	一类地区	一类地区	一类地区	一类地区	一类地区	一类地区	一类地区	一类地区	一类地区
新平县	一类地区	一类地区	一类地区	一类地区	一类地区	一类地区	一类地区	一类地区	一类地区	一类地区
元江县	一类地区	一类地区	一类地区	一类地区	一类地区	一类地区	一类地区	一类地区	一类地区	一类地区
施甸县	一类地区	一类地区	一类地区	一类地区	一类地区	一类地区	一类地区	一类地区	一类地区	一类地区
龙陵县	一类地区	一类地区	一类地区	一类地区	一类地区	一类地区	一类地区	三类地区	三类地区	三类地区
昌宁县	三类地区	三类地区	三类地区	三类地区	三类地区	三类地区	三类地区	三类地区	三类地区	三类地区
腾冲市	一类地区	一类地区	一类地区	一类地区	一类地区	一类地区	一类地区	一类地区	一类地区	一类地区
镇雄县	二类地区	二类地区	二类地区	二类地区	二类地区	二类地区	二类地区	二类地区	二类地区	二类地区
彝良县	三类地区	三类地区	三类地区	三类地区	三类地区	三类地区	三类地区	三类地区	三类地区	三类地区
威信县	二类地区	二类地区	二类地区	二类地区	二类地区	二类地区	二类地区	二类地区	二类地区	二类地区
永胜县	一类地区	一类地区	一类地区	一类地区	一类地区	一类地区	一类地区	一类地区	一类地区	一类地区
宁洱县	一类地区	一类地区	一类地区	一类地区	一类地区	一类地区	一类地区	一类地区	一类地区	一类地区
墨江县	一类地区	一类地区	一类地区	一类地区	一类地区	一类地区	一类地区	一类地区	一类地区	一类地区
景谷县	一类地区	一类地区	一类地区	一类地区	一类地区	一类地区	一类地区	一类地区	一类地区	一类地区

续表

县(市、区)	2007 年	2008 年	2009 年	2010 年	2011 年	2012 年	2013 年	2014 年	2015 年	2016 年
江城县	一类地区	一类地区	一类地区	一类地区	一类地区	一类地区	一类地区	一类地区	一类地区	一类地区
澜沧县	一类地区	一类地区	一类地区	一类地区	一类地区	一类地区	一类地区	一类地区	一类地区	一类地区
凤庆县	一类地区	一类地区	一类地区	一类地区	一类地区	一类地区	一类地区	一类地区	一类地区	一类地区
云县	一类地区	一类地区	一类地区	一类地区	一类地区	一类地区	一类地区	一类地区	一类地区	一类地区
永德县	一类地区	一类地区	一类地区	一类地区	一类地区	一类地区	一类地区	一类地区	一类地区	一类地区
镇康县	一类地区	一类地区	一类地区	一类地区	一类地区	一类地区	一类地区	一类地区	一类地区	一类地区
双江县	一类地区	一类地区	一类地区	一类地区	一类地区	一类地区	一类地区	一类地区	一类地区	一类地区
耿马县	一类地区	一类地区	一类地区	一类地区	一类地区	一类地区	一类地区	一类地区	一类地区	一类地区
沧源县	一类地区	一类地区	一类地区	二类地区	一类地区	一类地区	一类地区	一类地区	一类地区	一类地区
姚安县	一类地区	一类地区	一类地区	一类地区	一类地区	一类地区	一类地区	一类地区	一类地区	一类地区
元谋县	一类地区	一类地区	一类地区	一类地区	一类地区	一类地区	一类地区	一类地区	一类地区	一类地区
弥勒市	一类地区	一类地区	一类地区	一类地区	一类地区	一类地区	一类地区	一类地区	一类地区	一类地区
建水县	一类地区	一类地区	一类地区	一类地区	一类地区	一类地区	一类地区	一类地区	一类地区	一类地区
石屏县	一类地区	一类地区	一类地区	一类地区	一类地区	一类地区	一类地区	一类地区	一类地区	一类地区
泸西县	三类地区	三类地区	三类地区	三类地区	三类地区	三类地区	三类地区	三类地区	三类地区	三类地区
元阳县	一类地区	一类地区	一类地区	二类地区	二类地区	二类地区	二类地区	二类地区	二类地区	二类地区
红河县	一类地区	一类地区	一类地区	一类地区	一类地区	一类地区	一类地区	一类地区	一类地区	一类地区
绿春县	一类地区	一类地区	一类地区	一类地区	一类地区	一类地区	一类地区	一类地区	一类地区	一类地区
丘北县	三类地区	三类地区	三类地区	三类地区	三类地区	三类地区	三类地区	三类地区	三类地区	三类地区
宾川县	一类地区	一类地区	一类地区	一类地区	一类地区	一类地区	一类地区	一类地区	一类地区	一类地区
巍山县	一类地区	一类地区	一类地区	一类地区	一类地区	一类地区	一类地区	一类地区	一类地区	一类地区
云龙县	一类地区	一类地区	一类地区	一类地区	一类地区	一类地区	一类地区	一类地区	一类地区	一类地区
洱源县	一类地区	一类地区	一类地区	一类地区	一类地区	一类地区	一类地区	一类地区	一类地区	一类地区
鹤庆县	一类地区	一类地区	一类地区	一类地区	一类地区	一类地区	一类地区	一类地区	一类地区	一类地区
芒市	一类地区	一类地区	一类地区	一类地区	一类地区	一类地区	一类地区	一类地区	一类地区	一类地区
梁河县	一类地区	一类地区	一类地区	一类地区	一类地区	一类地区	一类地区	一类地区	一类地区	一类地区
盈江县	一类地区	一类地区	一类地区	一类地区	一类地区	一类地区	一类地区	一类地区	一类地区	一类地区
陇川县	一类地区	一类地区	一类地区	一类地区	一类地区	一类地区	一类地区	一类地区	一类地区	一类地区

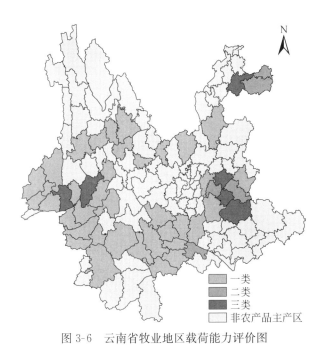

图 3-6　云南省牧业地区载荷能力评价图

第三节　云南省重点生态功能区评价

一、重点生态功能区评价的科学内涵

重点生态功能区是指资源环境承载能力较弱、大规模聚集经济和人口条件不够好,生态系统十分重要,关系全省乃至全国更大范围生态安全,不适宜进行大规模、高强度工业化和城镇化开发,需要统筹规划和保护的重要区域。云南省重点生态功能区主要是依据区域生态环境主要生态过程、服务功能特点和人类活动规律进行区域的划分和合并,最终确定功能区域。重点生态功能区评价主要以水土流失指数、水源涵养功能指数、自然栖息地质量指数为特征指标,评价生态系统功能等级。

二、重点生态功能区评价的基本结论

(一)重点生态功能区评价的总体结论

重点生态功能区评价是水土流失指数、水源涵养功能指数、自然栖息地质量指数为特征指标的集成评价,按照集成评价结果,将 38 个云南省重点生态功能区的县(市、区)承载能力由高至低划分为一类地区、二类地区和三类地区,形成云南省重点生态功能区评价图(图 3-7)和云南省重点生态功能区评价表(表 3-8)。由图 3-7和表 3-8 可知,从整体情况来看,云南省重点生态功能区的各县(市、区)的生态系统功能状况较好。其次,云南省重点生态功能区的大部分县(市、区)的生态系统功能是二类地区及以上。一类地区分布在玉龙县、德钦县、景东县、剑川县和兰坪县等 20 个县(市、区);二类地区分布在屏边县、金平县、南涧县、马关县和广南县等 17 个县(市、区);三类地区最少,仅分布在文山市。

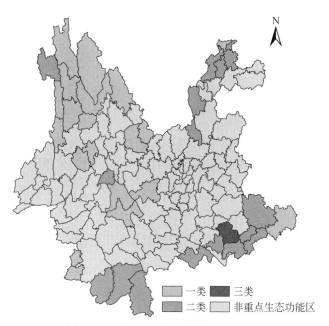

图 3-7　云南省重点生态功能区评价图

表 3-8　云南省重点生态功能区评价表

县(市、区)	水土保持功能	水源涵养功能	自然栖息地等级	集成评价
玉龙县	二类地区	一类地区	一类地区	一类地区
屏边县	二类地区	一类地区	二类地区	二类地区
金平县	二类地区	一类地区	二类地区	二类地区
文山市	二类地区	二类地区	三类地区	三类地区
西畴县	二类地区	一类地区	二类地区	二类地区
马关县	二类地区	一类地区	二类地区	二类地区
广南县	二类地区	一类地区	二类地区	二类地区
富宁县	二类地区	二类地区	一类地区	一类地区

续表

县(市、区)	水土保持功能	水源涵养功能	自然栖息地等级	集成评价
勐海县	二类地区	二类地区	二类地区	二类地区
勐腊县	二类地区	一类地区	二类地区	二类地区
剑川县	二类地区	三类地区	一类地区	一类地区
泸水市	二类地区	三类地区	一类地区	一类地区
福贡县	二类地区	一类地区	一类地区	一类地区
贡山县	二类地区	一类地区	二类地区	二类地区
兰坪县	二类地区	二类地区	一类地区	一类地区
香格里拉市	二类地区	二类地区	一类地区	一类地区
德钦县	二类地区	二类地区	一类地区	一类地区
维西县	二类地区	一类地区	一类地区	一类地区
东川区	二类地区	三类地区	二类地区	二类地区
巧家县	二类地区	二类地区	二类地区	二类地区
盐津县	二类地区	一类地区	二类地区	二类地区
大关县	二类地区	二类地区	二类地区	二类地区
永善县	二类地区	二类地区	二类地区	二类地区
绥江县	一类地区	一类地区	二类地区	一类地区
水富市	二类地区	二类地区	二类地区	二类地区
宁蒗县	二类地区	三类地区	一类地区	一类地区
景东县	二类地区	一类地区	一类地区	一类地区
镇沅县	二类地区	三类地区	一类地区	一类地区
孟连县	一类地区	一类地区	二类地区	一类地区
西盟县	一类地区	一类地区	二类地区	一类地区
双柏县	二类地区	二类地区	一类地区	一类地区
大姚县	二类地区	三类地区	一类地区	一类地区
永仁县	二类地区	三类地区	一类地区	一类地区
麻栗坡县	二类地区	一类地区	二类地区	二类地区
景洪市	二类地区	一类地区	二类地区	二类地区
南涧县	二类地区	三类地区	二类地区	二类地区
漾濞县	一类地区	二类地区	一类地区	一类地区
永平县	二类地区	三类地区	一类地区	一类地区

(二)重点生态功能区的分项评价

1. 重点生态功能区水土保持功能评价

云南省重点生态功能区的各县(市、区)的水土保持功能评价,由高至低可分为一类地区、二类地区和三类地区,形成云南省重点生态功能区水土保持功能评价表(表 3-9)和云南省重点生态功能区水土保持功能评价图(图 3-8)。由图 3-8 可知,云南省重点生态功能区的各县(市、区)的水土保持情况整体良好。水土保持功能等级二类地区的县(市、区)分布区域所占范围最广,水土保持功能等级一类地区的县(市、区)有绥江县、孟连县、西盟县、漾濞县等,无水土保持功能为三类地区的县(市、区)。

2007~2016 年云南省重点生态功能区的水土流失指数见表 3-10。由表可知:①整体而言,2007~2016 年云南省重点生态功能区的各县(市、区)的水土流失情况呈稳定状态,这些县(市、区)水土保持情况良好;②2007~2016 年云南省重点生态功能区的各县(市、区)的水土流失情况呈平稳趋势,没有出现大的波动;③云南省重点生态功能区的各县(市、区)的水土流失情况变化存在较小的县域差异。

表 3-9　2007~2016 年云南省重点生态功能区水土保持功能评价表

县(市、区)	2007 年	2008 年	2009 年	2010 年	2011 年	2012 年	2013 年	2014 年	2015 年	2016 年
玉龙县	二类地区	二类地区	二类地区	二类地区	二类地区	二类地区	二类地区	二类地区	二类地区	二类地区
屏边县	二类地区	二类地区	二类地区	二类地区	二类地区	二类地区	二类地区	二类地区	二类地区	二类地区
金平县	二类地区	二类地区	二类地区	二类地区	二类地区	二类地区	二类地区	二类地区	二类地区	二类地区
文山市	二类地区	二类地区	二类地区	二类地区	二类地区	二类地区	二类地区	二类地区	二类地区	二类地区
西畴县	二类地区	二类地区	二类地区	二类地区	二类地区	二类地区	二类地区	二类地区	二类地区	二类地区
马关县	二类地区	二类地区	二类地区	二类地区	二类地区	二类地区	二类地区	二类地区	二类地区	二类地区
广南县	二类地区	二类地区	二类地区	二类地区	二类地区	二类地区	二类地区	二类地区	二类地区	二类地区

续表

县(市、区)	2007 年	2008 年	2009 年	2010 年	2011 年	2012 年	2013 年	2014 年	2015 年	2016 年
富宁县	二类地区	二类地区	二类地区	二类地区	二类地区	二类地区	二类地区	二类地区	二类地区	二类地区
勐海县	二类地区	二类地区	二类地区	二类地区	二类地区	二类地区	二类地区	二类地区	二类地区	二类地区
勐腊县	二类地区	二类地区	二类地区	二类地区	二类地区	二类地区	二类地区	二类地区	二类地区	二类地区
剑川县	二类地区	二类地区	二类地区	二类地区	二类地区	二类地区	二类地区	二类地区	二类地区	二类地区
泸水市	二类地区	二类地区	二类地区	二类地区	二类地区	二类地区	二类地区	二类地区	二类地区	二类地区
福贡县	二类地区	二类地区	二类地区	二类地区	二类地区	二类地区	二类地区	二类地区	二类地区	二类地区
贡山县	二类地区	二类地区	二类地区	二类地区	二类地区	二类地区	二类地区	二类地区	二类地区	二类地区
兰坪县	二类地区	二类地区	二类地区	二类地区	二类地区	二类地区	二类地区	二类地区	二类地区	二类地区
香格里拉市	二类地区	二类地区	二类地区	二类地区	二类地区	二类地区	二类地区	二类地区	二类地区	二类地区
德钦县	二类地区	二类地区	二类地区	二类地区	二类地区	二类地区	二类地区	二类地区	二类地区	二类地区
维西县	二类地区	二类地区	二类地区	二类地区	二类地区	二类地区	二类地区	二类地区	二类地区	二类地区
东川区	二类地区	二类地区	二类地区	二类地区	二类地区	二类地区	二类地区	二类地区	二类地区	二类地区
巧家县	二类地区	二类地区	二类地区	二类地区	二类地区	二类地区	二类地区	二类地区	二类地区	二类地区
盐津县	二类地区	二类地区	二类地区	二类地区	二类地区	二类地区	二类地区	二类地区	二类地区	二类地区
大关县	二类地区	二类地区	二类地区	二类地区	二类地区	二类地区	二类地区	二类地区	二类地区	二类地区
永善县	二类地区	二类地区	二类地区	二类地区	二类地区	二类地区	二类地区	二类地区	二类地区	二类地区

县(市、区)	2007 年	2008 年	2009 年	2010 年	2011 年	2012 年	2013 年	2014 年	2015 年	2016 年
绥江县	二类地区	二类地区	二类地区	二类地区	二类地区	二类地区	二类地区	二类地区	一类地区	一类地区
水富市	二类地区	二类地区	二类地区	二类地区	二类地区	二类地区	二类地区	二类地区	二类地区	二类地区
宁蒗县	二类地区	二类地区	二类地区	二类地区	二类地区	二类地区	二类地区	二类地区	二类地区	二类地区
景东县	二类地区	二类地区	二类地区	二类地区	二类地区	二类地区	二类地区	二类地区	二类地区	二类地区
镇沅县	二类地区	二类地区	二类地区	二类地区	二类地区	二类地区	二类地区	二类地区	二类地区	二类地区
孟连县	二类地区	二类地区	二类地区	二类地区	二类地区	一类地区	一类地区	一类地区	一类地区	一类地区
西盟县	二类地区	二类地区	二类地区	二类地区	一类地区	一类地区	一类地区	一类地区	一类地区	一类地区
双柏县	二类地区	二类地区	二类地区	二类地区	二类地区	二类地区	二类地区	二类地区	二类地区	二类地区
大姚县	二类地区	二类地区	二类地区	二类地区	二类地区	二类地区	二类地区	二类地区	二类地区	二类地区
永仁县	二类地区	二类地区	二类地区	二类地区	二类地区	二类地区	二类地区	二类地区	二类地区	二类地区
麻栗坡县	二类地区	二类地区	二类地区	二类地区	二类地区	二类地区	二类地区	二类地区	二类地区	二类地区
景洪市	二类地区	二类地区	二类地区	二类地区	二类地区	二类地区	二类地区	二类地区	二类地区	二类地区
南涧县	二类地区	二类地区	二类地区	二类地区	二类地区	二类地区	二类地区	二类地区	二类地区	二类地区
漾濞县	二类地区	二类地区	二类地区	二类地区	二类地区	二类地区	二类地区	一类地区	一类地区	一类地区
永平县	二类地区	二类地区	二类地区	二类地区	二类地区	二类地区	二类地区	二类地区	二类地区	二类地区

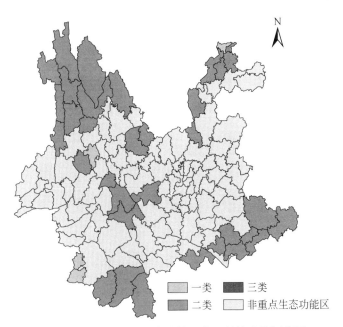

图 3-8　云南省重点生态功能区水土保持功能评价图

表 3-10　2007~2016 年云南省重点生态功能区的水土流失指数

县(市、区)	2007 年	2008 年	2009 年	2010 年	2011 年	2012 年	2013 年	2014 年	2015 年	2016 年
玉龙县	1.45	1.41	1.36	1.31	1.26	1.21	1.17	1.12	1.07	1.02
屏边县	2.93	2.85	2.77	2.70	2.62	2.54	2.46	2.38	2.31	2.23
金平县	2.32	2.29	2.25	2.22	2.19	2.16	2.13	2.09	2.06	2.03
文山市	4.08	4.41	4.74	5.08	5.41	5.75	6.08	6.41	6.75	7.08
西畴县	4.00	4.11	4.23	4.35	4.47	4.59	4.70	4.82	4.94	5.06
马关县	3.45	3.51	3.57	3.63	3.70	3.76	3.82	3.89	3.95	4.01
广南县	2.87	2.91	2.94	2.98	3.02	3.06	3.09	3.13	3.17	3.21
富宁县	2.82	2.86	2.90	2.94	2.98	3.01	3.05	3.09	3.13	3.17
勐海县	2.04	2.12	2.20	2.28	2.36	2.43	2.51	2.59	2.67	2.75
勐腊县	1.40	1.39	1.38	1.37	1.36	1.35	1.33	1.32	1.31	1.30
剑川县	2.11	2.05	1.98	1.92	1.85	1.79	1.72	1.66	1.59	1.53
泸水市	2.75	2.81	2.87	2.93	2.99	3.05	3.12	3.18	3.24	3.30
福贡县	1.58	1.66	1.74	1.83	1.91	1.99	2.08	2.16	2.25	2.33
贡山县	1.07	1.07	1.07	1.08	1.08	1.08	1.09	1.09	1.09	1.09

续表

县(市、区)	2007年	2008年	2009年	2010年	2011年	2012年	2013年	2014年	2015年	2016年
兰坪县	3.10	3.04	2.97	2.90	2.83	2.76	2.69	2.63	2.56	2.49
香格里拉市	1.49	1.45	1.41	1.37	1.33	1.29	1.25	1.21	1.18	1.14
德钦县	2.00	1.94	1.87	1.81	1.75	1.68	1.62	1.55	1.49	1.42
维西县	1.96	1.99	2.03	2.06	2.10	2.13	2.16	2.20	2.23	2.27
东川区	11.00	10.61	10.22	9.83	9.45	9.06	8.67	8.29	7.90	7.51
巧家县	6.12	6.11	6.10	6.09	6.08	6.07	6.06	6.05	6.04	6.03
盐津县	3.85	3.78	3.71	3.63	3.56	3.49	3.42	3.35	3.28	3.21
大关县	4.02	3.99	3.95	3.92	3.89	3.86	3.82	3.79	3.76	3.73
永善县	3.10	3.11	3.12	3.12	3.13	3.13	3.14	3.15	3.15	3.16
绥江县	2.40	2.22	2.04	1.87	1.69	1.51	1.34	1.16	0.98	0.81
水富市	2.57	2.52	2.46	2.41	2.35	2.29	2.24	2.18	2.13	2.07
宁蒗县	2.00	1.98	1.95	1.92	1.89	1.86	1.83	1.80	1.77	1.74
景东县	1.95	1.92	1.90	1.87	1.85	1.82	1.80	1.77	1.75	1.72
镇沅县	1.74	1.78	1.83	1.88	1.92	1.97	2.01	2.06	2.11	2.15
孟连县	1.60	1.46	1.32	1.18	1.04	0.89	0.75	0.61	0.47	0.33
西盟县	1.53	1.39	1.26	1.12	0.98	0.85	0.71	0.57	0.44	0.30
双柏县	4.67	4.76	4.84	4.92	5.01	5.09	5.17	5.26	5.34	5.42
大姚县	3.52	3.46	3.40	3.35	3.29	3.23	3.17	3.12	3.06	3.00
永仁县	3.11	3.13	3.15	3.18	3.20	3.22	3.24	3.26	3.28	3.31
麻栗坡县	4.43	4.48	4.54	4.60	4.66	4.71	4.77	4.83	4.89	4.94
景洪市	1.77	1.80	1.84	1.87	1.90	1.94	1.97	2.00	2.04	2.07
南涧县	2.98	3.16	3.35	3.54	3.73	3.92	4.10	4.29	4.48	4.67
漾濞县	2.70	2.44	2.19	1.93	1.68	1.42	1.16	0.91	0.65	0.39
永平县	2.45	2.54	2.63	2.72	2.82	2.91	3.00	3.09	3.18	3.28

2. 重点生态功能区水源涵养功能评价

云南省重点生态功能区水源涵养功能评价图如图 3-9 所示,由高到低可分为一类地区、二类地区和三类地区。图示结果显示,云南省重点生态功能区的水源涵养功能总体较好。从重点生态功能区的水源涵养功能分布可以看出滇北和滇南的水源涵养功能较滇二类地区的更好。

如图 3-10 所示,云南省重点生态功能区水源涵养功能的县域差异在 2007～

2010 年波动较大,2010～2016 年较为平稳。

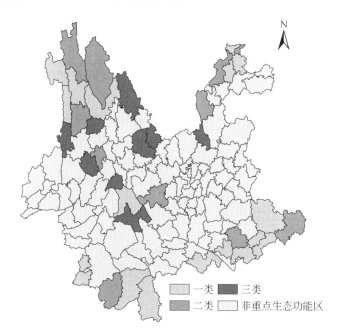

图 3-9 云南省重点生态功能区水源涵养功能评价图

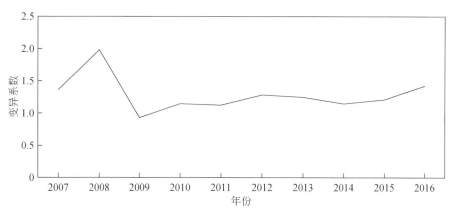

图 3-10 2007～2016 年云南省重点生态功能区水源涵养功能县域差异变化

2007～2016 年云南省重点生态功能区水源涵养功能指数见表 3-11。由表可知:①总体而言,2007～2016 年云南省重点生态功能区水源涵养功能基本较好;②2007～2016 年云南省重点生态功能区水源涵养功能呈现出波动趋势,其二类地区 2009 年、2013 年、2016 年变化较明显,2009 年呈现明显下降趋势,2013 年和

2016年呈现上升趋势;③2007～2016年云南省重点生态功能区各县(市、区)也存在明显的县域差异。

2007～2016年云南省重点生态功能区水源涵养功能评价表见表3-12。由表可知:①云南省重点生态功能区的各县(市、区)水源涵养功能总体较好;②云南省重点生态功能区的各县(市、区)水源涵养功能为一类地区的有福贡县、贡山县、盐津县、屏边县和金平县等18个县(市、区),二类地区有水富市、兰坪县、文山市、永善县和富宁县等11个县(市、区),三类地区有剑川县、泸水市、永仁县、南涧县和永平县等9个县(市、区);③2007～2016年云南省重点生态功能区的各县(市、区)水源涵养功能变化幅度较小;④云南省重点生态功能区的各县(市、区)水源涵养功能存在一定的县域差异。

表 3-11　2007～2016 年云南省重点生态功能区水源涵养功能指数

(单位:%)

县(市、区)	2007 年	2008 年	2009 年	2010 年	2011 年	2012 年	2013 年	2014 年	2015 年	2016 年
玉龙县	−112	−51	−128	−99	−99	−99	−99	−99	−99	−5
屏边县	45	59	42	45	61	50	57	58	42	41
金平县	33	40	19	25	28	18	25	28	24	20
文山市	−74	−44	−166	−149	−73	−64	−72	−68	−61	−83
西畴县	−15	20	−27	−41	−15	−9	5	3	19	−15
马关县	−33	10	−102	−61	2	−31	−23	7	7	7
广南县	−2	14	−36	−21	−37	−1	−5	14	21	−34
富宁县	−119	−36	−153	−94	−77	−33	−61	−38	−19	−96
勐海县	−27	−17	−70	−74	−33	−66	−20	−31	−19	−42
勐腊县	8	29	−11	6	27	17	22	−5	10	18
剑川县	−110	−61	−195	−122	−207	−247	−151	−284	−233	−130
泸水市	−122	−86	−201	−201	−201	−201	−201	−201	−201	−201
福贡县	9	−8	−50	44	5	20	−28	−9	−8	38
贡山县	56	58	42	76	58	63	52	54	52	62
兰坪县	−87	−51	−129	−48	−114	−146	−62	−145	−96	−49
香格里拉市	−33	−38	−83	−57	−129	−95	−83	−140	−163	−44
德钦县	−22	−54	−111	−17	−138	−68	−80	−125	−125	−49
维西县	−23	−4	−50	30	−8	−28	−31	−13	−32	14
东川区	−22	−11	−116	−116	−116	−116	−116	−116	−116	−116
巧家县	−193	−89	−216	−135	−195	−192	−218	−168	−159	−75

续表

县（市、区）	2007 年	2008 年	2009 年	2010 年	2011 年	2012 年	2013 年	2014 年	2015 年	2016 年
盐津县	15	27	14	32	−32	40	28	0	−14	38
大关县	−5	17	−40	−6	−93	15	−4	−19	−16	−2
永善县	−90	−70	−154	−138	−258	−114	−56	−150	−86	−60
绥江县	−17	−22	−69	−62	−139	−9	−18	−33	−47	−2
水富市	−17	−22	−69	−61	−61	−61	−61	−61	−61	−61
宁蒗县	−91	−87	−146	−98	−185	−207	−137	−222	−222	−110
景东县	25	−37	−131	−121	−18	−52	−31	−46	−33	−33
镇沅县	−7	2	−185	−184	−125	−242	−242	−242	−242	−242
孟连县	−56	−5	−40	−71	−48	−87	−47	−51	−12	−12
西盟县	12	29	−1	5	10	12	12	9	25	28
双柏县	−50	−67	−248	−184	−179	−168	−212	−177	−111	−80
大姚县	−133	−94	−415	−290	−318	−324	−258	−258	−271	−271
永仁县	−152	−123	−284	−293	−346	−374	−226	−197	−165	−142
麻栗坡县	−33	13	−47	−70	−18	−19	−22	−6	−19	−29
景洪市	0	26	−17	−24	−13	−7	14	−38	7	−24
南涧县	−151	−206	−342	−239	−358	−426	−312	−364	−258	−200
漾濞县	−24	−48	−105	−46	−42	−96	−83	−121	−96	−69
永平县	−53	−45	−171	−102	−142	−128	−104	−128	−102	−102

表 3-12　2007～2016 年云南省重点生态功能区水源涵养功能评价表

县（市、区）	2007 年	2008 年	2009 年	2010 年	2011 年	2012 年	2013 年	2014 年	2015 年	2016 年
玉龙县	三类地区	二类地区	三类地区	二类地区	二类地区	二类地区	二类地区	二类地区	二类地区	一类地区
屏边县	一类地区	一类地区	一类地区	一类地区	一类地区	一类地区	一类地区	一类地区	一类地区	一类地区
金平县	一类地区	一类地区	一类地区	一类地区	一类地区	一类地区	一类地区	一类地区	一类地区	一类地区
文山市	二类地区	二类地区	三类地区	三类地区	二类地区	二类地区	二类地区	二类地区	二类地区	二类地区
西畴县	一类地区	一类地区	一类地区	二类地区	一类地区	一类地区	一类地区	一类地区	一类地区	一类地区
马关县	一类地区	一类地区	三类地区	二类地区	一类地区	一类地区	一类地区	一类地区	一类地区	一类地区

续表

县(市、区)	2007 年	2008 年	2009 年	2010 年	2011 年	2012 年	2013 年	2014 年	2015 年	2016 年
广南县	一类地区	一类地区	一类地区	一类地区	一类地区	一类地区	一类地区	一类地区	一类地区	一类地区
富宁县	三类地区	一类地区	三类地区	二类地区	二类地区	一类地区	二类地区	一类地区	一类地区	二类地区
勐海县	一类地区	一类地区	二类地区	二类地区	一类地区	二类地区	一类地区	一类地区	一类地区	二类地区
勐腊县	一类地区	一类地区	一类地区	一类地区	一类地区	一类地区	一类地区	一类地区	一类地区	一类地区
剑川县	三类地区	二类地区	三类地区	三类地区	三类地区	三类地区	三类地区	三类地区	三类地区	三类地区
泸水市	三类地区	二类地区	三类地区	三类地区	三类地区	三类地区	三类地区	三类地区	三类地区	三类地区
福贡县	一类地区	一类地区	二类地区	一类地区	一类地区	一类地区	一类地区	一类地区	一类地区	一类地区
贡山县	一类地区	一类地区	一类地区	一类地区	一类地区	一类地区	一类地区	一类地区	一类地区	一类地区
兰坪县	二类地区	二类地区	三类地区	二类地区	三类地区	三类地区	二类地区	三类地区	二类地区	二类地区
香格里拉市	一类地区	一类地区	二类地区	二类地区	三类地区	二类地区	二类地区	三类地区	三类地区	二类地区
德钦县	一类地区	二类地区	三类地区	一类地区	三类地区	二类地区	二类地区	三类地区	三类地区	二类地区
维西县	一类地区	一类地区	二类地区	一类地区	一类地区	一类地区	一类地区	一类地区	一类地区	一类地区
东川区	一类地区	一类地区	三类地区	三类地区	三类地区	三类地区	三类地区	三类地区	三类地区	三类地区
巧家县	三类地区	二类地区	三类地区	三类地区	三类地区	三类地区	三类地区	三类地区	三类地区	二类地区
盐津县	一类地区	一类地区	一类地区	一类地区	一类地区	一类地区	一类地区	一类地区	一类地区	一类地区
大关县	一类地区	一类地区	一类地区	一类地区	二类地区	一类地区	一类地区	一类地区	一类地区	一类地区
永善县	二类地区	二类地区	三类地区	三类地区	三类地区	三类地区	二类地区	三类地区	二类地区	二类地区

续表

县(市、区)	2007 年	2008 年	2009 年	2010 年	2011 年	2012 年	2013 年	2014 年	2015 年	2016 年
绥江县	一类地区	一类地区	二类地区	二类地区	三类地区	一类地区	一类地区	一类地区	二类地区	一类地区
水富市	一类地区	一类地区	二类地区	二类地区	二类地区	二类地区	二类地区	二类地区	二类地区	二类地区
宁蒗县	二类地区	二类地区	三类地区	二类地区	三类地区	三类地区	三类地区	三类地区	三类地区	三类地区
景东县	一类地区	一类地区	三类地区	三类地区	一类地区	二类地区	三类地区	二类地区	一类地区	三类地区
镇沅县	一类地区	一类地区	三类地区	三类地区	三类地区	三类地区	三类地区	三类地区	三类地区	三类地区
孟连县	二类地区	一类地区	二类地区	二类地区	二类地区	二类地区	二类地区	一类地区	二类地区	二类地区
西盟县	一类地区	一类地区	一类地区	一类地区	一类地区	一类地区	一类地区	一类地区	一类地区	一类地区
双柏县	二类地区	二类地区	三类地区	三类地区	三类地区	三类地区	三类地区	三类地区	三类地区	二类地区
大姚县	三类地区	二类地区	三类地区	三类地区	三类地区	三类地区	三类地区	三类地区	三类地区	三类地区
永仁县	三类地区	三类地区	三类地区	三类地区	三类地区	三类地区	三类地区	三类地区	三类地区	三类地区
麻栗坡县	一类地区	一类地区	二类地区	二类地区	一类地区	一类地区	一类地区	一类地区	一类地区	一类地区
景洪市	一类地区	一类地区	一类地区	一类地区	一类地区	一类地区	一类地区	一类地区	一类地区	一类地区
南涧县	三类地区	三类地区	三类地区	三类地区	三类地区	三类地区	三类地区	三类地区	三类地区	三类地区
漾濞县	一类地区	二类地区	三类地区	二类地区	二类地区	二类地区	二类地区	三类地区	二类地区	二类地区
永平县	二类地区	二类地区	三类地区	三类地区	三类地区	三类地区	三类地区	三类地区	三类地区	三类地区

3. 重点生态功能区自然栖息地质量评价

云南省重点生态功能区的自然栖息地质量评价由高至低分为一类地区、二类地区和三类地区,并形成云南省重点生态功能区自然栖息地质量评价表(表 3-13)和云南省重点生态功能区自然栖息地质量评价图(图 3-11)。由图 3-11 可知:①从整体情况来看,云南省重点生态功能区的各县(市、区)的自然栖息质量情况较好;②云南省重点生态功能区的大部分县(市、区)的自然栖息地质量等级为二类地区及其以上。一类地区分布在玉龙县、德钦县、景东县、剑川县和维西县等 17 个县(市、区),二类地区分布在屏边县、金平县、南涧县、东川区和巧家县等 20 个县(市、区),三类地区分布最少,仅分布在文山市。

2007～2016 年云南省重点生态功能区自然栖息地质量指数见表 3-14,由表可知:①总体而言,2007～2016 年云南省重点生态功能区自然栖息地质量较好;②2007～2016 年云南省重点生态功能区自然栖息地质量无明显波动,基本保持原有状态;③云南省重点生态功能区的各县(市、区)存在明显的县域差异。

2007～2016 年云南省重点生态功能区自然栖息地质量评价表见表 3-14。由表可知:第一,云南省重点生态功能区的各县(市、区)自然栖息地质量总体较好,自然栖息地质量等级大部分在二类地区及其以上;第二,云南省重点生态功能区的各县(市、区)自然栖息地质量为一类地区的有玉龙县、德钦县、景东县等 17 个县(市、区),二类地区有屏边县、金平县、南涧县等 20 个县(市、区),三类地区仅有文山市;第三,2007 年～2016 年云南省重点生态功能区的各县(市、区)自然栖息地质量变化幅度较小;第四,云南省重点生态功能区的各县(市、区)自然栖息地质量存在一定的县域差异。

表 3-13　2007～2016 年云南省重点生态功能区自然栖息地质量评价表

县(市、区)	2007 年	2008 年	2009 年	2010 年	2011 年	2012 年	2014 年	2015 年	2016 年
玉龙县	一类地区	一类地区	一类地区	一类地区	一类地区	一类地区	一类地区	一类地区	一类地区
屏边县	二类地区	二类地区	二类地区	二类地区	二类地区	二类地区	二类地区	二类地区	二类地区
金平县	二类地区	二类地区	二类地区	二类地区	二类地区	二类地区	二类地区	二类地区	二类地区
文山市	三类地区	三类地区	三类地区	三类地区	三类地区	三类地区	三类地区	三类地区	三类地区
西畴县	二类地区	二类地区	二类地区	二类地区	二类地区	二类地区	二类地区	二类地区	二类地区
马关县	二类地区	二类地区	二类地区	二类地区	二类地区	二类地区	二类地区	二类地区	二类地区
广南县	二类地区	二类地区	二类地区	二类地区	二类地区	二类地区	二类地区	二类地区	二类地区

续表

县(市、区)	2007 年	2008 年	2009 年	2010 年	2011 年	2012 年	2014 年	2015 年	2016 年
富宁县	一类地区	一类地区	一类地区	一类地区	一类地区	一类地区	一类地区	一类地区	一类地区
勐海县	二类地区	二类地区	二类地区	二类地区	二类地区	二类地区	二类地区	二类地区	二类地区
勐腊县	二类地区	二类地区	二类地区	二类地区	二类地区	二类地区	二类地区	二类地区	二类地区
剑川县	一类地区	一类地区	一类地区	一类地区	一类地区	一类地区	一类地区	一类地区	一类地区
泸水市	一类地区	一类地区	一类地区	一类地区	一类地区	一类地区	一类地区	一类地区	一类地区
福贡县	一类地区	一类地区	一类地区	一类地区	一类地区	一类地区	一类地区	一类地区	一类地区
贡山县	二类地区	二类地区	二类地区	二类地区	二类地区	二类地区	二类地区	二类地区	二类地区
兰坪县	一类地区	一类地区	一类地区	一类地区	一类地区	一类地区	一类地区	一类地区	一类地区
香格里拉市	一类地区	一类地区	一类地区	一类地区	一类地区	一类地区	一类地区	一类地区	一类地区
德钦县	一类地区	一类地区	一类地区	一类地区	一类地区	一类地区	一类地区	一类地区	一类地区
维西县	一类地区	一类地区	一类地区	一类地区	一类地区	一类地区	一类地区	一类地区	一类地区
东川区	二类地区	二类地区	二类地区	二类地区	二类地区	二类地区	二类地区	二类地区	二类地区
巧家县	二类地区	二类地区	二类地区	二类地区	二类地区	二类地区	二类地区	二类地区	二类地区
盐津县	二类地区	二类地区	二类地区	二类地区	二类地区	二类地区	二类地区	二类地区	二类地区
大关县	二类地区	二类地区	二类地区	二类地区	二类地区	二类地区	二类地区	二类地区	二类地区
永善县	二类地区	二类地区	二类地区	二类地区	二类地区	二类地区	二类地区	二类地区	二类地区

续表

县(市、区)	2007年	2008年	2009年	2010年	2011年	2012年	2014年	2015年	2016年
绥江县	二类地区	二类地区	二类地区	二类地区	二类地区	二类地区	二类地区	二类地区	二类地区
水富市	二类地区	二类地区	二类地区	二类地区	二类地区	二类地区	二类地区	二类地区	二类地区
宁蒗县	一类地区	一类地区	一类地区	一类地区	一类地区	一类地区	一类地区	一类地区	一类地区
景东县	一类地区	一类地区	一类地区	一类地区	一类地区	一类地区	一类地区	一类地区	一类地区
镇沅县	一类地区	一类地区	一类地区	一类地区	一类地区	一类地区	一类地区	一类地区	一类地区
孟连县	二类地区	二类地区	二类地区	二类地区	二类地区	二类地区	二类地区	二类地区	二类地区
西盟县	二类地区	二类地区	二类地区	二类地区	二类地区	二类地区	二类地区	二类地区	二类地区
双柏县	一类地区	一类地区	一类地区	一类地区	一类地区	一类地区	一类地区	一类地区	一类地区
大姚县	一类地区	一类地区	一类地区	一类地区	一类地区	一类地区	一类地区	一类地区	一类地区
永仁县	一类地区	一类地区	一类地区	一类地区	一类地区	一类地区	一类地区	一类地区	一类地区
麻栗坡县	二类地区	二类地区	二类地区	二类地区	二类地区	二类地区	二类地区	二类地区	二类地区
景洪市	二类地区	二类地区	二类地区	二类地区	二类地区	二类地区	二类地区	二类地区	二类地区
南涧县	二类地区	二类地区	二类地区	二类地区	二类地区	二类地区	二类地区	二类地区	二类地区
漾濞县	一类地区	一类地区	一类地区	一类地区	一类地区	一类地区	一类地区	一类地区	一类地区
永平县	一类地区	一类地区	一类地区	一类地区	一类地区	一类地区	一类地区	一类地区	一类地区

图 3-11　云南省重点生态功能区自然栖息地质量评价图

表 3-14　2007～2016 年云南省重点生态功能区自然栖息地质量指数

县(市、区)	2007 年	2008 年	2009 年	2010 年	2011 年	2012 年	2013 年	2014 年	2015 年	2016 年
玉龙县	0.8554	0.8554	0.8554	0.8553	0.8549	0.8546	0.8544	0.8542	0.8542	0.8542
屏边县	0.6650	0.6650	0.6650	0.6650	0.6644	0.6644	0.6644	0.6643	0.6643	0.6646
金平县	0.6427	0.6427	0.6427	0.6427	0.6430	0.6429	0.6429	0.6429	0.6429	0.6429
文山市	0.4405	0.4405	0.4405	0.4405	0.4403	0.4403	0.4403	0.4402	0.4402	0.4401
西畴县	0.5489	0.5489	0.5489	0.5489	0.5489	0.5489	0.5488	0.5488	0.5488	0.5488
马关县	0.5584	0.5584	0.5584	0.5583	0.5581	0.5581	0.5581	0.5580	0.5584	0.5584
广南县	0.5911	0.5911	0.5911	0.5911	0.5909	0.5909	0.5909	0.5909	0.5908	0.5911
富宁县	0.7641	0.7641	0.7641	0.7641	0.7639	0.7638	0.7637	0.7637	0.7632	0.7632
勐海县	0.6643	0.6643	0.6643	0.6906	0.6641	0.6640	0.6625	0.6624	0.6610	0.6610
勐腊县	0.5981	0.5981	0.5981	0.5980	0.5980	0.5980	0.5978	0.5978	0.5977	0.5977
剑川县	0.8495	0.8495	0.8495	0.8492	0.8490	0.8488	0.8486	0.8481	0.8479	0.8479
泸水市	0.8869	0.8869	0.8869	0.8868	0.8868	0.8867	0.8867	0.8867	0.8866	0.8866
福贡县	0.8907	0.8907	0.8907	0.8907	0.8907	0.8907	0.8907	0.8907	0.8906	0.8906
贡山县	0.7446	0.7446	0.7446	0.7446	0.7446	0.7446	0.7446	0.7446	0.7444	0.7444
兰坪县	0.8555	0.8555	0.8555	0.8554	0.8553	0.8553	0.8552	0.8552	0.8552	0.8552

续表

县(市、区)	2007 年	2008 年	2009 年	2010 年	2011 年	2012 年	2013 年	2014 年	2015 年	2016 年
香格里拉市	0.8701	0.8701	0.8701	0.8700	0.8698	0.8696	0.8695	0.8693	0.8700	0.8733
德钦县	0.8397	0.8397	0.8397	0.8395	0.8393	0.8392	0.8392	0.8391	0.8390	0.8390
维西县	0.8764	0.8764	0.8764	0.8761	0.8758	0.8758	0.8757	0.8752	0.8751	0.8751
东川区	0.6755	0.6755	0.6755	0.6754	0.6753	0.6753	0.6752	0.6751	0.6751	0.6751
巧家县	0.6445	0.6445	0.6445	0.6445	0.6443	0.6443	0.6443	0.6438	0.6437	0.6439
盐津县	0.6874	0.6874	0.6874	0.6873	0.6872	0.6871	0.6870	0.6870	0.6870	0.6871
大关县	0.7286	0.7286	0.7286	0.7286	0.7286	0.7284	0.7283	0.7279	0.7260	0.7260
永善县	0.6555	0.6555	0.6555	0.6554	0.6554	0.6554	0.6554	0.6554	0.6554	0.6679
绥江县	0.6998	0.6998	0.6998	0.6998	0.6995	0.6987	0.6872	0.6872	0.6872	0.7138
水富市	0.7185	0.7185	0.7185	0.7183	0.7176	0.7174	0.7173	0.7248	0.7248	0.7248
宁蒗县	0.8379	0.8379	0.8379	0.8378	0.8377	0.8377	0.8375	0.8374	0.8367	0.8368
景东县	0.9231	0.9231	0.9231	0.9228	0.9226	0.9226	0.9226	0.9225	0.9225	0.9225
镇沅县	0.7744	0.7744	0.7744	0.7743	0.7743	0.7743	0.7743	0.7737	0.7737	0.7737
孟连县	0.5878	0.5878	0.5878	0.5878	0.5878	0.5877	0.5877	0.5876	0.5875	0.5875
西盟县	0.6009	0.6009	0.6009	0.5996	0.5995	0.5995	0.5995	0.5989	0.5994	0.5994
双柏县	0.7876	0.7876	0.7876	0.7870	0.7868	0.7868	0.7865	0.7860	0.7858	0.7858
大姚县	0.8156	0.8156	0.8156	0.8154	0.8149	0.8149	0.8147	0.8137	0.8135	0.8153
永仁县	0.8196	0.8196	0.8196	0.8167	0.8145	0.8145	0.8142	0.8140	0.8139	0.8139
麻栗坡县	0.6761	0.6761	0.6761	0.6761	0.6762	0.6761	0.6760	0.6760	0.6755	0.6755
景洪市	0.5475	0.5475	0.5475	0.5475	0.5475	0.5475	0.5473	0.5472	0.5472	0.5472
南涧县	0.7185	0.7185	0.7185	0.7184	0.7184	0.7183	0.7183	0.7172	0.7172	0.7172
漾濞县	0.7722	0.7722	0.7722	0.7722	0.7721	0.7721	0.7719	0.7718	0.7713	0.7713
永平县	0.7892	0.7892	0.7892	0.7891	0.7890	0.7890	0.7889	0.7887	0.7885	0.7885

第四章 云南省资源环境载荷程度集成评价

第一节 云南省资源环境承载能力载荷类型评价

一、资源环境承载能力载荷类型评价的科学内涵

资源环境承载能力载荷类型是在陆域与海域(云南仅含陆域评价)的基础评价与专项评价的基础上,遴选出集成指标,采用"短板效应"的原理确定出一类、二类、三类3种载荷类型,继而校验各项载荷类型,最终形成资源环境承载能力载荷类型划分方案。就本书涉及的陆域评价而言,集成指标中的基础评价包含土地资源、水资源、环境、生态4项指标;集成指标中的专项评价包含城市化地区、农产品主产区种植业地区、农产品主产区牧业地区、重点生态功能区4项指标。上述8项集成指标中,任意2项三类或3项及3项以上二类,其类型确定为三类地区;任意1项三类、2项二类或1项三类且1项二类,其类型确定为二类地区;其余类型则为一类地区。

二、资源环境承载能力载荷类型评价的基本结论

(一)资源环境承载能力载荷类型的总体结论

云南省资源环境承载能力集成评价是集基础评价与专项评价结果综合得出的评价。其中,基础评价包含土地资源、水资源、环境、生态4个指标的评价;专项评价包含城市化地区、农产品主产区、重点生态功能区3类主体功能区的评价。从图4-1中反映的云南省资源环境承载能力的载荷类型来看,一类地区的县(市、区)数量较少,主要分布在滇中的昆明、曲靖一带和滇西的大理一带;三类地区的县(市、区)主要分布在滇东北的昭通一带、滇东曲靖的部分县(市、区)、滇东南文山的大部分县(市、区)、滇西北的丽江一带和滇西的临沧一带;其余则为二类地区县(市、区),这一类型涵盖的县(市、区)最多、最广。

具体而言,云南省资源环境承载能力集成评价的载荷类型划分见表4-1,其中一类地区包括呈贡区、晋宁区、嵩明县、安宁市、麒麟区、马龙区、沾益区、通海县、大理市、宾川县共10个县(市、区);二类地区包括五华区、盘龙区、官渡区等71个县

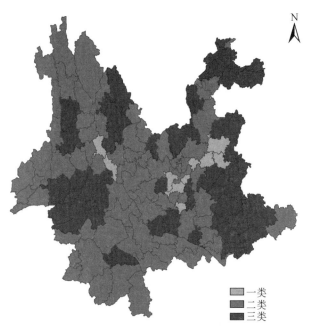

图 4-1　云南省资源环境承载能力的载荷类型评价图

(市、区);三类地区包括东川区、石林县、禄劝县等 44 个县(市、区)。云南省资源环境承载能力总体上呈现出以二类地区为主的态势;三类地区也有较多的数量,该类型区基本上同《云南省主体功能区规划》中的限制开发区吻合,同时参考了《新增纳入国家重点生态功能区的县(市、区、旗)名单》,进一步验证了本书中资源环境承载能力评价的科学性与合理性。

(二)资源环境承载能力载荷类型的分项评价

1. 基础评价

1)土地资源评价

土地资源评价的结果见表 4-1。土地资源压力大的县(市、区)有东川区、宜良县、石林县等 95 个县(市、区);土地资源压力中等的县(市、区)有五华区、盘龙区、西山区等 17 个县(市、区);土地资源压力小的县(市、区)有官渡区、呈贡区、晋宁区等 17 个县(市、区)。总体而言,云南省土地资源呈现出土地资源承载能力较为紧张的态势。

2)水资源评价

水资源评价的结果见表 4-1,水资源为三类载荷类型的县(市、区)有五华区、盘龙区、官渡区、西山区共 4 个县(市、区);水资源为二类载荷类型的县(市、区)为东川区;水资源为一类载荷类型的县(市、区)有呈贡区、晋宁、富民县等124个县(市、区)。总体而言,云南省水资源呈现出水资源承载能力盈余的态势。

3)环境评价

环境评价的结果见表4-1,环境指数超标(即三类地区)的县(市、区)有峨山县、永胜县、石屏县、马关县、祥云县共5个县(市、区);环境指数接近超标(即二类地区)的县(市、区)有陆良县、师宗县、宣威市等16个县(市、区);环境指数不超标(即一类地区)的县(市、区)有108个县(市、区)。总体而言,云南省环境呈现出环境资源承载能力较好的态势。

4)生态评价

生态评价的结果见表4-1,生态指数低(即三类地区)的县(市、区)有东川区、石林县、禄劝县等36个县(市、区);生态指数中等(即二类地区)的县(市、区)有五华区、富民县、宜良县等56个县(市、区);生态指数高(即一类地区)的县(市、区)有盘龙区、官渡区、西山区等37个县(市、区)。总体而言,云南省生态呈现出生态资源承载能力较为紧张的态势。

2. 专项评价

1)城市化地区

城市化地区评价的结果见表4-1,城市化地区指数为三类的县(市、区)有红塔区、易门县、隆阳区等11个县(市、区);城市化地区指数为二类的县(市、区)有江川区、澄江市、通海县等6个县(市、区);城市化地区指数为一类的县(市、区)有五华区、盘龙区、官渡区等26个县(市、区)。总体而言,云南省城市化地区呈现出资源环境承载能力较为缓和的态势。

2)农产品主产区

(1)种植业地区。

种植业地区评价的结果见表4-1,种植业地区指数相对稳定(即二类地区)的县(市、区)有石林县、禄劝县、罗平县等17个县(市、区);种植业地区指数趋良(即一类地区)的县(市、区)有宜良县、陆良县、师宗县等31个县(市、区)。总体而言,云南省农产品主产区的种植业地区呈现出资源环境承载能力较好的态势。

(2)牧业地区。

牧业地区评价的结果见表4-1,牧业地区指数为三类的县(市、区)有陆良县、昌宁县、彝良县等5个县(市、区);牧业地区指数为二类的县(市、区)有石林县、师宗县、龙陵县等6个县(市、区);牧业地区指数为一类的县(市、区)有宜良县、禄劝县、罗平县等37个县(市、区)。总体而言,云南省农产品主产区的牧业地区呈现出资源环境承载能力较好的态势。

3）重点生态功能区

重点生态功能区评价的结果见表 4-1，重点生态功能区指数为低等（即三类地区）的县（市、区）为文山市；重点生态功能区指数为中等（即二类地区）的县（市、区）有东川区、巧家县、盐津县等 17 个县（市、区）；重点生态功能区指数为高等（即一类地区）的县（市、区）有绥江县、玉龙县、宁蒗县等 20 个县（市、区）。总体而言，云南省重点生态功能区呈现出资源环境承载能力较好的态势。

表 4-1　云南省资源环境承载能力集成评价

县（市、区）	项目								
	基础评价				专项评价				资源环境载荷类型
	土地资源	水资源	环境	生态	城市化地区	农产品主产区		重点生态功能区	
						种植业地区	牧业地区		
五华区	二类	三类	一类	二类	一类	—	—	—	二类
盘龙区	二类	三类	一类	一类	一类	—	—	—	二类
官渡区	一类	三类	一类	一类	一类	—	—	—	二类
西山区	二类	三类	一类	一类	一类	—	—	—	二类
东川区	三类	二类	一类	三类	—	—	—	二类	三类
呈贡区	一类	一类	一类	一类	一类	—	—	—	一类
晋宁区	一类	一类	一类	一类	一类	—	—	—	一类
富民县	二类	一类	一类	二类	一类	—	—	—	二类
宜良县	三类	一类	一类	二类	—	一类	一类	—	二类
石林县	三类	一类	一类	三类	—	二类	二类	—	三类
嵩明县	一类	一类	一类	二类	一类	—	—	—	一类
禄劝县	三类	一类	一类	三类	—	二类	一类	—	三类
寻甸县	二类	一类	一类	二类	—	—	—	—	二类
安宁市	二类	一类	一类	二类	一类	—	—	—	二类
麒麟区	一类	一类	一类	一类	一类	—	—	—	一类
马龙区	一类	一类	一类	一类	一类	—	—	—	一类
陆良县	三类	一类	二类	二类	—	一类	三类	—	三类
师宗县	三类	一类	二类	二类	—	一类	二类	—	三类
罗平县	三类	一类	一类	三类	—	二类	二类	—	三类
富源县	三类	一类	三类	三类	—	一类	一类	—	三类
会泽县	三类	一类	一类	二类	—	一类	一类	—	二类

续表

县（市、区）	项目								资源环境载荷类型
	基础评价				专项评价				
	土地资源	水资源	环境	生态	城市化地区	农产品主产区		重点生态功能区	
						种植业地区	牧业地区		
沾益区	一类	一类	一类	二类	一类	—	—	—	一类
宣威市	二类	一类	二类	二类	一类	—	—	—	三类
红塔区	二类	一类	一类	一类	三类	—	—	—	二类
江川区	三类	一类	一类	二类	二类	—	—	—	二类
澄江市	三类	一类	一类	三类	二类	—	—	—	三类
通海县	一类	一类	一类	一类	二类	—	—	—	二类
华宁县	三类	一类	一类	三类	三类	—	—	—	三类
易门县	二类	一类	一类	三类	三类	—	—	—	三类
峨山县	二类	一类	三类	二类	三类	—	—	—	二类
新平县	三类	一类	一类	二类	—	一类	一类	—	二类
元江县	三类	一类	一类	二类	—	二类	一类	—	三类
隆阳区	二类	一类	一类	二类	三类	—	—	—	二类
施甸县	三类	一类	一类	三类	—	二类	一类	—	三类
龙陵县	三类	一类	二类	二类	—	一类	二类	—	三类
昌宁县	三类	一类	一类	二类	—	一类	三类	—	三类
腾冲市	三类	一类	一类	一类	—	一类	一类	—	二类
昭阳区	一类	一类	二类	二类	一类	—	—	—	二类
鲁甸县	二类	一类	一类	三类	一类	—	—	—	二类
巧家县	三类	一类	一类	三类	—	—	—	二类	三类
盐津县	三类	一类	一类	三类	—	—	—	二类	三类
大关县	三类	一类	一类	三类	—	—	—	二类	三类
永善县	三类	一类	一类	三类	—	—	—	二类	三类
绥江县	三类	一类	一类	三类	—	—	—	一类	三类
镇雄县	三类	一类	二类	三类	—	二类	二类	—	三类
彝良县	三类	一类	一类	三类	—	二类	三类	—	三类
威信县	三类	一类	一类	三类	—	二类	二类	—	三类
水富市	三类	一类	一类	二类	—	—	—	二类	二类

续表

县(市、区)	项目								资源环境载荷类型
	基础评价				专项评价				
	土地资源	水资源	环境	生态	城市化地区	农产品主产区		重点生态功能区	
						种植业地区	牧业地区		
古城区	三类	一类	一类	三类	一类	—	—	—	三类
玉龙县	三类	一类	一类	二类	—	—	—	一类	二类
永胜县	三类	一类	三类	二类	—	一类	一类	—	三类
华坪县	二类	一类	一类	三类	一类	—	—	—	二类
宁蒗县	三类	一类	一类	三类	—	—	—	一类	三类
思茅区	三类	一类	一类	二类	三类	—	—	—	三类
宁洱县	三类	一类	一类	二类	—	一类	一类	—	二类
墨江县	三类	一类	一类	二类	—	一类	一类	—	二类
景东县	三类	一类	一类	二类	—	—	—	一类	二类
景谷县	三类	一类	一类	一类	—	一类	一类	—	二类
镇沅县	三类	一类	一类	一类	—	—	—	一类	二类
江城县	三类	一类	一类	一类	—	一类	一类	—	二类
孟连县	三类	一类	一类	二类	—	—	—	一类	二类
澜沧县	三类	一类	一类	二类	—	一类	一类	—	二类
西盟县	三类	一类	一类	二类	—	—	—	一类	二类
临翔区	三类	一类	二类	二类	三类	—	—	—	三类
凤庆县	三类	一类	一类	三类	—	二类	一类	—	三类
云县	三类	一类	一类	三类	—	二类	一类	—	三类
永德县	三类	一类	一类	三类	—	二类	一类	—	三类
镇康县	三类	一类	一类	二类	—	二类	一类	—	三类
双江县	三类	一类	一类	二类	—	一类	一类	—	二类
耿马县	三类	一类	二类	二类	—	二类	一类	—	三类
沧源县	三类	一类	二类	二类	—	一类	一类	—	二类
楚雄市	二类	一类	二类	二类	三类	—	—	—	二类
双柏县	三类	一类	一类	二类	—	—	—	一类	二类
牟定县	一类	一类	一类	二类	三类	—	—	—	二类
南华县	二类	一类	一类	二类	三类	—	—	—	二类

续表

县(市、区)	项目								
	基础评价				专项评价				资源环境载荷类型
	土地资源	水资源	环境	生态	城市化地区	农产品主产区		重点生态功能区	
						种植业地区	牧业地区		
姚安县	三类	一类	一类	一类	—	一类	一类	—	二类
大姚县	三类	一类	一类	二类		—	—	一类	二类
永仁县	三类	一类	一类	一类		—	—	一类	二类
元谋县	三类	一类	一类	三类		二类	一类	—	三类
武定县	一类	一类	一类	二类	三类	—	—	—	二类
禄丰县	二类	一类	一类	二类	三类	—	—	—	二类
个旧市	二类	一类	一类	二类	二类	—	—	—	三类
开远市	三类	一类	一类	二类	—	—	—	—	二类
蒙自市	一类	一类	一类	二类	二类	—	—	—	二类
弥勒市	三类	一类	一类	二类	—	一类	一类	—	二类
屏边县	三类	一类	一类	二类		—	—	二类	二类
建水县	三类	一类	一类	二类		一类	一类	—	二类
石屏县	三类	一类	三类	二类		一类	一类	—	三类
泸西县	三类	一类	一类	二类		一类	三类	—	三类
元阳县	三类	一类	一类	二类		一类	二类	—	二类
红河县	三类	一类	一类	二类		一类	一类	—	二类
金平县	三类	一类	一类	二类		—	—	二类	二类
绿春县	三类	一类	一类	二类		一类	一类	—	二类
河口县	三类	一类	一类	一类	一类	—	—	—	二类
文山市	三类	一类	一类	三类	—	—	—	三类	三类
砚山县	一类	一类	二类	二类	二类	—	—	—	三类
西畴县	三类	一类	一类	三类		—	—	二类	三类
麻栗坡县	三类	一类	一类	三类		—	—	二类	三类
马关县	三类	一类	三类	三类		—	—	二类	三类
丘北县	三类	一类	二类	三类		二类	三类	—	三类
广南县	三类	一类	二类	二类		—	—	二类	三类
富宁县	三类	一类	一类	二类		—	—	一类	二类

续表

县(市、区)	项目								资源环境载荷类型
	基础评价				专项评价				
	土地资源	水资源	环境	生态	城市化地区	农产品主产区		重点生态功能区	
						种植业地区	牧业地区		
景洪市	三类	一类	一类	一类	—	—	—	二类	二类
勐海县	三类	一类	一类	一类	—	—	—	二类	二类
勐腊县	三类	一类	一类	一类	—	—	—	二类	二类
大理市	一类	一类	一类	一类	一类	—	—	—	一类
漾濞县	三类	一类	二类	二类	—	—	—	一类	二类
祥云县	一类	一类	三类	一类	一类	—	—	—	二类
宾川县	三类	一类	一类	三类	—	二类	一类	—	三类
弥渡县	一类	一类	一类	一类	一类	—	—	—	一类
南涧县	三类	一类	二类	二类	—	—	—	二类	三类
巍山县	三类	一类	二类	二类	—	一类	一类	—	二类
永平县	三类	一类	一类	一类	—	—	—	一类	二类
云龙县	三类	一类	一类	三类	—	二类	一类	—	三类
洱源县	三类	一类	一类	一类	—	一类	一类	—	二类
剑川县	三类	一类	一类	一类	—	—	—	一类	二类
鹤庆县	三类	一类	一类	二类	—	一类	一类	—	二类
瑞丽市	一类	一类	二类	一类	三类	—	—	—	二类
芒 市	三类	一类	一类	一类	—	一类	一类	—	二类
梁河县	三类	一类	一类	一类	—	一类	一类	—	二类
盈江县	三类	一类	一类	一类	—	一类	一类	—	二类
陇川县	三类	一类	一类	一类	—	一类	一类	—	二类
泸水市	三类	一类	一类	二类	—	—	—	一类	二类
福贡县	三类	一类	一类	一类	—	—	—	一类	二类
贡山县	三类	一类	一类	一类	—	—	—	二类	二类
兰坪县	三类	一类	一类	三类	—	—	—	二类	三类
香格里拉	三类	一类	一类	二类	—	—	—	一类	二类
德钦县	三类	一类	一类	二类	—	—	—	二类	二类
维西县	三类	一类	一类	二类	—	—	—	一类	二类

第二节　云南省资源环境承载能力预警类型评价

一、资源环境承载能力预警类型评价的科学内涵

资源环境承载能力预警,是指结合对资源环境载荷情况的检测和评价,对区域可持续发展状态进行诊断和预判,确定区域资源环境承载能力预警等级。具体评价内容包括:针对三类载荷类型地区开展过程评价,根据资源环境耗损类型,进一步确定预警等级。

二、资源环境承载能力预警类型评价的基本结论

(一)资源环境承载能力预警类型评价的总体结论

综合集成云南省资源环境载荷类型和云南省资源环境耗损类型,按预警程度由高至低划分为五个等级,形成云南省资源环境承载能力预警等级划分,得到图 4-2 和表 4-2。

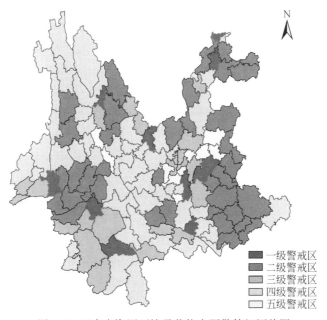

図例:
■ 一级警戒区
■ 二级警戒区
□ 三级警戒区
□ 四级警戒区
□ 五级警戒区

图 4-2　云南省资源环境承载能力预警等级评价图

由表 4-2 可知:云南省资源环境承载能力预警等级为一级警戒区的有石林县、陆良县、澄江市、华宁县、龙陵县等 12 个县(市、区);云南省资源环境承载能力预警

等级为二级警戒区的有东川区、禄劝县、师宗县、富源县、易门县等 36 个县(市、区);云南省资源环境承载能力预警等级为三级警戒区的有五华区、盘龙区、官渡区、西山区、临翔区等 22 个县(市、区);云南省资源环境承载能力预警等级为四级警戒区的有富民县、会泽县、红塔区、江川区、峨山县等 49 个县(市、区);云南省资源环境承载能力预警等级为五级警戒区的有呈贡区、晋宁区、嵩明县、安宁市、麒麟区等 10 个县(市、区)。

如图 4-1 所示,云南省资源环境承载能力预警等级适中,其被大面积的四级、三级、二级的中等警戒色占据。12 个一级警戒县(市、区)在云南省呈零散分布;36 个二级警戒县(市、区)在云南省东部和西南部集中连片分布;22 个三级警戒区分布在云南省南部和中部;49 个四级警戒区分布在云南省西部和中部;10 个五级警戒区分布在云南省为零散分布。

表 4-2 云南省资源环境承载能力预警等级评价表

县(市、区)	资源环境载荷类型	资源环境耗损程度	预警等级
五华区	二类地区	一类地区	三级警戒区
盘龙区	二类地区	一类地区	三级警戒区
官渡区	二类地区	一类地区	三级警戒区
西山区	二类地区	一类地区	三级警戒区
东川区	三类地区	二类地区	二级警戒区
呈贡区	一类地区	一类地区	五级警戒区
晋宁区	一类地区	一类地区	五级警戒区
富民县	二类地区	二类地区	四级警戒区
宜良县	二类地区	一类地区	三级警戒区
石林县	三类地区	二类地区	一级警戒区
嵩明县	一类地区	一类地区	五级警戒区
禄劝县	三类地区	二类地区	二级警戒区
寻甸县	二类地区	一类地区	三级警戒区
安宁市	一类地区	一类地区	五级警戒区
麒麟区	一类地区	一类地区	五级警戒区
马龙区	一类地区	一类地区	五级警戒区
陆良县	三类地区	一类地区	一级警戒区
师宗县	三类地区	二类地区	二级警戒区
罗平县	三类地区	二类地区	二级警戒区

续表

县(市、区)	资源环境载荷类型	资源环境耗损程度	预警等级
富源县	三类地区	二类地区	二级警戒区
会泽县	二类地区	二类地区	四级警戒区
沾益区	一类地区	一类地区	五级警戒区
宣威市	三类地区	二类地区	二级警戒区
红塔区	二类地区	二类地区	四级警戒区
江川区	二类地区	二类地区	四级警戒区
澄江市	三类地区	一类地区	一级警戒区
通海县	一类地区	二类地区	五级警戒区
华宁县	三类地区	一类地区	一级警戒区
易门县	三类地区	二类地区	二级警戒区
峨山县	二类地区	二类地区	四级警戒区
新平县	二类地区	二类地区	四级警戒区
元江县	三类地区	二类地区	二级警戒区
隆阳区	二类地区	二类地区	四级警戒区
施甸县	三类地区	二类地区	二级警戒区
龙陵县	三类地区	一类地区	一级警戒区
昌宁县	三类地区	二类地区	二级警戒区
腾冲市	二类地区	二类地区	四级警戒区
昭阳区	二类地区	二类地区	四级警戒区
鲁甸县	二类地区	一类地区	三级警戒区
巧家县	三类地区	二类地区	二级警戒区
盐津县	三类地区	二类地区	二级警戒区
大关县	三类地区	一类地区	一级警戒区
永善县	三类地区	二类地区	二级警戒区
绥江县	三类地区	一类地区	一级警戒区
镇雄县	三类地区	二类地区	二级警戒区
彝良县	三类地区	二类地区	二级警戒区
威信县	三类地区	二类地区	二级警戒区
水富市	二类地区	二类地区	四级警戒区

续表

县（市、区）	资源环境载荷类型	资源环境耗损程度	预警等级
古城区	三类地区	一类地区	一级警戒区
玉龙县	二类地区	二类地区	四级警戒区
永胜县	三类地区	二类地区	二级警戒区
华坪县	二类地区	一类地区	三级警戒区
宁蒗县	三类地区	二类地区	二级警戒区
思茅区	三类地区	一类地区	一级警戒区
宁洱县	二类地区	二类地区	四级警戒区
墨江县	二类地区	二类地区	四级警戒区
景东县	二类地区	二类地区	四级警戒区
景谷县	二类地区	一类地区	三级警戒区
镇沅县	二类地区	二类地区	四级警戒区
江城县	二类地区	一类地区	三级警戒区
孟连县	二类地区	二类地区	四级警戒区
澜沧县	二类地区	一类地区	三级警戒区
西盟县	二类地区	二类地区	四级警戒区
临翔区	三类地区	一类地区	一级警戒区
凤庆县	三类地区	二类地区	二级警戒区
云县	三类地区	二类地区	二级警戒区
永德县	三类地区	二类地区	二级警戒区
镇康县	三类地区	二类地区	二级警戒区
双江县	二类地区	一类地区	三级警戒区
耿马县	三类地区	二类地区	二级警戒区
沧源县	二类地区	一类地区	三级警戒区
楚雄市	二类地区	二类地区	四级警戒区
双柏县	二类地区	二类地区	四级警戒区
牟定县	二类地区	二类地区	四级警戒区
南华县	二类地区	二类地区	四级警戒区
姚安县	二类地区	二类地区	四级警戒区
大姚县	二类地区	二类地区	四级警戒区

续表

县（市、区）	资源环境载荷类型	资源环境耗损程度	预警等级
永仁县	二类地区	一类地区	三级警戒区
元谋县	三类地区	一类地区	一级警戒区
武定县	二类地区	二类地区	四级警戒区
禄丰县	二类地区	二类地区	四级警戒区
个旧市	三类地区	一类地区	一级警戒区
开远市	二类地区	二类地区	四级警戒区
蒙自市	二类地区	二类地区	四级警戒区
弥勒市	二类地区	一类地区	三级警戒区
屏边县	二类地区	二类地区	四级警戒区
建水县	二类地区	二类地区	四级警戒区
石屏县	三类地区	二类地区	二级警戒区
泸西县	三类地区	二类地区	二级警戒区
元阳县	二类地区	一类地区	三级警戒区
红河县	二类地区	一类地区	三级警戒区
金平县	二类地区	二类地区	四级警戒区
绿春县	二类地区	二类地区	四级警戒区
河口县	二类地区	二类地区	四级警戒区
文山市	三类地区	二类地区	二级警戒区
砚山县	三类地区	二类地区	二级警戒区
西畴县	三类地区	二类地区	二级警戒区
麻栗坡县	三类地区	二类地区	二级警戒区
马关县	三类地区	二类地区	二级警戒区
丘北县	三类地区	二类地区	二级警戒区
广南县	三类地区	二类地区	二级警戒区
富宁县	二类地区	二类地区	四级警戒区
景洪市	二类地区	二类地区	四级警戒区
勐海县	二类地区	一类地区	三级警戒区
勐腊县	二类地区	二类地区	四级警戒区
大理市	一类地区	二类地区	五级警戒区

续表

县(市、区)	资源环境载荷类型	资源环境耗损程度	预警等级
漾濞县	二类地区	二类地区	四级警戒区
祥云县	二类地区	二类地区	四级警戒区
宾川县	三类地区	二类地区	二级警戒区
弥渡县	一类地区	二类地区	五级警戒区
南涧县	三类地区	二类地区	二级警戒区
巍山县	二类地区	二类地区	四级警戒区
永平县	二类地区	二类地区	四级警戒区
云龙县	三类地区	二类地区	二级警戒区
洱源县	二类地区	二类地区	四级警戒区
剑川县	二类地区	二类地区	四级警戒区
鹤庆县	二类地区	一类地区	三级警戒区
瑞丽市	二类地区	一类地区	三级警戒区
芒市	二类地区	一类地区	三级警戒区
梁河县	二类地区	二类地区	四级警戒区
盈江县	二类地区	二类地区	四级警戒区
陇川县	二类地区	一类地区	三级警戒区
泸水市	二类地区	二类地区	四级警戒区
福贡县	二类地区	二类地区	四级警戒区
贡山县	二类地区	二类地区	四级警戒区
兰坪县	三类地区	二类地区	二级警戒区
香格里拉市	二类地区	二类地区	四级警戒区
德钦县	二类地区	二类地区	四级警戒区
维西县	二类地区	二类地区	四级警戒区

(二)资源环境承载能力的分项结论

1. 资源环境耗损类型

云南省资源环境耗损程度评价图如图4-3所示。云南省资源环境耗损程度集成表见表4-3。由表4-3可知,云南省129个县(市、区)中,资源环境耗损程度为一类的有五华区、官渡区、麒麟区、马龙区等41个县(市、区),资源环境耗损程度为二类的有东川区、富民县、禄劝县、师宗县、罗平县、富源县等88个县(市、区)。由

图 4-3 可知：一类县(市、区)集中分布在滇中地区和滇中南地区，零散分布在滇东北、滇西南和滇西北地区；二类县(市、区)广泛分布在云南省。

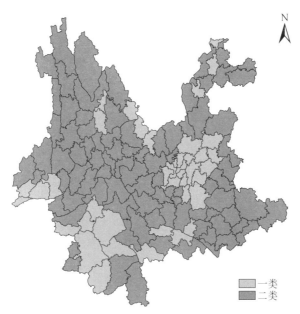

图 4-3　云南省资源环境耗损程度评价图

表 4-3　云南省资源环境耗损程度集成表

县(市、区)	项目						资源环境耗损程度
	资源利用效率变化		污染物排放强度变化		生态质量变化		
	地区类别	指向	地区类别	指向	地区类别	指向	
五华区	二类地区	一类地区	二类地区	二类地区	二类地区	二类地区	一类地区
盘龙区	一类地区	一类地区	二类地区	二类地区	二类地区	二类地区	一类地区
官渡区	二类地区	一类地区	二类地区	二类地区	二类地区	二类地区	一类地区
西山区	二类地区	一类地区	二类地区	二类地区	二类地区	二类地区	一类地区
东川区	二类地区	一类地区	二类地区	二类地区	二类地区	一类地区	二类地区
呈贡区	一类地区	一类地区	二类地区	二类地区	二类地区	二类地区	二类地区
晋宁区	二类地区	一类地区	二类地区	二类地区	二类地区	二类地区	二类地区
富民县	二类地区	一类地区	二类地区	二类地区	二类地区	一类地区	二类地区
宜良县	二类地区	一类地区	二类地区	二类地区	二类地区	二类地区	一类地区
石林县	二类地区	一类地区	二类地区	二类地区	二类地区	二类地区	一类地区

县(市、区)	项目						资源环境耗损程度
	资源利用效率变化		污染物排放强度变化		生态质量变化		
	地区类别	指向	地区类别	指向	地区类别	指向	
嵩明县	二类地区	一类地区	二类地区	二类地区	二类地区	二类地区	一类地区
禄劝县	一类地区	一类地区	二类地区	二类地区	一类地区	一类地区	二类地区
寻甸县	二类地区	一类地区	二类地区	二类地区	二类地区	二类地区	一类地区
安宁市	二类地区	一类地区	二类地区	二类地区	二类地区	二类地区	一类地区
麒麟区	二类地区	一类地区	二类地区	二类地区	二类地区	二类地区	一类地区
马龙区	二类地区	一类地区	二类地区	二类地区	二类地区	二类地区	一类地区
陆良县	二类地区	一类地区	二类地区	二类地区	二类地区	二类地区	一类地区
师宗县	一类地区	一类地区	二类地区	二类地区	二类地区	一类地区	二类地区
罗平县	二类地区	一类地区	二类地区	二类地区	二类地区	一类地区	二类地区
富源县	二类地区	一类地区	一类地区	二类地区	一类地区	一类地区	二类地区
会泽县	二类地区	一类地区	二类地区	二类地区	二类地区	一类地区	二类地区
沾益区	二类地区	一类地区	二类地区	二类地区	二类地区	二类地区	一类地区
宣威市	二类地区	一类地区	二类地区	二类地区	二类地区	一类地区	二类地区
红塔区	二类地区	一类地区	二类地区	一类地区	一类地区	二类地区	二类地区
江川区	二类地区	一类地区	一类地区	二类地区	一类地区	一类地区	二类地区
澄江市	二类地区	一类地区	二类地区	二类地区	二类地区	二类地区	二类地区
通海县	二类地区	一类地区	一类地区	二类地区	二类地区	二类地区	二类地区
华宁县	一类地区	一类地区	一类地区	二类地区	二类地区	二类地区	一类地区
易门县	一类地区	一类地区	二类地区	二类地区	二类地区	二类地区	二类地区
峨山县	二类地区	一类地区	一类地区	二类地区	一类地区	一类地区	二类地区
新平县	一类地区	一类地区	二类地区	二类地区	二类地区	二类地区	二类地区
元江县	一类地区	一类地区	一类地区	二类地区	一类地区	二类地区	二类地区
隆阳区	二类地区	一类地区	一类地区	一类地区	二类地区	一类地区	二类地区
施甸县	一类地区	一类地区	一类地区	二类地区	二类地区	二类地区	二类地区
龙陵县	一类地区	一类地区	一类地区	二类地区	二类地区	二类地区	二类地区
昌宁县	一类地区	一类地区	一类地区	二类地区	一类地区	二类地区	二类地区
腾冲市	一类地区	一类地区	一类地区	二类地区	二类地区	二类地区	二类地区
昭阳区	二类地区	一类地区	二类地区	二类地区	一类地区	一类地区	二类地区

县（市、区）	项目						资源环境耗损程度
	资源利用效率变化		污染物排放强度变化		生态质量变化		
	地区类别	指向	地区类别	指向	地区类别	指向	
鲁甸县	一类地区	一类地区	二类地区	二类地区	二类地区	二类地区	一类地区
巧家县	二类地区	一类地区	二类地区	二类地区	一类地区	一类地区	二类地区
盐津县	二类地区	一类地区	二类地区	二类地区	一类地区	一类地区	二类地区
大关县	一类地区	一类地区	二类地区	二类地区	一类地区	二类地区	一类地区
永善县	一类地区	一类地区	二类地区	二类地区	一类地区	二类地区	二类地区
绥江县	二类地区	一类地区	二类地区	二类地区	二类地区	二类地区	一类地区
镇雄县	二类地区	一类地区	二类地区	二类地区	一类地区	一类地区	二类地区
彝良县	二类地区	一类地区	二类地区	二类地区	一类地区	二类地区	二类地区
威信县	二类地区	一类地区	二类地区	二类地区	一类地区	一类地区	二类地区
水富市	二类地区	一类地区	二类地区	二类地区	二类地区	二类地区	二类地区
古城区	二类地区	一类地区	二类地区	二类地区	二类地区	二类地区	一类地区
玉龙县	一类地区	一类地区	二类地区	二类地区	一类地区	一类地区	二类地区
永胜县	一类地区	一类地区	二类地区	二类地区	一类地区	二类地区	二类地区
华坪县	二类地区	一类地区	二类地区	二类地区	二类地区	二类地区	一类地区
宁蒗县	一类地区	一类地区	二类地区	二类地区	一类地区	一类地区	二类地区
思茅区	一类地区	一类地区	一类地区	二类地区	二类地区	二类地区	一类地区
宁洱县	二类地区	一类地区	一类地区	二类地区	一类地区	一类地区	二类地区
墨江县	一类地区	一类地区	一类地区	二类地区	一类地区	一类地区	二类地区
景东县	一类地区	一类地区	一类地区	二类地区	一类地区	一类地区	二类地区
景谷县	一类地区	一类地区	二类地区	二类地区	二类地区	二类地区	二类地区
镇沅县	一类地区	一类地区	二类地区	二类地区	一类地区	一类地区	二类地区
江城县	二类地区	一类地区	一类地区	二类地区	二类地区	二类地区	一类地区
孟连县	一类地区	一类地区	二类地区	二类地区	一类地区	一类地区	二类地区
澜沧县	一类地区	一类地区	一类地区	二类地区	二类地区	二类地区	一类地区
西盟县	一类地区	一类地区	二类地区	二类地区	一类地区	一类地区	二类地区
临翔区	一类地区	一类地区	二类地区	二类地区	二类地区	二类地区	二类地区
凤庆县	一类地区	一类地区	一类地区	二类地区	一类地区	一类地区	二类地区
云县	二类地区	一类地区	一类地区	一类地区	一类地区	一类地区	二类地区

续表

| 县(市、区) | 项目 | | | | | | 资源环境耗损程度 |
| | 资源利用效率变化 | | 污染物排放强度变化 | | 生态质量变化 | | |
	地区类别	指向	地区类别	指向	地区类别	指向	
永德县	一类地区	一类地区	一类地区	二类地区	一类地区	一类地区	二类地区
镇康县	一类地区	一类地区	一类地区	一类地区	一类地区	一类地区	二类地区
双江县	一类地区	一类地区	一类地区	二类地区	二类地区	二类地区	一类地区
耿马县	一类地区	一类地区	一类地区	二类地区	一类地区	一类地区	二类地区
沧源县	一类地区	一类地区	一类地区	二类地区	二类地区	二类地区	一类地区
楚雄市	二类地区	一类地区	一类地区	二类地区	一类地区	一类地区	二类地区
双柏县	一类地区	一类地区	一类地区	二类地区	一类地区	一类地区	二类地区
牟定县	二类地区	一类地区	一类地区	二类地区	一类地区	一类地区	二类地区
南华县	一类地区	一类地区	一类地区	二类地区	一类地区	一类地区	二类地区
姚安县	二类地区	一类地区	一类地区	一类地区	一类地区	一类地区	二类地区
大姚县	一类地区	一类地区	一类地区	一类地区	一类地区	一类地区	二类地区
永仁县	一类地区	一类地区	一类地区	二类地区	二类地区	二类地区	一类地区
元谋县	一类地区	一类地区	一类地区	二类地区	二类地区	二类地区	一类地区
武定县	一类地区	一类地区	一类地区	二类地区	一类地区	一类地区	二类地区
禄丰县	二类地区	一类地区	一类地区	一类地区	一类地区	一类地区	二类地区
个旧市	二类地区	一类地区	二类地区	二类地区	一类地区	二类地区	一类地区
开远市	二类地区	一类地区	二类地区	二类地区	一类地区	一类地区	二类地区
蒙自市	二类地区	一类地区	二类地区	二类地区	一类地区	一类地区	二类地区
弥勒市	二类地区	一类地区	一类地区	二类地区	二类地区	二类地区	一类地区
屏边县	一类地区	一类地区	二类地区	二类地区	一类地区	一类地区	二类地区
建水县	二类地区	一类地区	一类地区	二类地区	一类地区	一类地区	二类地区
石屏县	一类地区	一类地区	二类地区	二类地区	一类地区	一类地区	二类地区
泸西县	一类地区	一类地区	一类地区	二类地区	一类地区	一类地区	二类地区
元阳县	一类地区	一类地区	二类地区	二类地区	二类地区	二类地区	一类地区
红河县	一类地区	一类地区	二类地区	二类地区	一类地区	二类地区	一类地区
金平县	一类地区	一类地区	二类地区	二类地区	一类地区	一类地区	一类地区
绿春县	一类地区	一类地区	二类地区	二类地区	一类地区	一类地区	二类地区
河口县	一类地区	一类地区	二类地区	二类地区	一类地区	一类地区	二类地区

续表

县(市、区)	项目						资源环境耗损程度
	资源利用效率变化		污染物排放强度变化		生态质量变化		
	地区类别	指向	地区类别	指向	地区类别	指向	
文山市	二类地区	一类地区	一类地区	二类地区	一类地区	一类地区	二类地区
砚山县	二类地区	一类地区	一类地区	二类地区	一类地区	一类地区	二类地区
西畴县	一类地区	一类地区	一类地区	二类地区	一类地区	一类地区	二类地区
麻栗坡县	一类地区	一类地区	一类地区	二类地区	一类地区	一类地区	二类地区
马关县	一类地区	一类地区	一类地区	二类地区	一类地区	一类地区	二类地区
丘北县	一类地区	一类地区	二类地区	二类地区	一类地区	一类地区	二类地区
广南县	一类地区	一类地区	二类地区	二类地区	一类地区	一类地区	二类地区
富宁县	一类地区	一类地区	二类地区	二类地区	一类地区	一类地区	二类地区
景洪市	二类地区	一类地区	一类地区	二类地区	一类地区	一类地区	二类地区
勐海县	一类地区	一类地区	一类地区	二类地区	二类地区	二类地区	二类地区
勐腊县	二类地区	一类地区	一类地区	二类地区	一类地区	一类地区	二类地区
大理市	二类地区	一类地区	一类地区	一类地区	二类地区	二类地区	二类地区
漾濞县	二类地区	一类地区	一类地区	二类地区	一类地区	一类地区	二类地区
祥云县	二类地区	一类地区	一类地区	二类地区	一类地区	一类地区	二类地区
宾川县	二类地区	一类地区	一类地区	二类地区	一类地区	一类地区	二类地区
弥渡县	二类地区	一类地区	一类地区	二类地区	一类地区	一类地区	二类地区
南涧县	一类地区	一类地区	二类地区	二类地区	一类地区	一类地区	二类地区
巍山县	一类地区	一类地区	一类地区	二类地区	一类地区	一类地区	二类地区
永平县	一类地区	一类地区	一类地区	二类地区	一类地区	一类地区	二类地区
云龙县	一类地区	一类地区	二类地区	二类地区	一类地区	一类地区	二类地区
洱源县	一类地区	一类地区	一类地区	二类地区	一类地区	一类地区	二类地区
剑川县	二类地区	一类地区	一类地区	二类地区	一类地区	一类地区	二类地区
鹤庆县	一类地区	一类地区	一类地区	二类地区	二类地区	二类地区	一类地区
瑞丽市	一类地区	一类地区	一类地区	二类地区	二类地区	二类地区	一类地区
芒市	二类地区	一类地区	一类地区	一类地区	二类地区	二类地区	二类地区
梁河县	二类地区	一类地区	一类地区	二类地区	一类地区	一类地区	二类地区
盈江县	一类地区	一类地区	一类地区	二类地区	一类地区	一类地区	二类地区
陇川县	一类地区	一类地区	一类地区	二类地区	二类地区	二类地区	一类地区

续表

县(市、区)	项目						资源环境耗损程度
	资源利用效率变化		污染物排放强度变化		生态质量变化		
	地区类别	指向	地区类别	指向	地区类别	指向	
泸水市	一类地区	一类地区	一类地区	二类地区	一类地区	一类地区	二类地区
福贡县	一类地区	一类地区	一类地区	二类地区	一类地区	一类地区	二类地区
贡山县	一类地区	一类地区	二类地区	二类地区	一类地区	一类地区	二类地区
兰坪县	一类地区	一类地区	一类地区	一类地区	一类地区	一类地区	二类地区
香格里拉市	二类地区	二类地区	一类地区	二类地区	一类地区	一类地区	二类地区
德钦县	一类地区	一类地区	二类地区	二类地区	一类地区	一类地区	二类地区
维西县	一类地区	一类地区	二类地区	二类地区	一类地区	一类地区	二类地区

2. 资源利用效率变化

由图 4-4 和表 4-3 可知,云南省资源利用效率变化指向总体为一类。资源利用为一类的县(市、区)略高于二类的县(市、区),其中资源利用效率变化类别为二类的有五华区、官渡区、西山区、东川区等 60 个县(市、区),一类的有盘龙区、呈贡区、禄劝县、师宗县等 69 个县(市、区)。如图 4-5 所示,资源利用效率变化类别为一类的县(市、区)多数分布在云南省西部,资源利用效率变化类别为二类的县(市、区)多分布在云南省中部和东部。

图 4-4　云南省资源利用效率变化指向评价图

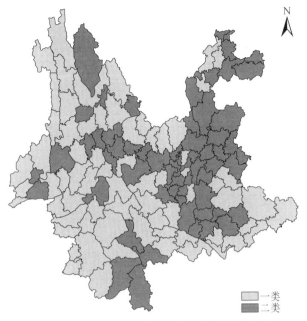

图 4-5　云南省资源利用效率变化类别评价图

3. 污染物排放强度变化

如图 4-6 所示,云南省污染物排放情况不容乐观,趋于恶化。从图 4-7 来看,

图 4-6　云南省污染物排放强度变化指向评价图

云南省污染物排放强度较强的区域主要集中在昆明、曲靖及云南省西北部、东北部、南部地区,另西部地区零散分布 4 县(市、区)。从污染物排放强度指向上看,云南省大部分县(市、区)的污染物排放强度指向都为二类,仅有 14 县(市、区)为一类且零散分布。由表 4-3 可知,云南省污染物排放强度高和低的县(市、区)数量相当,低强度县(市、区)稍多于高强度县(市、区)。另外,云南省绝大部分县(市、区)的污染物排放强度都趋于严重,只有 14 个县(市、区)的污染物排放强度趋良。

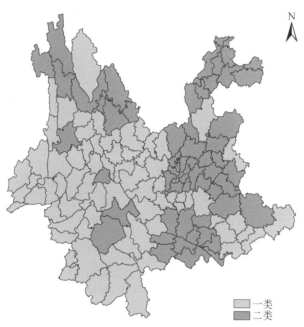

　　　　　　　　　　　　　　　　　　　　　　　　　　　　▢一类
　　　　　　　　　　　　　　　　　　　　　　　　　　　　▢二类

图 4-7　云南省污染物排放强度变化类别评价图

4. 生态质量变化

由表 4-3 可知,云南省生态质量变化态势总体较好。其中有东川区、富民县、禄劝县、师宗县、罗平县等 85 个县(市、区)生态质量变化趋良,有五华区、盘龙区、官渡区、麒麟区、马龙区等 44 个县(市、区)生态质量趋于下降。同时,在地区类别上,云南省多数县(市、区)的生态质量为一类。其中,有 37 个县(市、区)的生态质量为二类,92 个县(市、区)的生态质量为一类。如图 4-8 和图 4-9 所示,云南省生态质量变化指向和变化类别在空间上有明显重叠,即生态质量变化趋良的县(市、区)同时也是生态质量一类地区,生态质量变化趋差的县(市、区)同时也是生态质量为二类地区。具体表现为:生态质量下降和生态质量为低质量的县(市、区)集中分布在滇中地区和滇南地区,零散分布在滇东北、滇西南和滇西北地区;生态质量变化趋良的县(市、区)和生态质量为一类的县(市、区)广泛分布在云南省。

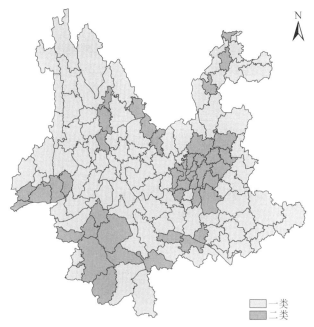

图 4-8 云南省生态质量变化指向评价图

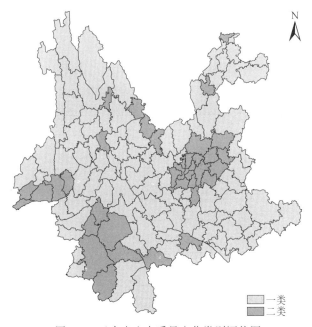

图 4-9 云南省生态质量变化类别评价图

第五章 资源环境承载能力变化原因与提升工程

第一节 资源环境承载能力变化原因

一、云南省资源环境承载能力及其变化的自然原因

(一)地质条件约束

区域地质条件通过影响区域的水文地质条件和地质构造运动来影响区域的矿产资源数量及质量,通过区域地貌形态来影响区域的资源环境承载能力。云南地质环境复杂多样,新构造运动强烈,深大断裂发育,形成了生态环境多样性、自然风光奇异的自然景观。与此同时,强烈发育的活动性构造,又致使地质环境极其脆弱,常成为云南省社会经济发展的制约条件。

1. 多断裂带

云南省地层发育完善,沉积类型多样,深受岩浆活动影响,形成规模较大的构造岩浆带,变质岩分布较广,地壳运动活跃,地质构造复杂。云南省地质构造主要分为东西两大部分,分界线为北西—南东走向的金沙江—哀牢山断裂带。东部主体属于扬子台地的西缘或准地台古生代(主要为晚古生代)增生部分;西部属于唐古拉—昌都—兰坪—思茅褶皱系和冈底斯—念青唐古拉褶皱系。在上述地质构造大背景下,云南形成 10 个深大断裂带:北沿金沙江谷地,南至哀牢山西侧延伸的金沙江—哀牢山断裂带;沿着澜沧江河谷延伸,呈 S 形的澜沧江断裂带;北起怒江贡山,南延至保山市龙陵县的怒江断裂带;源于嵩明至华宁段及北起富源,经师宗县,穿越弥勒市的弥勒—师宗断裂带;沿着东经 103°线呈南北向延伸,北西由四川昭觉县、宁南县延入云南,经巧家县蒙姑乡沿小江河谷延伸,到东川区附近分成东、西两支的小江断裂带;沿着滇中中台陷的东侧呈南北向延伸的元谋—绿汁江断裂带;呈南北走向,南部在弥勒市附近被北西向红河断裂带切断,向北由祥云县、宾川县、程海、永胜县以西向北西偏转而插入丽江台缘褶皱带内的程海—宾川断裂带;由小金河—三江口断裂,金棉—丽江断裂和箐河断裂共同组成的三江口—箐河断裂带;由羊拉—东竹林断裂带、德钦—雪龙山断裂带、阿墨江断裂带、无量山—营盘山断裂带、酒房断裂带等共同组成的兰坪—腾冲断裂带;由柯街断裂带、江断裂带、高黎贡

山西坡断裂带、滇滩断裂带和苏典断裂带等共同组成的保山—腾冲断裂带。由此可以看出,在上述各级断裂带系统作用下,云南省总体呈现出断裂带多、覆盖面广、影响范围大的特点。另外,云南省自新生代以来,构造运动十分强烈,表现形式多样。主要呈现出间歇式掀斜抬升运动、断裂运动、断裂差异运动等显著特点,这使云南省区域内部的资源承载能力常发生突变与剧变。

2. 多地震

1900~2012 年,云南省共记录 5 级以上地震 329 次(不含余震),其中 5.0~5.9 级地震 248 次,6.0~6.9 级地震 68 次,7 级以上地震 13 次,平均每年发生 3 次 5 级地震,每 3 年发生 2 次 6 级地震,每 8 年发生 1 次 7 级地震。地震在空间分布上极不均匀,具有明显的空间丛集分布特征,云南省地震主要分布在与活动断裂带有关的 8 个地震带(区)。具体有小江地震带、通海—石屏地震带、香格里拉—大理地震带、腾冲—龙陵地震带、澜沧—耿马地震带、马边—大关地震带、思茅—普洱地震带、南华—楚雄地震带。

(二)地貌条件约束

地貌条件通过影响区域的地形起伏、热量的二次分配来影响区域的资源环境承载能力。云南地貌类型复杂,以山地、高原为主,其间伴有河谷、坝子(盆地)、丘陵等地貌类型。云南地势整体由西北向东南呈阶梯状逐级下降。地貌成因类型复杂,内营力为主形成的构造地貌有褶皱、断裂、火山、熔岩等;外营力为主形成的构造地貌主要有重力地貌、流水侵蚀地貌、河流地貌、喀斯特地貌和冰川冰缘地貌。此外,云南还有一些其他地区少见的微地貌,较为典型的有丹霞地貌、砂林、土林、石月亮等。其主要成因为岩性、构造和内外地貌营力的差异。受深大断裂带及大断裂带的控制,云南地貌和山地水系的分布与走向呈北部压缩紧密,南部散开,由西北向南、东南及西南散开的帚状格局。这使得云南形成多山、少坝子的特点,深刻影响云南省的资源环境承载能力。

1. 多山,平地连片少、小,山地面积大

云南省以山地和高原地形为主,山地和高原占全省总面积的 94%,坝子占 6%。山地主要集中分布在西部地区。云南省除昆明市两城区(五华区、盘龙区)外,各县(市、区)山区比例都在 70%以上,全省没有一个纯坝县。其中山区面积占全县(市、区)面积 70%~79.9%的县(市、区)有 4 个:官渡区、嵩明县、陆良县和瑞丽市;山区面积占 80%~89.9%的县(市、区)有 13 个:昭阳区、麒麟区、红塔区、通海县、晋宁区、蒙自市、大理市、祥云县、陇川县、宾川县、澄江市、呈贡区、砚山县;山区面积占 90%~95%的县(市)有 9 个:弥渡县、芒市、盈江县、宜良县、鹤庆县、鲁甸县、姚安县、建水县、弥勒市;其余的县(市、区),山区面积均在 95%以上,其中 18 个县(市、区),山区比例在 99% 以上。

结合云南省最新研究成果可知,平坝县(市、区)共有 21 个,约占全省县(市、区)数的 1/6:陆良县、呈贡区、官渡区、安宁市、麒麟区、石林县、大理市、晋宁区、砚山县、嵩明县、泸西县、沾益区、陇川县、盈江县、祥云县、宾川县、瑞丽市、通海县、马龙区、元谋县、景洪市。半山及半坝县共有 37 个,约占全省县(市、区)数的 1/3:西山区、建水县、师宗县、蒙自市、昭阳区、勐海县、红塔区、宣威市、丘北县、江川区、剑川县、鹤庆县、腾冲市、古城区、洱源县、禄丰县、宜良县、香格里拉市、弥渡县、姚安县、牟定县、罗平县、芒市、勐腊县、弥勒市、寻甸县、五华区、盘龙区、巍山县、永胜县、澄江市、永仁县、梁河县、隆阳区、楚雄市、石屏县、文山市。山区县共有 71 个,约占全省县(市、区)数的 2/3:耿马县、开远市、个旧市、玉龙县、会泽县、鲁甸县、富源县、南华县、武定县、峨山县、大姚县、景谷县、施甸县、宁蒗县、易门县、广南县、富民县、禄劝县、永平县、景东县、孟连县、元江县、华宁县、昌宁县、华坪县、思茅区、马关县、宁洱县、新平县、临翔区、江城县、镇沅县、沧源县、西畴县、龙陵县、漾濞县、东川区、永德县、双江县、兰坪县、云龙县、巧家县、澜沧县、南涧县、双柏县、镇雄县、金平县、镇康县、维西县、富宁县、云县、凤庆县、绥江县、麻栗坡县、屏边县、西盟县、彝良县、红河县、墨江县、威信县、泸水市、元阳县、水富市、河口县、绿春县、永善县、大关县、盐津县、福贡县、贡山县、德钦县。

2. 坝区数量多,面积小

云南省第二次全国土地调查核实全省 129 个县(市、区)面积大于等于 $1km^2$ 的坝子共 1699 个,全省面积大于等于 $100km^2$ 的坝子达 52 个,其中,大坝子($100\sim200km^2$)29 个,特大坝子($\geqslant200km^2$)23 个。这严重影响乡村区域及城市区域的资源环境承载能力,体现出云南省县域资源环境比较弱,制约云南省的可持续发展。

(三)自然灾害约束

由于云南省特殊的自然地理环境格局,形成北高南低的地势结构、东西分异的山地地貌结构、东亚季风和南亚季风双重作用的季风气候区、区域自然环境封闭性而导致的单点暴雨频发区、新构造和现代构造运动为主的地质运动。其中,在地势地貌层面上,东西分异格局以元江谷地和云岭山脉南段的宽谷为界,将云南省分为滇东高原区和横断山系峡谷中山高山区。东部为滇东喀斯特高原区,平均海拔2000m;西部为横断山山地区,高山深谷相间,相对高差较大。其中,横断山系峡谷中山高山区包括横断山系北部峡谷高山亚区、横断山系南部中山峡谷宽谷亚区、高黎贡山中山宽谷盆地亚区;滇东高原区包括滇中红层高原盆地区、滇东岩溶高原湖盆区、滇东北山原峡谷盆地区、滇东南岩溶山原区。地貌南北分异格局以德钦县、香格里拉市一带为第一级阶梯;滇中高原为第二级阶梯;南部、东南部及西南部为第三级阶梯。在气候层面上,云南省多年平均降水量为1000mm左右,降水量较多的地区(多为云南的单点暴雨中心区)为滇南区红河州南部的金平县、河口县和普洱市西南部地区,年降水量为1750~2100mm;滇东的曲靖市罗平地区,年均降水量为1500mm左右;滇西北的怒江州地区,年均降水量在1600mm以上。在地质构造层面上,新构造运动活动十分强烈。云南省存在滇东—滇东南稳定抬升区、滇中断块式抬升区、滇西北—滇西南掀斜式抬升区、滇西南—滇西断块式活动与火山活动区及各个区间的很多次级断裂活动带。因此,多样化的孕灾因子、孕灾环境,使得云南省自然灾害具有灾害类型多样性、灾害影响严重性、灾害区域差异显著性、灾害链多样性等特点。

二、云南省资源环境承载能力及其变化的人文原因

(一)区域经济条件约束

1. 区域经济发展资源依赖约束

云南省区域经济发展资源依赖约束表现在以下四个方面。

(1)根据云南省各县(市、区)2007~2016年土地资源压力指数等级评价结果,云南省129个县(市、区)中,有89个县(市、区)为特别不适宜建设开发区、6个县(市、区)为不适宜建设开发区、24个县(市、区)为基本适宜建设开发区、10个县(市、区)为最适宜建设开发区。由于受地形和自然灾害等条件的影响,云南省各县(市、区)土地开发利用受到较大限制,适宜建设开发区的县(市、区)数量少。

(2)根据云南省各县(市、区)2007~2016年水资源利用程度指数等级评价结果,云南省大部分县(市、区)水资源载荷类型为一类地区,极少数县(市、区)的水资源载荷类型为三类地区或二类地区,水资源三类地区的县(市、区)主要分布在滇中地区的五华区、盘龙区、官渡区和红塔区,水资源二类地区的县(市、区)为呈贡区;安宁市、大理市、个旧市等124个县(市、区)为水资源一类地区。造成这种情况的可能原因是:滇中地区水资源比较短缺,因为滇中地区人口众多,城市居民生活用水和工农业生产用水需求量大;滇中地区分布有高耗水产业;滇中地区的生态环境保护用水量大。

(3)根据云南省各县(市、区)2007~2016年污染物浓度综合指数定性评价结果,云南省大部分县(市、区)污染物浓度综合指数为未超标类型,污染物浓度综合指数接近超标的类型次之,污染物浓度综合指数为超标的类型数量最少。污染物浓度综合指数为未超标的有五华区、盘龙区、官渡区等108个县(市、区);污染物浓度综合指数为接近超标的有陆良县、师宗县、宣威市等16个县(市、区);污染物浓度综合指数为超标的有峨山县、永胜县、石屏县等5个县(市、区)。由此可见,云南

省环境质量好,云南省社会经济发展处于资源环境承载能力可载状态,仅从社会经济发展对环境影响的角度来看,云南省的发展空间还很大。云南省大部分县(市、区)污染物浓度综合指数未超标的原因是云南省工业起步晚,当前经济发展所带来的空气污染物产生量并未对环境造成严重威胁,处于资源环境可载范围,但是污染物处理技术落后、处理水平低等造成污染物排放量大,从而导致少数县(市、区)污染物浓度综合指数超标。

(4)根据云南省县域生态健康度评价结果,云南省的生态系统总体较健康。其中,中等健康程度的县(市、区)数量最大,且中等程度及其以上的县(市、区)占绝大部分,健康程度高和低的县(市、区)数量相当。各县(市、区)生态健康度有明显的区域变化,但无年际变化。云南省整体的生态环境质量比较好,因为云南省生态环境保护力度在不断加强,生态保护区的建设体系在不断完善。

2. 区域经济发展水平约束

经过多年发展,云南省区域经济发展取得了显著成效。三大产业的产值都在不断增长。总体来说,云南省的区域经济发展势头良好。目前,进入了一个工业化和城市化加速发展的关键时期。云南省滇中地区现有经济发展条件好,发展潜力大,区域自然资源环境的承载能力强。就云南省各县(市、区)地区生产总值来看,排名第一的是昆明市,而且在人均 GDP、城镇居民人均可支配收入和农民人均纯收入也位居全省第一,除了昭通市的人均 GDP 排名全省最后,怒江州无论是 GDP 总量还是城镇居民人均可支配收入、农民人均纯收入都位于全省的末端。各县(市、区)城镇居民人均可支配收入中只有昆明市和玉溪市超过了全省的平均水平。农民人均纯收入中,只有昆明市、曲靖市、玉溪市和西双版纳州 4 个地区超过了全省平均水平。从地方财政收入上看,滇中城市群地区所占的比例接近全省的一半,从人均地方财政收入上来看,除滇中城市群地区远远超过全省平均水平,其余地区均不足全省平均水平,尤其是滇东北地区,处于全省最低水平。在居民生活水平方面,无论是城镇居民人均可支配收入还是农民人均纯收入,滇中城市群地区发展水平最高。因此云南省经济发展状况最好的是滇中地区,主要包括昆明市、楚雄市、宣威市、沾益区、麒麟区等滇中城市群所在县(市、区);其次是云南省西部地区,主要包括古城区、玉龙县、大理市、隆阳区、洱源县等县(市、区);而在云南省南部的普洱市、景洪市、勐海县、勐腊县等县(市、区)的经济发展状况最差。云南省各县(市、区)之间的发展状况差距较大,参差不齐,这在一定程度上制约了全省区域经济协调发展。

3. 区域经济产业结构约束

随着经济社会的不断发展,云南省 GDP 结构形态由"一、二、三"型转变为"二、一、三"型,再转变为"二、三、一"型,反映了全省以农业为主的传统产业结构正在向以工业为核心、第三产业迅速崛起的更高层次的产业结构演进,三大产业之间的协调性有了较大改善,但是云南省区域经济产业结构地区分布差异较大,第一产业产值比重最大的是滇西南地区,最小的是滇中城市群地区,第一产业产值比重从滇中城市群地区、滇西北城市群地区、滇东南城市群地区、滇东北城市群地区、滇西城市群地区至滇西南城市群地区依次增加;第二产业产值比重最大的是滇中地区,滇西南城市群地区比重最小,产值比重从滇西南城市群地区、滇西城市群地区、滇西北城市群地区、滇东北城市群地区、滇东南城市群地区至滇中城市群地区依次增加;第三产业产值比重最大的是滇西北地区。县域之间产业结构差异突出,表现为滇中区域产业结构较优,而其他地区产业结构较为落后。云南省中部工业基础较强,而西南部和西部较弱,产值较小。云南省县域经济尚处在工业化中期阶段,产业结构变动和就业人口转移符合产业发展的一般规律,但产业结构尚未达到优化水平,制约了县域经济发展。

4. 区域经济产业技术水平约束

云南省的产业发展水平低,规模小,层次低。云南省的优势产业及分布地区是:①煤炭开采和洗选业,主要分布在曲靖市、昭通市、怒江州;②有色金属矿采选业,主要分布在昭通市、普洱市、文山州、迪庆州;③农副食品加工业,主要分布在保山市、普洱市、临沧市、德宏州;④烟草制品业,主要分布在昆明市、曲靖市、玉溪市、昭通市、楚雄市、文山州、大理市、红河州;⑤化学原料及化学制品制造业,主要分布在昆明市、曲靖市、昭通市;⑥非金属矿物制品业,主要分布在保山市、普洱市、德宏州;⑦黑色金属冶炼及压延加工业,主要分布在昆明市、玉溪市、楚雄市、文山市、迪庆州;⑧有色金属冶炼及压延加工业,主要分布在昆明市、保山市、曲靖市、普洱市、楚雄市、大理市、德宏州。云南省主要的优势产业大多属于资源型企业。低水平、低层次的空间产业结构主要是受云南省经济发展水平较低、自然地理环境复杂、基础设施落后等因素制约。云南省大多数县(市、区)虽具有较丰富的矿产资源,但由于其多发展的是采掘业和原材料工业,原材料工业又以初级产品加工为主,地区内加工链条短,精深加工能力弱,产品的附加值低,资源没有得到有效的加工增值,部分地区因开发的外部条件较差,工业化水平较低。云南省大多数地区的经济发展依靠以牺牲环境为代价,发展经济增长的方式依然是粗放型的,经济和技术水平条件较差的县(市、区)工业发展类型依然是高投入、高消耗、高排放、高污染,这样会造成资源的严重浪费和环境的破坏。

(二)区域人文条件约束

1. 区域教育发展约束

云南省属于边疆民族地区,经济发展水平低,各县域之间由于学校资源、教师资源以及基础设施配置不合理等原因,人均受教育程度的地区差异大,边远贫穷地区人均受教育年限短。云南省义务教育仍然处于不均衡的状态,主要原因是:地区经济的发展不平衡,造成教育资源在分配上也不平衡,而教育政策的倾斜,更进一步加剧了这种不均衡状况。云南省职业教育专业布局不合理,专业发展不均衡。目前,云南省出现人才缺少的情况,云南省职业学校的专业设置重复性高,人才培养质量低。另外,对云南省支柱产业和第三产业的专业设置偏少,对云南产业结构调整,产业转型人才缺乏充分的认识,高技术和新兴产业专业明显不足。

2. 民族

云南省是一个自然环境和人文环境复杂多样,且少数民族众多、位于边疆的贫困地区。少数民族地区城乡居民收入差距大;云南省少数民族地区的产业结构过于单一,大多数民族地区的人们经济收入以种植业为主,经济发展水平低,教育水平低,农业技术水平及从业人员素质都较低,工业没有得到充分发展且资源型工业比重较大,第三产业发展水平不高,劳动力从第一产业向非农产业的转移受阻;加之云南省地形条件复杂多样,基础设施建设落后,交通闭塞,信息交流不通畅,严重影响了云南省产业结构优化的发展进程,与省内的发达地区存在明显的经济差距。另外,少数民族地区在资金、技术、人才等方面存在很大的劣势,经济发展水平与条件相当薄弱,经济发展的任务非常艰巨。少数民族地区主要经济指标低于全省平均水平,经济发展存在很大的不平衡性。

第二节　资源环境承载能力的提升工程——土地设计

云南省资源环境承载能力的提升和持续稳定,是一项复杂的、系统的地理工程。在这个地理工程中,子系统之一是土地设计子系统。土地设计是提高和维持云南省资源环境承载能力的重要工程之一。近年来,云南省在不同自然地理环境下,开展以人地关系地域系统共生(包括人地协调共生、人地协调-控制共生、人地控制-协调共生和人地控制共生)为核心的土地设计的理论研究和实证研究以及区域实践和地方实践。遵循地理环境整体性、分异性、人地性和尺度性思想或原理,对土地进行设计,以实现经济效益、社会效益和生态效益的满意解(国家林业局,2003)。

一、滇北干热河谷区

(一)金沙江中游干热河谷植被恢复模式

1. 问题诊断与治理思路

模式区位于金沙江流域干热河谷的云南省元谋县。地处西南季风的背风面,河流切割较深,河谷狭窄,四周均被高大的山体所闭。谷地气流的局部环流与焚风影响耦合形成河谷气候。海拔 2600m 以下,年降水量为 700mm 左右,部分地区仅有 300mm,最低月平均气温在 15℃ 以上,越靠近河谷底部,气候越干热,植被恢复较为困难。该模式的治理技术思路为:高温、水分亏缺、土壤承载能力低、适生树种少,人工造林和天然植被恢复困难。必须合理划分立地条件类型,根据立地类型因地制宜地确定植被恢复方式。

2. 技术要点及配套措施

①泥岩和砂砾岩低山坡地。植物种及其配置:灌木有银合欢、木豆、山毛豆、车桑子、余甘子、滇刺枣、金合欢等;草本有香根草、大翼豆、龙须草、芨芨草等。灌、草混交,灌木占 30%～50%。混交方式:1 行大灌木,1 行小灌木,4～6 行草本。株行距:灌木(3.0～5.0)m×2.0m;草本(1.0～2.0)m×0.3m。造林方式:灌木,直播或用容器苗栽植;草本,采用分蘖或直播。②砾石层和片岩低山坡地。植物种及其配置:乔木树种有相思、刺槐、滇合欢、山黄麻、印楝、塔拉、新银合欢、铁刀木等;灌木有山毛豆、三叶豆、车桑子、余甘子、滇刺枣、金合欢等;草本有香根草、大翼豆、龙须草等。乔、灌、草混交,各占 1/3。混交方式:1 行乔木,1～2 行灌木,2～5 行草本。株行距:乔木(4.0～6.0)m×2.0m;灌木(3.0～5.0)m×2.0m;草本 1.0m×0.3m。苗木培育:乔木采用容器育苗;灌木采用直播或容器育苗;草本采用分蘖或直播。整地:为分流蓄水,采用宽 30～40cm、深 20～30cm 的水平带状和规格为80cm×80cm×80cm 穴垦方式整地。主要造林技术:一般季初期,采用百日容器苗上山定植,可使苗木较快恢复生长,根系充分发育,有利于度过漫长的旱季。定植沟土层湿润深度超过 30cm 时,可选择阴雨天造林。

3. 模式成效及适宜区域

相思、坡柳、印楝、木豆等适应性强、经济效益高,是干热河谷植被恢复的优良多功能树种。该模式已在云南省元谋县等典型的干热河谷区进行试验,示范面积约 79500 亩[①],把元谋县原低于 30% 的造林成活率提高到 80% 以上,同时对泥石流也有明显的防治效果。该模式适宜在怒江、澜沧江、金沙江、元江等干热河谷区及泥石流多发的地区推广应用。

(二)金沙江中游滑坡和泥石流多发区林业生态建设与治理模式

1. 问题诊断与治理思路

模式区位于云南省昆明市东川区的后山,是金沙江流域滑坡和泥石流的多发地区。年降水量不足 800mm,80% 以上的降水量集中在 5～9 月。植被破坏严重,土壤疏松、瘠薄,滑坡和泥石流发生频繁,植被恢复较为困难。该模式的治理技术思路

---

① 1 亩≈666.7m²,下同。

为:以生物措施为主,工程措施和管理措施相结合,综合治理滑坡与泥石流,保护土地资源与生产力,改善农业生产条件,使整个流域社会、经济、环境协调持续发展。

2. 技术要点及配套措施

①生物措施。树种选择:乔木树种有云南松、华山松、圆柏、侧柏、旱冬瓜、新银合欢、印楝、塔拉、川楝、甜竹等;灌木有马鹿花、山毛豆、车桑子、余甘子等;草本有香根草、类芦、龙须草、金光菊、臂形草、大翼豆、雀舌豆等。配置方式:针阔混交并适当配置草种,逐步形成乔灌草相结合的复层混交结构。整地:小撩壕或穴垦整地,以分流蓄水。造林:在6~7月的阴雨天,利用容器苗造林。干旱区域采取地表覆盖措施,以减少地表蒸发,提高苗木的成活率。抚育:造林后封山育林,第2年进行1次松土、除草及追肥,促进苗木生长。②工程措施。"稳":在坡面上封山育林,固土稳坡,防止坡面侵蚀;在冲沟中修建谷坊群,防止沟底下切;在滑坡地段,截流排水,用工程措施稳固坡脚,防止水体渗透侵蚀和坡体下滑。"拦":在主沟内选择有利地形修筑拦河坝,拦蓄泥沙,减缓沟床纵坡,提高侵蚀基准面。稳固坡脚。"排":在主沟道或泥石流洪积扇上,修建排洪道或导流堤,以排泄洪水和泥石流,达到水土分离的目的。

3. 模式成效及适宜区域

云南省昆明市东川区的后山经过8年的治理,坡面水力侵蚀和沟床松散固体物得到控制,泥石流下泄也得到有效遏制。治理后区内新增森林(各类防护林、经济林等)近4500亩,直接经济收益400万元,项目的投入产出比为1:2以上。此外,森林植被的恢复对生态环境改善也有重要作用,当地小气候逐步向半湿润转变,植物种类增加许多。该模式适宜在金沙江流域滑坡、泥石流等山地灾害频繁发生的地区推广。

二、滇东及滇东南河谷区

(一)红河干热河谷耐旱植树造林模式

1. 问题诊断与治理思路

模式区位于云南省开远市,属红河河谷地区,气候干燥,河谷焚风效应显著,降水少,雨季较短,热量充足,土壤干旱严重,自然植被多为草本植物,水土流失严重。该模式的治理技术思路为:由于干热河谷降水少而集中,高温而水分亏缺,造林的难度较大,因此应采用耐干旱的植物在雨季适时造林,逐步改善生态环境。

2. 技术要点及配套措施

①造林树种。选择耐干旱的车桑子、苦刺、新银合欢、马鹿花、木豆、山毛豆、大叶千斤拔、扁桃、剑麻、印楝等树种。②整地方式。块状和等高带状整地,块状整地规格为30cm×30cm×30cm。带状整地时带宽可为50~100cm。③造林密度。株行距1.0m×1.0m,每亩667株。④造林方式。点播或用营养袋苗造林。造林时,

应使用保水剂、抗蒸腾剂等减少水分蒸发,提高造林成活率和保存率。

3. 模式成效及适宜区域

该模式采用车桑子、苦刺、新银合欢、木豆等耐干旱植物,辅以保水技术措施,恢复干热河谷地区的植被,对区域的生态环境建设具有极其重要的作用。该模式适宜在干热河谷地区推广。

(二)红河河谷特种经济林、用材林建设模式

1. 问题诊断与治理思路

模式区位于云南省屏边苗族自治县的红河河谷,水热条件较好,土层较深厚,立地条件较好。该模式的治理技术思路为:充分发挥本区水热条件好的优势,发展速生珍贵用材林和特有经济林,既能保持水土,提高森林覆盖率,又能取得较高的经济收益。

2. 技术要点及配套措施

①造林树种。八角、肉桂、香蕉、荔枝、龙眼、竹子、红椿、西南桦、山桂花、南酸枣等。②种苗。用材林采用营养袋苗,经济林用优质嫁接苗。③整地:块状和带状整地,整地时间在冬春季节,整地规格为用材林 40cm×40cm×30cm,经济林 60cm×60cm×50cm。带状整地的带宽可为 50～100cm。④造林。施足基肥,在雨季的6～8月尽早定植。⑤抚育管理。每年 1～2 次,铲除杂灌木和杂草,有条件的地方进行林粮间作,以耕代抚。经济林注意施肥和修枝整形。

3. 模式成效及适宜区域

该模式大力发展云南省特有的经济林和珍贵用材树种,在满足当地群众生产和生活发展需要的同时,提高了森林覆盖率,保持了水土,改善了当地生态环境。该模式适宜在红河中上游推广。

(三)南盘江中下游水土保持林建设模式

1. 问题诊断与治理思路

模式区位于云南省马关县,地处南盘江中下游,土层较深厚,水热条件较好。该模式的治理技术思路为:充分发挥本区水热条件好的优势,在山地中下部发展经济林木,山上部种植防护林和用材林,既有利于保持水土,提高森林覆盖率,又能取得较高的经济收益。

2. 技术要点及配套措施

①造林树种。八角、肉桂、油茶、油桐、蒜头果、竹子、红椿、西南桦、毛椿、木荷、川滇桤木、云南松、杉木、大果枣、南酸枣等。②种苗。竹子用埋节法育苗,其他树种用营养袋育苗。③整地。冬春季块状和带状整地,整地规格为 40cm×40cm×40cm,带

状整地的带宽为 50～70cm。④林种配置。山上部配置防护林和用材林,中下部配置经济林。⑤造林。施足基肥,在雨季的 6～8 月尽早定植。⑥抚育管理。每年 1～2次,铲除杂灌木和杂草,有条件的地方进行林粮间作,以耕代抚。

3. 模式成效及适宜区域

该模式营造的生态经济型防护林,可以满足当地群众生产和生活的不同需要,提高森林植被的综合效益,改善当地资源匮乏的状况,增加群众收入,帮助山区群众脱贫致富。该模式适宜在南盘江中下游地区推广。

(四)滇东及滇东南石质山地封山育林恢复植被模式

1. 问题诊断与治理思路

模式区位于云南省西畴县法斗乡,属滇东及滇东南劣质石质山地。由于反复垦荒和过度砍伐薪材,水土流失十分严重,石砾含量高,岩石裸露面积率 70％以上,特别是在山顶和山中上部,土壤瘠薄,基本不具备人工造林的条件,但有一些灌木和草本植物生长,目的树种数量符合封山育林的标准。该模式的治理技术思路为:劣质石质山地由于立地条件十分恶劣,造林极为困难,因此应利用当地水热条件较好的优势,采取全面封禁的措施,并于个别地段辅以适当的人工造林措施,恢复植被,保持水土。

2. 技术要点及配套措施

①封山育林。在封育区内,对生态极度脆弱的地段,禁止采伐、砍柴、放牧、采药和其他一切不利于植物生长繁育的人为活动,保护好现存的植被资源,以利其生殖繁衍。在条件稍好的地方,见缝插针地补植一些柏类植物和灌木,以促进植被的恢复进程。同时应制定相应的政策和管理措施,使封山育林措施落到实处。②补植造林。在个别立地条件稍好的地段,选择墨西哥柏、郭芬柏、旱冬瓜、滇合欢、刺槐、台湾相思、杜仲、香椿等树种。针阔叶树种小块状混交配置。见缝插针地进行穴状整地,规格为40cm×40cm×30cm,尽量保留原有植被。在 6～8 月雨季雨水把土壤下透后尽早用高30cm 左右的容器苗造林,提高造林的成活率和保存率,进而提高封山育林效果。

3. 模式成效及适宜区域

该模式充分利用自然植被资源和水热条件的优势,具有投资少、见效快的优点,对岩溶地区的植被恢复具有极其重要的作用。该模式适宜在云南省东部、东南部的石灰岩地区以及其他水热条件较好的石灰岩地区推广。

三、滇东及滇东南喀斯特(岩溶)山地区

1. 问题诊断与治理思路

模式区位于滇东南喀斯特(岩溶)山地区生态经济林营造技术试验示范点——

砚山县铣卡农场。区内雨热同季,水热条件较好。由于人为活动频繁,森林植被破坏严重,岩石裸露率 70％ 左右,石漠化问题突出,生态环境严重恶化。封山育林区的树种严重不足,必须通过人工补植一定数量的目的树种,才能达到封山育林的目的。该模式的治理技术思路为:针对岩溶山地森林植被覆盖率低、水土流失严重、岩石裸露比率大、土壤间歇性干旱、造林难度大等特点,采用生长迅速的喜钙先锋树种适时人工补植造林,人工促进封山育林,恢复森林植被。

2. 技术要点及配套措施

①补植树种。选择喜钙、生长迅速、耐干旱瘠薄的多用途树种,如墨西哥柏、郭芬柏、冲天柏、藏柏、川滇桤木、旱冬瓜、滇合欢、任豆、南酸枣、苦楝、刺槐、苦刺、台湾相思、杜仲、香椿等。②造林技术。树种配置:针阔叶树种小块状混交配置。种苗:采用容器苗造林,根据不同树种苗木的生长速度和定植时间进行育苗,苗木高度控制在 30cm 左右。整地:根据石灰岩山地植被分布不连续、土壤易流失的特点,不进行全面的清林整地,以 166～297 株/亩的造林密度作为控制性指标,采用见缝插针的方法,于冬春季节进行穴状整地,规格 40cm×40cm×30cm,尽量保留原有植被。造林:打坑合格后,将表土回填坑中,雨季雨水把土壤下透后在 6～8 月尽早定植,用枯枝落叶或地膜覆盖塘口。③抚育管护。造林后加强管护,严防火灾和人畜破坏,每年抚育 1～2 次,在抚育中只将影响目的树种生长的灌木和杂草清除即可。④封山育林。人工补植后,全面封山,禁止采伐、砍柴、放牧、采药等一切人为活动,3～5 年后即可恢复森林植被。

3. 模式成效及适宜区域

采用该模式保护和恢复喀斯特(岩溶)山地区的植被,提高森林覆盖率,能够增加木材、薪材和经济林的产量,减少水土流失,提高土壤肥力,改善生态环境和农业生产条件,提高农作物产量,增加群众收入。该模式适宜在云南省东部及东南部喀斯特(岩溶)山地区和其他气候类似的地区推广。

四、滇南热带山地类型区

(一)滇南热带山地次生灌丛人工改造模式

1. 问题诊断与治理思路

热带森林反复破坏后形成次生灌丛,主要组成为喜光、耐旱、生长迅速、萌芽力强的一些树种,如水锦树、黄牛木、毛银柴、中平树、银叶巴豆、羊蹄甲、羽叶楸、千张纸、栓皮栎、水杨柳等,结构简单,郁闭度低,水土流失较明显。模式区水热条件较好,适宜发展珍稀树种生态林。该模式的治理技术思路为:在保护原有植被的基础上,通过封山育林、人工改造等措施,发展乡土珍稀树种,适当引入其他珍稀树种,调整树种结构,提高森林的质量,逐步恢复森林功能。

2. 技术要点及配套措施

①封山育林。在封育期内禁止采伐、砍柴、放牧、采药和其他一切不利于植物生长繁育的人为活动,以加快植被的恢复,防止生态环境的进一步恶化。②人工改造。在次生灌丛中以块状或条状的方式砍出空地,补植柚木、拟含笑、云南石梓、西南桦、肉桂、黄樟等珍贵树种的树苗。③砍块(带)规格。灌丛中砍块、砍带规格以尽量保护原有植被,同时使补植苗木能正常进行光合作用为原则,一般情况下以(1.0~1.5)m×(1.0~1.5)m 的块状地为标准,或是 1.0~1.5m 的带宽为标准。块间距或带间距均为 5.0m。

3. 模式成效及适宜区域

该模式的实施不造成新的水土流失,节约资金和劳力,能加快植被的恢复,形成珍稀树种逐渐取代次生灌丛的格局,提高森林的质量。该模式适宜在热带雨林遭受破坏的中低山灌丛地推广应用。

(二)滇南热带山地禾草高草丛珍稀树种森林恢复与建设模式

1. 问题诊断与治理思路

模式区位于云南省盈江县、河口瑶族自治县、勐海县及景洪市。热带雨林经反复破坏后严重退化,形成的禾草高草丛一般高 2.0~3.0m,内有少量灌木树种,水土流失较为严重,土壤肥力迅速下降。该模式的治理技术思路为:云南省北热带的生境条件本应生长价值极高的热带雨林,只是因长期人为破坏才导致森林群落严重退化,变成了高草丛生的景观。针对模式区水热条件较好的有利条件,植被恢复以选择珍稀树种营造人工生态林为主要目标,通过治理达到恢复森林植被的目的。

2. 技术要点及配套措施

①类型选择。综合分析各地的立地条件及技术水平,选择营造柚木林、肉桂林、黄樟林、樟-茶混交林、橡胶林中的 1~2 种类型。②苗木。使用达标容器苗上山造林。③造林地清理。开好防火线,在专业技术人员指导下人工穴状清除造林地上的杂草。④整地。用穴状或水平带状整地的方法进行整地。穴的规格为40cm×40cm×30cm;水平带宽 1.0m 左右,先筑成水平带状梯床,再在梯床上按规格挖穴造林。⑤造林及管护。造林时间为雨季;造林前施好底肥或磷肥;造林密度5.0m×5.0m,每亩 26 株;幼苗期注意追施一定数量的化肥;除草,第 1 年 3 次,次年 2 次,第 3 年 1 次。

3. 模式成效及适宜区域

模式区采取上述改造措施后,珍稀树种生长良好,优越的光、热、水、土、肥资源得到充分利用,退化生态系统的面貌发生了很大改观。同时,也取得了较为可观的经济效益。柚木林以盈江县、河口瑶族自治县为典型区,肉桂林以河口瑶族自治县为典型区,黄樟林或樟茶混交林以勐海县为典型区,橡胶林在这一地区普遍种植。该模式适宜在北热带禾草高草丛立地条件下实施,凡原热带雨林反复破坏后形成的高草地均可采用该模式改造成珍稀树种优质人工林。

(三)滇南热带山地笋材两用林开发治理模式

1. 问题诊断与治理思路

模式区位于云南省南部地区的平坝、沟谷及村庄附近,土层深厚,水分条件较好,适宜种植笋竹两用林。该模式的治理技术思路为:种植笋材两用竹,既有经济效益,又有生态效益。要选好竹子品种,采取正确的育苗方法,实现笋材两用。

2. 技术要点及配套措施

①竹种选择。能够笋材两用、又易于繁殖的品种有牡竹、麻竹、龙竹、版纳甜龙竹、粉白黄竹等。②育苗。苗圃应选择在交通方便,靠近水源的地方。育苗时间为初春,选择 2~3 年生竹竿作为材料,削头去尾后将中间发育好、叶和芽饱满的竹竿削成 2~3 节竹段,削去侧枝竹叶,保留 10cm 左右的侧枝,节间砍口后放入苗床中,砍口中灌水封口后,覆土 10cm,床面覆草,注意经常保持床面湿润。③造林。株行距 5.0m×5.0m,栽植穴的规格为 80cm×80cm×60cm。雨季造林,造林头年抚育以清除杂草为主,第 2 年以松土、追肥为主,第 3 年主要进行追肥、壅土。④采笋及砍伐。第 3 年起采摘 30% 左右的竹笋,第 4 年起砍伐 4 年生老竹供材用。⑤间种。新植竹林地可间种农作物以提高土地利用率。

3. 模式成效及适宜区域

该模式的特点是经营风险小,生产周期短,收益年限长,产品用途广,市场有保障,同时也具有较高的景观、水土保持价值,经济、生态效益俱佳,深受群众欢迎。该模式适宜在我国北热带及亚热带土壤条件较好的地区推广。

(四)滇南热带低中山混交林建设模式

1. 问题诊断与治理思路

模式区位于云南省普洱市海拔 900~1800m 的中低山地段。水、热条件较好,但土壤比较瘠薄。该模式的治理技术思路为:针对松林易发生病虫害的特点,在森林破坏后形成的荒山荒地及次生灌丛营造针阔混交林,扩大森林面积,缩小水土流失面积,不断改善生态环境。

2. 技术要点及配套措施

①造林树种。针叶树采用思茅松,阔叶树采用西南桦、马占相思、大叶相思、台湾相思等树种。②混交配置。思茅松-西南桦,思茅松-相思类混交。采用带状(5

行 1 带)或块状(5 株×5 株)的混交形式。株行距 2.0m×2.0m。③造林技术。块状或带状整地,块状整地规格为 40cm×40cm×30cm,带状整地时带宽可为 50cm 容器苗造林。④管护。抚育以除草为主,第 1 年抚育 3 次,第 2 年 2 次,第 3 年 1 次,5～6 年后间伐过密、过弱树木,使每亩保留 70 株左右。

3. 模式成效及适宜区域

混交林有利于环境的改善,易形成稳定的森林群落,全面提高森林质量,增强林木抗性,减少病虫害的发生,减轻水土流失,促进树木的生长。该模式适宜在云南省南部热带中低山地推广。

(五)滇西南热带中山宽谷混农经济林建设模式

1. 问题诊断与治理思路

模式区位于云南省景谷傣族彝族自治县、德宏傣族景颇族自治州的山区谷地。地势平坦,土层深厚,土壤肥沃,雨量较为充沛。靠近城镇或乡村,交通方便,人口稠密,劳力充足。该模式的治理技术思路为:发展混农林业,协调农林矛盾,充分利用土地、光、热、水资源,增加植被覆盖,改善农区生态景观,防治坡地水土流失。

2. 技术要点及配套措施

①树种。经济树种可选择柑橘、柚子、腰果等。②整地。将坡地改为水平梯田,以 5.0m×5.0m 的规格种植经济树种,栽植穴规格 80cm×80cm×60cm,注意施用基肥。③苗木。选用合格的嫁接苗木造林。④间作方式。选择花生、蔬菜、黄豆、瓜类、玉米等,在树间种植。

3. 模式成效及适宜区域

云南省山多地少,水热条件优越,发展混农经济林既充分利用了当地自然资源,又具有较好的经济效益和生态效益,充分考虑了群众的眼前利益和长远利益,是深受群众欢迎又符合国家生态建设要求的模式。该模式适宜在云南省南部和西南部的北热带、南亚热带条件类似区推广。

五、滇西北高山峡谷区

(一)滇西北高山水源涵养林体系建设模式

1. 问题诊断与治理思路

模式区位于云南省香格里拉市,地处江河支流源头。地形崎岖,峰峦重叠,高山与峡谷相间,海拔大多在 2500～4000m,山体高差大,气候夏季温凉而冬季寒冷。生态环境极度脆弱,植被一旦破坏极难恢复。各支流源头及两侧,河床狭窄,比降大,坡度陡,土质疏松,在丰富降雨的影响下,下游河岸极易崩塌。该模式的治理技术思路为:以保护成片天然林为基础,造、封、管相结合,逐步形成稳定、高效的水源涵养林体系,提高蓄水保土能力,调节水源,防止两岸崩塌。

2. 技术要点及配套措施

技术要点。①空间布局。分别在源头区及两岸的陡坡地区进行集中连片的全坡面保护,主干流两侧及坡度平缓地区以带网结合的形式进行保护,从而形成片带网有机结合的水源涵养林体系。②主要技术环节。包括天然林保护、封山育林、人工造林更新及三者的有机结合。凡划归水源涵养林体系建设及治理类型的森林,其经营目的都要以增强蓄水保土功能为目标,禁止一切削弱这一功能的经营活动。③天然林保护与封山育林。滇西北高山地区气候条件较为恶劣,山高坡陡,应因地制宜地采取封禁或封育措施,加快森林植被的恢复。④造林更新。模式区内的宜林荒山和退耕还林地,都应按照水源涵养林的建设要求进行人工造林更新,为提高森林植物层(包括乔木层、灌木层和草本层)的拦截降雨能力,提高森林土壤层的蓄水能力,增强森林的水源涵养能力,造林更新必须注意保护植被、保持水土,尽一切可能防止新增水土流失。

配套措施。①树种及其配置。要求选择生长比较迅速、根系发达、保水改土性能好的树种。在海拔3000m以上的亚高山地区可选择高山栎、黄背栎、山杨、桦木(白桦、红桦)等阔叶树种和云杉、苍山冷杉、大果红杉、高山松等针叶树种,灌木选择沙棘等。可根据适地适树的原则及原有植被状况,营造纯林或混交林。草地和退耕地进行块状或带状针阔混交;对有灌木林、箭竹林或阔叶林等原生植被的林地,补植针叶或阔叶树种。②苗木培育。阔叶树种,采用常规方法培育1年生苗;针叶树,用常规方法培育2年生容器苗。也可应用先进的工厂化育苗技术培育容器苗。③造林技术。采伐迹地,进行带状清林、穴状整地,清林带宽10m,保留带宽5~10m;草地或退耕地,采用常规方法营建针阔叶混交林,混交比为针7阔3,株行距为2.0m×2.0m或3.0m×2.0m。④幼林抚育。适时清除影响苗木生长的灌木和箭竹。

3. 模式成效及适宜区域

该模式自1987年推广应用以来,人工更新水源涵养林的成活率达85%~98%,保存率达80%~93%,实现了一次更新成功,对于加快当地森林植被的恢复进度发挥重要作用,已取得了明显的生态效益和社会效益,并因此获得云南省科技进步奖。该模式适宜在金沙江、澜沧江、怒江各支流源头海拔2500~4000m的高山地带推广。

(二)滇西北高山封育结合植被恢复模式

1. 问题诊断与治理思路

模式区位于云南省香格里拉市的高山与河谷地带,位置偏僻,人烟稀少,人类活动不频繁。但生态环境脆弱,发生山地灾害和水土流失的潜在危险较大,植被一旦经人为或自然因素破坏以后极难恢复,造林难度大。该模式的治理技术思路为:当地生态极为脆弱和严重退化,应采取严格封禁和保护措施,让其自然恢复。同时在部分地区采取一定的人为辅助措施,加速植被恢复。

2. 技术要点及配套措施

①草场保护。保护现有草场,避免草场退化形成新的砂砾化、石砾化山地。②封禁恢复。对于树木线附近的高山地区,由于森林火灾造成树木线下降的地区,尤需禁伐、禁牧,保护残留林木,促进植被自然恢复;而对于干旱和半干旱的河谷陡坡地带,同样应以封禁为主,促进以次生灌木林为主的植被自然恢复,防止地表的进一步破坏及发生崩塌、滑坡等山地灾害。③人工补植。对一些大坡面的封禁地,为加速植被恢复,可以在条件较好的地段,如较平坦、低凹、土层较厚的地段,采取带状人工补植措施,创造较为优越的小环境,促进植被的自然恢复。高山可以选植高山松、大果红杉、花楸等树种;干旱半干旱河谷区,可以选择苦刺(白刺花)、羊蹄甲、小石积、仙人掌等进行补植。带间距及种植带宽度可视具体情况而定。

3. 模式成效及适宜区域

该模式在滇西北采伐迹地更新中已广泛应用,促进了植被恢复进程,增强了金沙江、澜沧江等江河上游森林的水源涵养功能。该模式适宜在滇西北树木线附近森林植被被破坏的地区以及干旱、半干旱且坡度陡峻难于造林的河谷地区推广。

(三)滇西北高山草甸和湖泊周边林业生态建设模式

1. 问题诊断与治理思路

该模式源自云南省的碧塔海,位于滇西北高山地区、亚高山草甸、湿地(沼泽地)、高原湖泊周围的宜林地、灌木林、疏林等地段。地貌属高原面或盆周山地,海拔一般为3000~4000m,气候温凉湿润,年平均气温一般不足8℃,年降水量500~1300mm,且集中在6~9月。该模式的治理技术思路为:高山、亚高山地区的草甸、湿地、湖泊周围的宜林地、灌木林地和疏林地,既是湖周的水源地、黑颈鹤等野生鸟类的栖息地,具有重要的生态旅游价值,同时也发挥着保护牧场和农地的作用,生态地位十分重要。因此,这一地区的生态环境整治与区域经济发展以及群众的生产生活关系非常密切,应该采取集约度相对较高的方式,根据具体治理地段和森林的功能,采取不同的综合治理措施组合。

2. 技术要点及配套措施

①空间布局。将草甸、湿地、城镇作为一个由河流、廊道连接起来的自然社会复合系统,根据模式区各组分的生态区位和社会经济功能,综合布置林业生态建设与治理措施。草甸,主要是在护牧林带的保护下改良草地,建设人工草场,为

畜牧业的发展创造良好的生态条件;湖泊周围,主要通过封造结合,封育灌木次生林,建设栖息地保护林带和景观林;河岸,主要配置护岸林,防治河岸冲刷;城镇周边,布置建设农田防护林网和景观林带。最终形成一个带片网结合的、集保护、防护与景观功能于一体的林业生态屏障。②林牧结合。林带配置:一是结合人工草场建设、沙棘的经济开发利用,营造林草结合的沙棘园,改良土壤,促进牧草生长,并集约经营沙棘园;二是根据草场大小,在草场及其周边营造带宽10～30m、带间距200～300m的护牧林带,改善牧场的生态环境,并结合草场改造,逐步提高草场质量。造林技术:沙棘,实生苗或扦插苗造林,株行距4.0m×5.0m;护牧林带,主要采用杨树(滇杨、川杨等)、白桦、丽江红杉、油麦吊云杉、柳树等树种,株行距2.0m×2.0m或2.0m×1.5m,此后每年对林带进行适当的抚育和补植。③封造结合。封山育林:主要对湿地周围的灌木次生林实行保护性封山育林,使之逐步恢复为乔灌结合的复层林,增加生境类型,促进鸟类的栖息与繁衍。林带建设:在湿地周围的荒山或宜林地,营造乔灌结合的湿地保护林带,带宽50m以上;也可采取不规则的林片、林带结合布局。乔木树种,可选择云杉、大果红杉、白桦、槭树、柳树、花楸、杨树等;灌木树种,可选择滇丁香、中甸山楂、刺茶子、锦鸡儿、沙棘等。④水源保护与景观建设相结合。高原湖泊周围及宽谷河沟两岸的河滩地带常具有双重功能:一方面是水源和湖岸(河岸)的保护带;另一方面是生态旅游区的游憩地带。因此,林业生态建设也要求同时满足这两个功能需求。林带布局:河滩地,沿河岸50m以内营建护岸林带;湖泊周围山地,营造片林,防治水土流失;周边草地,不规则造林,以形成林地和草地相结合的自然景观。造林技术:大苗造林。护岸林带,可选择杨树、沙棘、柳树等树种,营建纯林林带或杨树-沙棘混交林带,株行距2.0m×2.0m或2.0m×3.0m;湖周山地,选植大果红杉、云杉、红桦、白桦、槭树等,株行距2.0m×2.0m或2.0m×1.5m;湖周草地,选择白桦、槭树、花楸及沙棘、滇丁香、中甸山楂等灌木树种,株行距2.0m×2.0m。管护措施:造林后3年内实施管护,防止牲畜践踏、啃食及人为破坏。⑤廊道建设。在高原城镇周边的公路干线地区,结合城镇周围的农田防护林与道路绿化带,建设作为城市生态系统重要组成部分的绿色廊道。防护为主的林带,可选植杨树等速生树种;景观型林带,可以选植云杉、冷杉、大果红杉、大果圆柏、柳树等树种;也可营造景观建设与防护结合的混合式林带。带宽2～10m不等,视宜林地状况而定。株行距4.0m×2.0m或3.0m×1.5m。以大苗造林为主,加速发挥防护和绿化作用,同时也有利于防止人畜破坏。

3. 模式成效及适宜区域

该模式通过植被建设措施有效地保护了牧场、农地、野生鸟类栖息地、湖周水源,促进了农牧业的发展,同时为生态旅游提供了优美的景观。该模式适宜在亚高山地区的亚高山草甸、湿地(沼泽地)、高原湖泊周围的宜林地、灌木林、疏林等地段推广。

(四)滇西北中山峡谷水土保持林体系建设模式

1. 问题诊断与治理思路

模式区为云南省兰坪白族普米族自治县。在海拔 3000m 以下的中山、河谷相间地带,一般有两种主要地貌组合:一是直至河谷的大坡面或者是中间有些相对比较平坦地段的阶梯式大坡面结构;二是与中山盆地相连的坝山组合结构。根据地貌和气候差异又可进一步分为中山山地、中山盆地和河谷三种地貌单元,而河谷又有干热河谷和半干旱、半湿润河谷之分。该模式区内气候温凉湿润,土层深厚,森林覆盖率较高,仅局部地段植被稀疏。由于地处山体径流的汇集区,海拔差异悬殊,坡面长而陡峭,因而也是滇西北高山峡谷亚区中最主要的土壤侵蚀区和泥石流危险区。该模式的治理技术思路为:模式区植被条件虽然较好,但受地形等因子影响,植被稀疏的局部地区水土流失严重,甚至发生石砾化或泥石流。因此,应结合天然林保护、陡坡地退耕还林、封山育林及水土保持林营造等措施,综合考虑水土保持林体系的合理空间布局结构和林分结构,建设功能完善而强大的水土保持林体系,控制水土流失,防治泥石流。

2. 技术要点及配套措施

①体系布局。从水土流失及其治理来看,阶梯式大坡面结构地貌单元的水土流失危险性远大于坝山组合结构。因此,前者必须以大面积森林覆被为基础,辅以在平坦地区或农地周围营建水土保持林带,构成水土保持林体系;而后者则主要由山顶的防护林带、山坡的护坡林带与坝区的农田防护林带构成水土保持林体系。在河谷区主要是布设护岸林。②封山育林。严格保护天然林,辅以适当的人工促进措施,逐步提高其防护功能。对于由人为砍伐、火灾等形成的次生林、疏林、灌木林等,进行封山育林。特别是陡坡地带的次生林、疏林和灌木林地,更要严格封山,逐步恢复和增强其防护功能。必要时可以在尽量不破坏表土的情况下进行适当补植。③造林更新。宜林荒山和易引起水土流失的地段,营造水土保持林;比较平坦的地段、坝山部,土壤比较肥沃,可营造生态经济型防护林。混交类型:针叶树有云南松、华山松、铁杉、三尖杉、黄杉、红豆杉、秃杉等;阔叶树以旱冬瓜和栎类为主,包括栓皮栎、麻栎、槲栎、青冈栎、高山栲、黄毛青冈等;灌木可以选择马桑、胡颓子、榛子,在干旱半干旱河谷区可以选择苦刺、车桑子、山毛豆等。在石质岩地区选择冲天柏、藏柏、墨西哥柏等柏类。选用上述树种营造针阔混交林或乔灌混交林,常用的混交类型有旱冬瓜与云南松、华山松混交,栓皮栎(麻栎、槲栎)与云南松混交,黄毛青冈与云南松混交等。行间混交或株间混交,株行距 1.5m×2.0m 或 2.0m×

2.0m。林种配置:采薪型水土保持林,以栓皮栎或麻栎等为主要造林树种,海拔2000m左右的村庄附近可以选植银荆;经济型水土保持林,在进行非全垦型种植的基础上再配置生物埂或防护林带,生物埂选择花椒、青刺尖等灌木树种。防护林带选择核桃、板栗等树种,等高带状配置,株行距 1.5m×1.5m。

3. 模式成效及适宜区域

该模式通过采取多树种、多林种合理配置,封、育、造综合治理等措施,可有效减少水土流失。防治泥石流,同时提高农民的经济收入。该模式成果曾获云南省科学技术进步奖二等奖。该模式适宜在金沙江流域的中山峡谷区推广。

(五)滇西北江河护岸林建设模式

1. 问题诊断与治理思路

模式区位于金沙江支流源头沿江两侧的云南省丽江纳西族自治县金沙江石鼓段。气候垂直差异明显,山高坡陡,易受流水冲蚀,岸缘易崩塌,部分地段基岩裸露,土壤以新冲积土为主,植被毁坏严重。该模式的治理技术思路为:在河谷两侧选择生长快、耐水湿、抗冲效果好的树种营造护岸林。易受流水冲蚀、常出现崩塌的地段,辅以工程措施。

2. 技术要点及配套措施

①树种及其配置。主要树种为滇杨、垂柳、枫杨、慈竹、水杉、马桑等。乔灌或乔竹混交,沿河岸两侧各配置 5~10 行。②造林技术措施。在江河沿岸水湿条件较好的地段穴状整地,规格 60cm×60cm×40cm。用容器苗于冬、春季造林,株行距 2.0m×3.0m。针、阔叶树容器苗的高度要求为分别达到 25cm 和 40cm 以上。造林后应对幼林连续抚育 3 年,主要内容为松根、培土、铲除杂草以及禁止人畜破坏。③配套措施。在易坍塌或冲塌的地段修筑挡墙、排水沟或淤洪坝,通过工程措施与生物措施相结合进行综合治理。

3. 模式成效及适宜区域

该模式在工程措施的配合下,选择抗冲刷能力强的深根性树种进行造林,能够很好地防治河水对堤岸的冲刷。该模式适宜在金沙江上游江河沿岸推广。

六、滇西南中山宽谷区

(一)滇西南南亚热带兼用型生态林建设模式

1. 问题诊断与治理思路

模式区位于云南省普洱市,地处海拔 900~1800m 的中低山区。年降水量1200~1600mm,约 90% 集中在雨季,干湿季明显。该模式的治理技术思路为:在保护好现有天然林的基础上,针对当地松林易发生病虫害的特点,在森林破坏后形成的荒山荒地及次生灌丛地营造混交林,扩大森林面积,减少水土流失面积,不断改善生态环境。

2. 技术要点及配套措施

①天然林保护。在河谷潜在侵蚀危险性较大以及高大山体植被难以恢复的地段,保护现有天然林,做好病虫害的防治以及林区管理工作。②造林技术。树种选择:针叶树采用思茅松,阔叶树采用西南桦、马占相思、人叶相思、台湾相思等。混交配置:选用思茅松-西南桦、思茅松-相思类等混交类型,带状(5 行 1 带)或块状(5.0m×5.0m)混交,株行距 2.0m×2.0m。整地造林:块状或带状整地,块状整地规格为 40cm×40cm×30cm,带状整地时带宽可为 50cm。容器苗造林。③抚育管护。抚育以除草为主,第 1 年抚育 3 次,第 2 年 2 次,第 3 年 1 次。5～6 年后间伐过密、过弱树木,每亩保留 70 株左右。

3. 模式成效及适宜区域

混交林有利于生态环境的改善,有利于减少病虫害的发生,减轻水土流失,促进树木生长。该模式适宜在云南省南部山地海拔 900～1800m 的地区推广。

(二)滇西南南亚热带中山宽谷区混农林业立体开发模式

1. 问题诊断与治理思路

模式区位于云南省景谷傣族彝族自治县、德宏傣族景颇族自治州的南亚热带中山宽谷地区。区内地势平坦、土壤深厚肥沃、雨量充沛,乡村、城镇密集,人口稠密、交通方便,劳力充足。该模式的治理技术思路为:乡镇附近劳力充足,但农林矛盾较为突出。结合农业综合开发,发展混农林业,充分利用当地的土地、光、热、水资源优势,一方面增加植被覆盖率,减少水土流失,改善生态环境,另一方面带动当地经济的发展。

2. 技术要点及配套措施

①立体开发。在中山宽谷立地条件好、潜在侵蚀危险性较小的地段,中上部营造兼用型生态林,下部进行农业综合开发,种植较为适宜的枯果、荔枝、香蕉等。还可利用较好的光热条件,种植反季节蔬菜,提高当地群众的经济收入。②造林技术。植物种选择:经济树种可选择柑橘、柚子、腰果、香蕉等;农作物以矮秆作物为主,可选择花生、蔬菜、黄豆、瓜类、玉米等。整地:将坡地改为水平梯田,以株行距 5.0m×5.0m 的规格种植经济树种,挖穴规格为 40cm×40cm×30cm,注意施用基肥。造林:选用合格苗木造林。

3. 模式成效及适宜区域

发展混农林业既充分利用了当地的自然资源,照顾了群众的眼前利益和长远利益,又具有较好的经济效益和生态效益,是深受群众欢迎又符合国家生态要求的经营模式。该模式适宜在云南省西部及西南部的南亚热带及条件类似区推广。

七、滇中高原湖盆山地区

(一)滇中高原湖盆山地飞播造林模式

1. 问题诊断与治理思路

模式区位于云南省晋宁区,滇中高原湖盆山地地貌海拔 1600～2200m,山地土壤为红壤、棕壤,是云南松的适宜分布区域。天然植被覆盖度为 30%～70%,具有相对集中连片的宜林荒山荒地,适宜飞播造林。该模式的治理技术思路为:云南松是云南省的主要针叶造林树种,生长迅速,适应性强,耐干旱瘠薄,天然更新容易,能飞播成林,既是荒山造林的先锋树种,也是我国大面积飞播造林获得成功的树种之一。利用飞播造林速度快、成本低、省劳力、效果好、不受地形限制等优势,在人烟稀少、荒山面积较大的边远山区飞播造林,加快荒山绿化步伐。

2. 技术要点及配套措施

①树种选择。以天然更新能力强、适应性强的云南松为主,并适当混播车桑子、山毛豆等耐旱植物。在海拔 2600m 以上地带可根据情况选播华山松。②播期选择。一般为 5 月中旬至 6 月上旬。③播量及种子处理。播种前对种子的发芽率、发芽势、含水量等进行检测,选择质量好的种子进行飞播。播种量为 150～200g/亩。飞播前,使用生根粉、鸟鼠驱避剂进行浸种或拌种,提高飞播质量。④飞播作业要求。云高不低于当日播带最高峰 500m,能见度不少于 5000m,侧风速不大于 5m/s。播区要有气象人员进行天气实况报道。使用全球定位系统(global positioning system,GPS)导航技术,减少播区地勤人员,提高飞播质量,保证飞播作业安全。⑤飞播质量标准。实际播幅不小于设计的 70%;单位面积平均落种粒数不低于设计的 50%;落种准确率和有种面积率大于 85%。当年有苗样方率大于50%。3～5 年后的有苗面积应占宜播面积的 30% 以上。⑥播区管护。落实管理机构(组织)及人员,明确林权。飞播后封禁 3～5 年,严禁开垦、放牧、割草、砍柴、采药等人为活动。加强林区的护林防火与病虫害防治工作。幼林郁闭前要因地制宜做好补植、补播、问苗、定株等工作。郁闭后及时进行抚育间伐。

3. 模式成效及适宜区域

应用该模式先后在云南省的 9 个县(市、区)的 22 个播区推广造林 85.5 万亩,成林面积 60 万亩,成活率高达 70%,经济效益和生态效益极为显著,在灭荒绿化造林上具有较高的推广应用价值,成果曾获云南省科学技术进步奖。该模式适宜在滇中高原的云南松适生区以及川西南山地和滇西北高山峡谷地区推广应用。

(二)滇中高原湖盆山地水土保持与水源涵养林建设模式

1. 问题诊断与治理思路

模式区位于云南省昆明市松华坝水源保护区,水分条件相对较好,土壤以棕壤、黄棕壤及红壤为主,土层较厚。退化的云南松林、以松类和栎类为主的针阔混交林是当地主要的森林类型。人为破坏较为严重,导致森林植被减少,水土流失加剧。该模式的治理技术思路为:在封山保护现有植被的基础上,遵循因地制宜、适地适树的原则,采取人工造林、封山育林等方式,营建乔、灌、草混交的水土保持林和水源涵养林体系。

2. 技术要点及配套措施

①封山育林。对山地上部进行封禁,逐步恢复植被,增强其水源涵养功能。②更新造林。主要在山地中下部进行更新造林。树种选择:乔木树种主要有云南松、华山松、杉木、圆柏、麻栎、栓皮栎、刺槐、滇杨等;灌木有马桑、胡颓子等;草本有三叶草、香根草、龙须草、黑麦草等。配置方式:针阔混交、乔灌草结合,建立复层混交结构。主要的混交方式有:松-栎、松-桤、桤-柏、松树-马桑等,行状或块状混交,针叶树种的株行距一般为 1.5m×1.5m,阔叶树种的株行距一般为 2.0m×2.0m。整地与造林:穴状或鱼鳞坑整地,规格为 40cm×40cm×40cm。针叶树选用 1 年生容器苗,苗高 20cm 以上;阔叶树选用 1 年生容器苗,苗高 40cm 以上。雨季造林,随起随栽。幼林抚育:造林后连续封育 3 年。每年 8～9 月进行抚育,刀抚与锄抚相结合,抚育内容主要有穴内松土、培土、正苗、清除病株、对缺窝进行补植等。③配套措施。在水土流失严重的坡面和沟道,布设挡墙、水平沟、微型谷坊、淤沙坝等水土保持工程措施。

3. 模式成效及适宜区域

通过封山育林,营建了多树种、多林种、多层次的复合林体系,同时配套相应的工程措施建设山地水土保持林和水源涵养林,森林涵养水源、保持水土的功能明显增强。该模式适宜在滇中高原湖盆山地推广应用。

(三)滇中高原山地小流域水土流失综合治理模式

1. 问题诊断与治理思路

模式区位于云南省会泽县头塘小流域,属滇中高原山区、半山区,典型的高原山地。山高坡陡,河谷纵横,海拔变化悬殊,气候垂直分布明显。土壤主要为红壤、黄壤、山地暗棕壤和紫色土。地表植被稀少而破坏严重,一遇降雨,地表松散物全部被径流冲刷入沟,水土流失严重。该模式的治理技术思路为:以小流域为单元,因地制宜,综合治理,恢复植被,防治水土流失。对于流域内宜林荒山荒地,人工造林和封山育林相结合,恢复和建设植被;对水土流失严重、易坍塌地段,采用生物措施与工程措施相结合的方法,防治水土流失。同时边治理边开发,使小流域的各项收益得到不断提高。

2. 技术要点及配套措施

①树种及其配置。主要乔木树种有云南松、华山松、水冬瓜、旱冬瓜、川滇桤木、栎类、柏类、刺槐等;灌木有马桑、胡颓子、苦刺等;草本有三叶草、香根草、龙须草、黑麦草等。乔灌或乔灌草混交配置,乔木和灌木的株行距为 2.0m×2.0m 或 1.5m×1.5m。乔灌采用行状或块状混交,草本采用带状混交。②主要造林技术。乔灌木树种,在造林前 1 年的秋、冬两季穴状整地,规格 40cm×40cm×40cm;草本植物,带状整地,带宽 50cm,深 30cm。乔灌木选用苗高 30cm 以上的 1 年生营养袋苗,于雨季造林;经济林可在冬季栽植。造林后连续封育 3 年,每年 10~12 月进行抚育。③配套措施。在冲沟中修筑土石谷坊,以稳定沟岸、防止沟床下切;在陡坡且易发生滑坡地段,截流排水,筑挡土墙稳固坡脚,防止水体渗透侵蚀和坡体下滑;在主沟内选择有利地形构筑拦沙坝,拦蓄泥沙。同时,在冲沟的谷坊淤泥后扦插或种植滇杨、柳树、旱冬瓜等速生树种,快速封闭侵蚀沟。

3. 模式成效及适宜区域

按该模式治理水土流失 5 年后,头塘小流域粮食单产达到了 250kg/亩,农林复合经营区内的农作物增产 12.5%,林业总产值增加 54%,农民人均纯收入较治理前提高 31%,土壤侵蚀量减少 39%,人口、资源、环境与经济基本走上良性发展的道路。该模式适宜在金沙江流域的高原山地推广应用。

(四)滇中高原薪炭林营建及农村能源配套开发模式

1. 问题诊断与治理思路

模式区位于滇中高原湖盆山地的陆良县小莫古村。海拔 1600~2200m,山体下部坡度小于 25°。气候垂直变化明显,土壤为山地红壤、棕壤、紫色土。人口较多,薪材较为缺乏,森林破坏严重,水土流失严重。该模式的治理技术思路为:模式区人口稠密,缺乏燃料,应考虑薪炭林的营建和农村能源的综合开发。在村庄周围、房前屋后和田边地坎上,以萌生能力较强的树种营建薪炭林,解决当地群众的烧柴问题,同时辅以节柴改灶、沼气池等节能措施。

2. 技术要点及配套措施

①树种选择。选择速生、丰产、萌发能力强的树种,如栎类、旱冬瓜、松类等。②营建方式。短轮伐期能源林:选用新银合欢等树种高密度(670 株/亩)造林。用材薪材兼用林:用材与薪材合理结合,既提供用材又提供一定量的薪材,特别适合既缺用材又缺薪材的地区发展。防护型薪炭林:在水土流失严重而又缺乏薪

材的地区,发展防护型薪炭林,既能保持水土,又能适量提供薪材。主要配置方式有:松类-旱冬瓜、松类-栎类等。③农村能源配套开发:在发展薪炭林的同时,积极采取节能改灶、建立沼气池等配套措施开发新能源,以减少对生物质能源的过度消耗。

3. 模式成效及适宜区域

选用适应性强、生长快、热值高的树种营造多功能薪炭林,既有效解决了群众生活能源不足的问题,又提供了适量的木材,同时还减少了水土流失,改善了生态环境。该模式适宜在金沙江流域人口密集、缺少燃料的地区推广。

(五)滇中高原绿色通道建设模式

1. 问题诊断与治理思路

模式区位于云南省楚大高速公路两侧。在修建公路时,土石方工程导致公路两侧植被的破坏和水土流失,但土壤较为疏松,条件相对较好,种树(草)比较容易。该模式的治理技术思路为:以公路、铁路边缘为建设对象,对道路两侧绿化树种进行合理布局与配置,并采取必要的配套措施,营建生态经济型绿色通道。

2. 技术要点及配套措施

①布局与配置。在公路、铁路主干道两侧各5～10m建设生态型护路林,固土并美化、香化道路以常绿树种为主,乔灌草或乔草结合,立体配置。根据当地情况,在往外延伸100～1000m地带建设生态经济型防护林带,构建生态经济型绿色走廊。②营建技术。树种及其配置:生态型树种有柏类、滇杨、樟树、木兰科树种、枫香、女贞、柳树等;生态经济型树种有银杏、枇杷、樱桃等。配置方式采用三角形,生态型护路林栽植3～5行,株行距(1.5～2.0)m×(2.0～3.0)m;生态经济型护路林的株行距为(2.0～3.0)m×(2.0～4.0)m。造林技术:生态经济型林带,秋冬大窝整地,规格一般为50cm×50cm×40cm;生态型林带,秋冬季穴状整地,规格一般为60cm×60cm×60cm。大苗造林,要求苗高2～3m。雨季定植。③配套措施。通道绿化应与公路、铁路建设、近山造林、农耕措施相结合。对于易塌方、滑坡的地段,要配筑护坡墙等保护措施,防止坡面垮塌,消除事故隐患。交通、林业、农业分工合作,各负其责,共同建设通道沿线生态经济型绿色带。

3. 模式成效及适宜区域

该模式易于操作,能够尽快地绿化、美化、香化公路、铁路沿线,改善区域景观和面貌,生态效益、经济效益、社会效益显著。该模式适宜于云贵高原公路、铁路两侧。特别适于经济发达地区推广应用。但切忌在靠近高速公路的两侧选用高大乔木树种作为绿化树种。

(六)滇中高原城市郊区生态林建设模式

1. 问题诊断与治理思路

模式区位于云南省昆明市西山区,为城市近郊。水分较为充沛,土壤条件相对较好,植树造林相对容易。该模式的治理技术思路为:城市郊区,交通便利,土地资源珍贵。建设时,既要满足当地群众的生产生活需要,又要为城市人口提供生活用品和观光旅游、休闲度假的场所;既要治理生态环境,又要满足城乡的不同需要。

2. 技术要点及配套措施

①森林公园建设。在离城不远的郊区,选择立地条件较好的旷地建设森林公园,供城市居民周末或假期休闲。树种可选择柏木、银杏、栎类、松类、木兰科树种、润楠、杜鹃、冬樱花、梅花、茶花、竹类及其他高大乔木树种,园中采取团状或大块状混交,株行距 2.0m×2.0m。②花果园建设。在郊区森林公园附近建设既能观花又能采摘品尝的成片经济林果园,春天开展观花旅游;夏天供游人游园品尝鲜果。同时,还可以批量售花、售果。增加郊区农民收入。选择月季、玫瑰、郁金香、康乃馨等具有市场潜力的花卉品种,以及杨梅、枇杷、猕猴桃、桃、李、杏、梨等经济树种,团状或块状混交,建设花园、果园。③林盘农家乐建设。农家乐以林舍、农舍、庭院为中心,四周种植树木花草,所用树种应与森林公园、花园果园栽植的种类相结合、相协调。乔木株行距为 3.0m×3.0m,竹类丛距为 3.0~4.0m,园林绿化树种的株行距为(1.0~2.0)m×(1.0~2.0)m。建成后,每年施肥 1 次,以无污染的农家肥最佳,做到施肥与培土松土相结合,适当修剪经济果木,同时注意病虫害的防治。

3. 模式成效及适宜区域

该模式不仅绿化、美化了城郊,改善城市及城郊生态环境,吸引城市居民旅游观光,还增加当地群众的经济收入。该模式适宜在云南省城郊交通方便的地区推广。

八、滇中高原西部高山峡谷区

(一)滇中高原高中山水源涵养林体系建设模式

1. 问题诊断与治理思路

模式区位于云南省永仁县的高中山区。年降水量较少,一般在 800mm 左右,且 90%集中在雨季。紫红色砂页岩分布较广,抗冲蚀能力弱,加之地形起伏较大,河谷狭窄、坡度陡峭,水土流失较为严重,自然条件十分恶劣。植被垂直差异明显,分布多样化。该模式的治理技术思路为:在保护现有植被的基础上,遵循因地制宜、适地适树、发展近自然林业的原则,采取封山或人工促进封山育林、人工造林等方式,恢复形成乔、灌、草相结合的稳定、高效的水源涵养林,以提高森林蓄水保土、调节水源、稳定河床的能力。

2. 技术要点及配套措施

根据具体条件采取全封、半封或轮封的方式封山育林,配合人工促进天然更新措施育林。在荒山、植被稀疏的地段进行人工造林。①树草种选择。选择生长迅速、根系发达、耐干旱瘠薄、水源涵养功能强、有一定经济价值的乔灌木和草本植物。乔木树种主要有云南松、华山松、旱冬瓜、滇杨、山杨、栎类、高山栲、黄毛青冈等;灌木树种有马桑、胡颓子、滇榛等;草种有黑麦草、百喜草、香根草等。②整地。水平阶、穴状整地,栽植穴的规格为 40cm×40cm×40cm。更新造林季节选择在夏季(雨季)。造林后连续抚育 3 年,主要内容为穴周松土除草及培土,修复被冲坏的水平阶增强蓄水保土能力,并适时进行补植。③混交林营建。营造乔灌、乔草、灌草或乔灌草结合的混交林。常用的混交方式有云南松、华山松与旱冬瓜混交,云南松与栎类混交,云南松与黄毛青冈混交,松类与马桑等进行乔灌或乔灌草混交。山地造林时,根据小地形和立地条件的变化,采用不规则的块状混交,块状面积应稍大,主要树种的比例应不少于 50%,株行距 2.0m×1.5m;初植时伴生树种所占比例应为 25%～50%,株行距 2.0m×2.0m。

3. 模式成效及适宜区域

经过封山育林、人工造林,林草植被得以逐步恢复,增强了蓄水保土的功能,改良了土壤结构,提高了土地生产力。该模式适宜在滇中高原高中山峡谷区推广。

(二)滇中高原退耕还林还草恢复植被模式

1. 问题诊断与治理思路

模式区位于云南省鹤庆县,陡坡耕地比例较大,人均占有耕地较少,水土流失较为严重,且潜在危险性较大,是国家退耕还林的重点县。该模式的治理技术思路为:首先对大于 25°的坡耕地停止耕种,按照生态建设与农村产业结构调整相结合的原则,根据当地的实际情况,林草、林灌、林药相结合,配合封禁管护措施,有组织、有步骤地进行人工造林和封山育林,逐步恢复森林植被。

2. 技术要点及配套措施

①树(草)种选择。本着因地制宜、适地适树的原则,防护型树种主要选云南松、华山松、旱(水)冬瓜、柏木、杉木及栎类;草(药)种主要为黑麦草、香根草、百喜草、龙须草、苜蓿、山药等。②林草结合。在林下种植灌草,造林株行距1.5m×1.5m 或 2.0m×2.0m,维持林分郁闭度为 0.6～0.8;也可林草带状相间配置,林带宽度 30～50m,间隔灌草带宽 20～30m。使用 10% 的草甘膦和 20% 的百草枯,消除和防止杂草生长。③林药结合。一种林下种植具有药用价值的灌草植物的方

式,特别适宜在人多地少的退耕还林还草区应用。选择适宜耐阴且药用价值较高的品种,控制适宜的株行距(1.5m×2.5m)和林分郁闭度(0.5～0.7),以保证林内光照和便于药材种植。及时除草和施肥,具体的数量和频度根据林、药材的品种和立地条件而定。

3. 模式成效及适宜区域

由于树种选择得当,配置合理,林草植被恢复快,实施后有效地遏制了水土流失,保护了基本农田,同时从经济林、药用植物中又可获得可观的经济收入。该模式适宜在云南省退耕还林还草工程区的大部分地区推广。

(三)滇中高原切割山地水土流失治理模式

1. 问题诊断与治理思路

模式区位于云南省永仁县,地处滇中北高原,属金沙江流域。由于金沙江水系下切剧烈,南北向断裂发达,促进了高原面的解体,区内地势起伏较大,土壤冲刷较为严重,保水能力较差,是金沙江流域侵蚀较为严重的地段。该模式的治理技术思路为:从汇水的源头开始治理,造林与封育相结合,建设乔、灌、草复层混交的水土保持和水源涵养林,并辅以必要的水土保持工程措施,有效抑制水土流失。

2. 技术要点及配套措施

①封山育林。在人烟稀少、具有天然下种更新能力的采伐迹地,以及经抚育有望成林的地块,采取封山育林措施,逐步恢复植被。②更新造林。树种选择:山上部适宜的主要树种有云杉、旱冬瓜、山杨、麻栎、栓皮栎、马桑、胡颓子等;山中下部适宜的主要树(草)种有云南松、华山松、圆柏、柳杉、相思、水冬瓜、旱冬瓜、刺槐、滇杨、马桑、胡颓子、黑麦草、百喜草、香根草等。配置方式:针阔混交且适当配置草种,形成乔灌草结合的复层混交结构。行状或块状混交,主要的混交林方式有松-栎、松-桤、桤-柏、松树-马桑等。针叶树种的株行距一般为1.5m×1.5m,阔叶树种的株行距一般为2.0m×2.0m。造林技术:苗木选用国标规定的Ⅰ、Ⅱ级容器苗。整地一般在旱季进行,可采用穴状、鱼鳞坑、反坡阶等方式,具体规格为:穴状40cm×40cm×40cm;半圆形鱼鳞坑,规格为40cm×30cm×40cm;弯月形土、石埂,规格为40cm×40cm×30cm。挖坑合格后,将表土回到穴中。7～8月雨季过后定植,随起苗随栽植,要求苗正根直,分层填土,踏实。③配套措施。在水土流失严重、易坍塌的地段,设置截流沟、谷坊、挡墙等水土保持工程措施;在沟头侵蚀区营建防护林(草)带。

3. 模式成效及适宜区域

该模式通过封山育林,多树种、多林种人工造林以及配套水土保持工程措施,有效地减少了水土流失并防止了泥石流的发生,是治理高原切割山地水土流失的有效模式。该模式适宜在金沙江流域中段及滇中高原切割山地推广应用。

九、滇东北金沙江下游中低山山塬切割区

(一)金沙江下游中低山山塬切割区水土保持与水源涵养林建设模式

1. 问题诊断与治理思路

模式区位于云南省镇雄县,属金沙江下游中低山山塬切割区,区内山脉交错、峰峦叠嶂、河谷纵横,25°以上的陡坡地面积所占比例高达 43.81%,水土流失面积率高达 59.8%,年均土壤侵蚀量占长江上游地区年均侵蚀总量的 6.96%,平均侵蚀模数比长江上游水土流失区平均侵蚀模数高出 7.70%,是长江上游水土流失最严重的区域之一。该模式的治理技术思路为:在保护现有植被的基础上,人工造林与封山育林相结合,恢复和营建乔、灌、草复层结构的水土保持与水源涵养林体系,增强其涵养水源和保持水土的功能。

2. 技术要点及配套措施

①封禁。对现有植被进行严格保护。尤其对土层浅薄、岩石裸露、更新困难的林地,应采取特殊保护措施全面封禁;在山脊、沿岸的陡坡地区成片成网地全坡面保护;主干流两侧及坡度平缓地区带网结合地进行管护,形成片带网有机结合的植被保护体系。②封育。对区内的阳坡和高山灌丛草甸,具有天然下种能力或萌蘖能力的采伐迹地,以及人工造林困难但经封育可望成林或增加林草盖度的高山、陡坡、岩石裸露地,封山育林育草,加快植被恢复速度。一般远山地区、江河上游、水土流失严重地区及植被恢复较困难的宜封地区,实行全封;对于当地群众生产、生活和放牧有实际困难的近山地区,可采取半封或轮封。③人工造林。选择华山松、云南松、光皮桦、栓皮栎、麻栎、刺槐、侧柏、檞栎、杉木、柳杉、紫穗槐、竹子等,以乔灌或乔灌草结合的形式,进行大面积块状或带状混交。苗木采用国标规定的Ⅰ、Ⅱ级营养袋苗。整地方式采用穴状整地,规格为 40cm×40cm×40cm,株行距 1.5m×1.5m。造林后实施封育,严禁人畜破坏,同时对幼林进行穴内松土、除草、培土。

3. 模式成效及适宜区域

该模式应用优良技术组合造林,人工造林成活率达 85% 以上,保存率达 80%,实现了一次造林成功,对加快本区森林植被的恢复、增强植被涵养水源和保持水土的能力发挥了重要作用。该模式适宜在金沙江流域低中山山塬切割区推广应用。

(二)滇东北陡坡坡耕地退耕还林还草模式

1. 问题诊断与治理思路

模式区位于滇东北坡度大于 25°的陡坡耕地。当地人口压力过大,导致长期过

度垦殖,水土流失加剧。严重的水土流失灾害、恶劣的生态环境成为这一地区社会经济可持续发展的重大制约因素。该模式的治理技术思路为:退耕还林(草)应考虑农村经济的发展与环境保护相结合,通过配置一定的经济林果木、笋材两用竹和牧草,发展竹产业和割草养畜,促进农村产业结构的调整和农牧业的发展,改善山区环境和经济状况。

2. 技术要点及配套措施

①树(草)种及其配置。经济树种选用笋材两用竹竹种、核桃、苹果、花椒、杜仲、木漆等;防护林树种为华山松、滇杨、旱冬瓜、柏木等;草种为黑麦草、香根草等。退耕地上部配置防护林树种,下部水湿条件较好的地段配置经济林树种,并带状配草带。②林(草)营建技术。种植时行与等高线相平行。经济林用嫁接苗造林,株行距一般为 2.0m×4.0m,造林后合理施肥、修枝,提高经营管理水平,2~3 年就可挂果;用材林用营养袋苗造林。株行距一般为 1.5m×1.5m;带状撒播牧草种子,带宽 40cm,带间配置 3~4 行经济林。

3. 模式成效及适宜区域

该模式有效地控制了水土流失,减少了输入中下游江河和湖库的泥沙量,改善了当地的生态环境,增加了当地群众的经济收入,对金沙江流域陡坡地退耕还林具有重要的示范作用。该模式适宜在金沙江流域坡耕地退耕还林中推广应用。

(三)滇东北高湿低温山地生态脆弱带治理模式

1. 问题诊断与治理思路

模式区位于金沙江中下游海拔 2200~2400m 以上的山地,区内湿度大、温度低,森林破坏严重,植被覆盖率低,水土流失极其严重,且潜在危险大,造林不易成活。该模式的治理技术思路为:根据区内高湿低温的特点,实行封山育林保护好现有植被,选择适宜的耐寒树种,营造以保水、保土为主的生态防护林。

2. 技术要点及配套措施

①天然林保护。对于现有植被实行严格保护,尤其对土层浅薄、岩石裸露、更新困难的林地,主干流江河两侧的森林,采取有效的保护措施,对天然林进行全面管护。②封山育林。在高湿低温区具有天然下种能力或萌蘖能力的采伐迹地;人工造林困难的高山、陡坡、岩石裸露地,但经封育可望成林或增加林草盖度的地块,实行封山育林育草,加快森林植被恢复速度。一般较偏僻的地区,水土流失严重的地区及恢复植被较困难的宜封地区,实行全封,对于当地群众生产、生活和放牧有实际困难的近山地区,可采取半封或轮封。③造林技术措施。树种及其配置:主要树种有落叶松、冷杉、铁杉、云杉、华山松、桦树(白桦、红桦)、花楸、槭树等。草地或退耕地,营造块状或带状混交的针阔混交林;灌木林或阔叶疏林,补植针叶树种,形

成针阔混交林。苗木：采用容器苗，针叶树种苗高 25cm 以上，阔叶树种苗高 40cm 以上。整地：采用穴状、鱼鳞坑等方式整地，规格 40cm×40cm×60cm。造林：雨季造林，株行距 2.0m×3.0m，随起随栽，适当深栽，细土壅根、踏实。抚育管理：造林后进行封育，禁止人畜破坏，促进灌草生长。刀抚、锄抚相结合，每年 8～9 月对幼林进行抚育，抚育内容包括穴内松土、培土、正苗、清除病株等。对缺窝及时进行补植。

3. 模式成效及适宜区域

该模式采用天然林保护、封山育林、人工造林等综合措施，因地制宜对高湿低温山地生态脆弱带进行综合治理，提高了植被覆盖度，减少了水土流失，改善了脆弱的生态环境。该模式适宜在滇东北的高湿低温区推广应用。

（四）滇东北金沙江河谷高湿高温区高效生态治理与开发模式

1. 问题诊断与治理思路

模式区位于云南省昭通市彝良县白水河流域，属金沙江下游河谷高湿高温区，海拔 800～1000m，光热条件好，温度较高，气候湿润。当地人口集中，经济贫困，植被破坏严重，水土流失强烈。该模式的治理技术思路为：根据区域内温度高、湿度大的特点，结合经济贫困的现状，生态效益与经济效益相结合，营造生态经济型防护林，同步改善经济落后和生态环境恶劣的状况。

2. 技术要点及配套措施

①树（草）种及其配置。树种选用苦丁茶和竹子，块状或带状混交。②造林技术。苗木：苦丁茶采用容器苗，苗高 40cm 以上；竹子用竹鞭。整地：采用穴状、鱼鳞坑等方式整地，规格 40cm×40cm×60cm。造林：雨季造林，苦丁茶株行距 1.0m×1.0m，竹子株行距（3.0～5.0）m×2.0m，随起随栽。适当深栽，细土壅根、踏实；竹子采用埋节。③抚育管理：造林后，每年 8～9 月对幼林进行抚育管理，内容有穴内松土、培土、正苗、清除病株等。对缺窝及时进行补植。

3. 模式成效及适宜区域

营建生态经济型防护林，在取得良好生态成效的同时，还有较高的经济产出，当地农民喜欢接受。该模式适宜在云南省东北部金沙江河谷高湿高温区推广。

第六章 对监测预警平台建设等的意见和建议

省级资源环境承载能力监测预警总体实施思路包括建立一个省级主体功能研究平台,通过遥感技术和统计监测手段并行进行监测预警,同时设置预警系统及警态发布预案,制定考核评价和过失追责制度,完善部门监管和公众监督体系。

第一节 建立省级主体功能研究平台

云南省自然环境多样以及生态环境脆弱的区域特征,特别是省内大部分区域在《全国主体功能区规划》和《云南省主体功能区规划》中属于重点开发区和限制开发区类型的这一基本事实,使得云南省资源环境承载能力监测预警工作面临种种问题和困境。这一困境的破解,其关键在于行之有效地对云南省资源环境承载能力进行科学度量以及常态化监测预警,因此建立云南省省级主体功能研究平台的现实需求显得尤为迫切。云南省省级主体功能研究平台的建立,其核心内容在于云南省资源环境承载能力监测预警的主体责任确定、任务分工及其部门或组织架构之间的互动关系。

一、明确权责划分

就全国层面而言,资源环境承载能力的科学测度、常态监测与预警工作的主体责任在于国家发展和改革委员会,但受部门职能范围限制,这一工作的责任被自然资源部、生态环境部、水利部、农业农村部等各职能部委所分担,形成了多部委联合的责任分担机制。就云南省层面给出以下解决方法。

1. 明确主体,形成体系

省内资源环境承载能力的科学测度、常态监测与预警工作的主体责任在省级发展和改革委员会,同时自然资源厅、生态环境厅、水利厅、农业农村厅等各职能厅局为主体责任的分担机构,形成横向责任分担关系。

2. 各司其职,科学测度

省级各厅局受国家各部委垂直领导,在省内资源环境承载能力的科学测度、常态监测与预警工作中形成纵向责任分担关系。

省级区域资源环境承载能力的科学测度、常态监测与预警工作的权责划分不清晰、主体责任不明确会影响这一工作进行的效率和效果。显然,省级区域资源环境承载能力的科学测度、常态监测与预警工作首先应明确权责划分,确定一条线的纵向垂直领导关系,工作责任分层但不分散,同时在此项工作中赋予主体责任机构主体领导或组织权利,保障工作的积极开展和工作的实效性。

二、完善组织架构

省级区域资源环境承载能力的科学测度、常态监测与预警工作不是单一的行政工作,而是集科学研究、政府调控和市场参与于一体的综合性任务,为保障这一区域可持续发展任务的完成,省级行政区域需要完善支撑此项工作的协同体,其主体包括一个平台、三组协同、五项改革和九个优势(图6-1)。

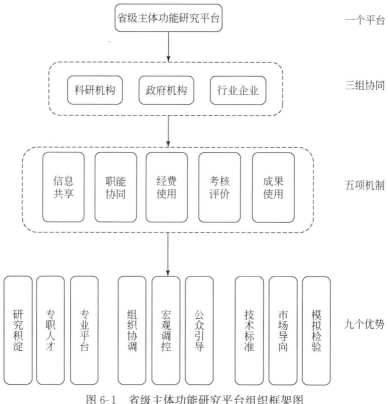

图6-1　省级主体功能研究平台组织框架图

(1)一个平台,即建立省级主体功能研究平台。

(2)三组协同,即科研机构、政府机构、行业企业之间构成协同关系,做到资源信息共享、价值选择一致、"研、政、产"优势互补。

（3）五项机制，即信息共享、职能协同、经费使用、考核评价、成果使用。

（4）九个优势，即科研院所的研究积淀、专职人才和专业平台优势，政府机构的组织协调、宏观调控和公众引导优势，以及行业企业的技术标准、市场导向和模拟检验优势。

三、协调运行机制

在运行过程中，以科研院所为主体形成省级主体功能研究平台作为省级区域资源环境承载能力的科学测度、常态监测与预警工作的核心。

政府机构以常态化、周期性项目的方式委托研究平台完成省域、州市域和县域资源环境承载能力年度（或其他时间周期）评价、过程监测、预警以及警态诱因与政策预研等研究任务，并在这一过程中组织协调，为研究提供必要的数据支撑，同时依据研究结果进行政府调控和公众引导；协同相关企业行业，为研究过程提供市场咨询、技术标准及模拟检验环境。

科研院所在完成政府机构委托研究任务的基础上，为政府机构提供区域内资源环境承载能力可持续发展的决策咨询报告，并在区域内某资源环境承载能力达到警态时向政府机构提交预警报告；科研院所在研究过程中协同省内相关企业或行业部门，开展研究评估的预期调研，获取企业行业发展的基本需求，寻求区域经济发展曲线与资源环境可持续发展曲线的最优交叉点。

第二节 遥感和统计监控并行及预警

一、进行资源环境承载能力遥感监控

相较于传统统计监控方式，卫星遥感数据在监测空间范围内资源环境时间变化及其趋势预测中有着显著优势，更为直观且时效性更强。运用遥感和地理信息系统，确定省内各层级区域资源环境承载能力水平，并实时监控其动态变化趋势，可以为区域资源环境承载能力的可持续水平进行科学预估，为区域资源环境承载能力三类地区警态出现提供时间缓冲，保障区域资源环境政策调控的政策时效。

资源环境承载能力是主体功能区划分的主要依据，当资源环境承载能力发生变化时，其所对应的主体功能区或主体功能区边界也相应发生变化。现阶段，对省内主体功能区只是笼统的特征描述，事实上各主体功能区的界线不是一成不变的，

它们之间会发生相互转换。例如,有些重点开发区在经历了一段时期的发展与建设之后,可能出现资源环境承载能力与经济发展之间的矛盾越来越突出等问题,从而转变为优化开发区;有些限制开发区由于自身生态环境发生变化或基于宏观整体利益的需要,开发权限与规模受到越来越多的限制,最终可能成为禁止开发区。因此,基于遥感的实况监控和趋势预判,有助于明确主体功能区规划周期,并在每个规划期内界定主体功能区政策适用的空间边界。

二、建立资源环境承载能力数据台账

区域资源环境承载能力的评估、监测和预警是通过对区域资源环境要素的量化状态进行集成运算分析来完成的,因此这一过程离不开基础数据的支撑。现阶段区域资源环境承载能力评估、监测和预警的数据来源主要可划分为横向数据、纵向数据、面状数据和点状数据四种基本类型(图6-2)。云南省资源环境承载能力的评估、监测和预警工作需要将这些类型的数据进行集成汇总,建立省内资源环境承载能力数据台账,以便进行时段内区域资源环境承载能力定量集成分析和时段间区域资源环境承载能力的比较分析。

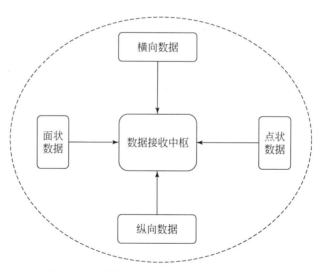

图6-2　区域资源环境承载能力基础数据来源

1. 横向数据

从云南省层面而言,其横向数据主要为省级的发展和改革委员会、财政厅、统计局、自然资源厅、生态环境厅、水利厅、农业农村厅等各厅局所提供的专项统计数据。

2. 纵向数据

从云南省县域尺度而言,其纵向数据主要为省内各厅局下辖的州市级区域、县级区域的分区职能部门,其掌握着各层级区域最底层部门的统计数据,且低层级职能部门对所辖区域数据掌握的详尽程度高于上级职能部门。

3. 面状数据

面状数据主要为基于卫星遥感系统获取的影像解译的基础数据,该数据在要素完整性上不及统计数据,但在数据的时效性和直观性上优于统计数据。

4. 点状数据

点状数据主要为科研院所、研究机构、企业或团体等所掌握的小区域调研、采样数据,该数据的区域尺度范围一般较小,但数据类型和详尽程度较高,对特殊区域的资源环境承载能力研究具有重要价值。

第三节　设置预警系统及警态发布预案

一、设置警态预警系统

区域资源环境承载能力监测警态预警系统主要由常态预警和专案预警两个功能类型系统构成,且两个功能类型系统在系统的要素结构上协调互补(图 6-3)。

1. 常态预警

区域资源环境承载能力监测常态预警系统主要针对省内各层级区域进行周期性监测,其系统运行过程主要为以下环节:①数据提取。依据区域资源环境承载能力监测需求,主体责任机构组织协调资源环境统计监控、资源环境遥感监控数据的获取,集成建立区域资源环境承载能力基本状态数据台账。②预警分析。省级主体功能研究平台受区域资源环境承载能力监测主体责任机构委托,使用区域资源环境承载能力基本状态数据台账,依据既定技术方法对区域资源环境进行要素评价和区域评价,得到资源环境承载能力三类地区类型分析结果和资源环境承载能力预警类型评估结果,最终形成区域资源环境承载能力常态预警报告。③警情报告。省级主体功能研究平台按周期向主体责任机构上报区域资源环境承载能力常态监测警情警态。

2. 专案预警

区域资源环境承载能力监测专案预警系统主要针对省内各层级区域进行不定期专案监测,其系统运行过程主要为以下环节:①数据提取。依据区域开发等专项项目开展的资源环境承载能力评估需求,主体责任机构组织协调区域开发主体、区域职能部门对项目数据进行报送和上报,集成区域重点开发项目类型及强度专项

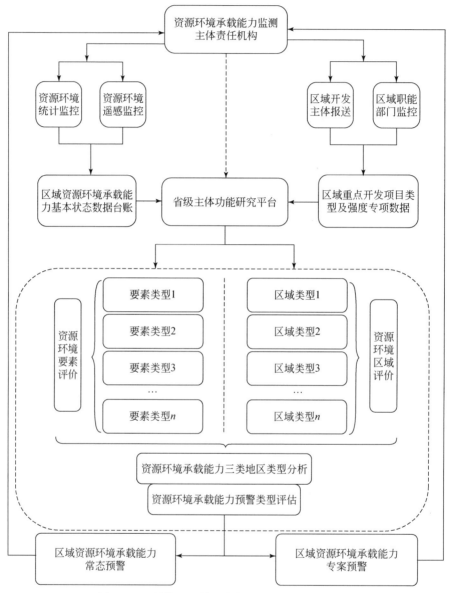

图 6-3　区域资源环境承载能力监测警态预警系统

数据。②预警分析。省级主体功能研究平台受区域资源环境承载能力监测主体责任机构委托,使用区域重点开发项目类型及强度专项数据依据既定技术方法对区域资源环境进行要素评价和区域评价,得到资源环境承载能力三类地区类型分析结果和资源环境承载能力预警类型评估结果,最终形成区域资源环境承载能力专案预警报告。③警情报告。省级主体功能研究平台按项目要求或研究所需基本时间周期向主体责任机构和项目开发主体报告区域资源环境承载能力专案监测警情警态。

二、设置警态发布预案

1. 发布资源环境承载能力地区预警

省级主体功能研究平台完成对区域资源环境损耗过程的评价和警态预警,将评价和预警结果报送区域资源环境承载能力监测主体责任机构,由主体责任机构负责向相应地区职能部门发布。预警报告的评价或预警内容包括土地资源(土地资源压力指数)、水资源(水资源开发利用量)、环境(污染物浓度超标指数)、生态(生态系统健康度)、城市化地区(水气环境黑灰指数)、农产品主产区种植业地区(耕地质量变化指数)、农产品主产区牧业地区(草原草蓄平衡指数)、重点生态功能区(生态系统功能指数)8项基础指标。上述8项基础指标中,任意2项三类地区或3项及3项以上二类地区,其类型确定为三类地区;任意1项三类地区、2项二类地区或1项三类地区且1项二类地区,其类型确定为二类地区;其余类型则为一类地区。

2. 发布资源环境承载能力专案预警

省级主体功能研究平台完成区域开发项目对资源环境承载能力的专案预警,将评价和预警结果报送区域资源环境承载能力监测主体责任机构及区域开发的项目主体。预警报告的评价或预警内容范围主要覆盖土地资源(土地资源压力指数)、水资源(水资源开发利用量)、环境(污染物浓度超标指数)、生态(生态系统健康度)、城市化地区(水气环境黑灰指数)、农产品主产区种植业地区(耕地质量变化指数)、农产品主产区牧业地区(草原草蓄平衡指数)、重点生态功能区(生态系统功能指数)8项基础指标。根据区域开发项目的类型及区域资源环境承载能力状态,确定区域开发强度对区域资源环境承载能力的影响类型。

3. 发布资源环境承载能力公众预警

周期内省级主体功能研究平台筛选资源环境承载能力预警等级较高的地区、要素项以及评估专案,经区域资源环境承载能力监测主体责任机构同意和其他相关政府部门审议批准后,通过公众平台向公众发布。

第四节 制定考核评价和过失追责机制

一、制定考核评价机制

实施差异化考核的关键在于强调目标导向与分类指导,确立差异化的考核原则,基于主体功能区类型实施差异考核模式,着力解决区域发展不平衡问题、城乡发展不协调问题和发展内生动力不足问题。以差异化的考核破解发展的不平衡,引导省内各级区域在发展格局中科学定位,发挥比较优势,走出一条特色化、差异化的发展之路。

1. 实施差异化考核模式

建议在明确四类主体功能区绩效考评重点和方向的基础上,尽快研究制定简明可行、可获得性和可应用性较强的指标体系,不追求全面和完美,但要突出重点和导向。更重要的是尽快制定与绩效考评体系配套的政策措施和体制机制,加大对限制开发区和禁止开发区的扶持,建立规范持续的利益补偿机制;加强对优化开发和重点开发区的规划、制度、法律、技术标准等方面的指导和监管,保障发展的质量和效益,这些都是主体功能区差异化发展绩效考评体系能够得以落实的重要配套保障。具体实施中:①分区域差别化考核。优化开发区、重点开发区、限制开发区、禁止开发区的地方政府应该有不同的政绩考核指标。②无论是哪一类型区域,在考核内容上都必须放弃单纯强调经济发展速度的考核方式。经济发展方式的转变并不局限于优化、限制、禁止等区域,即使是重点开发区也必须转变。③设定不考核内容。根据国家规划,限制开发区、禁止开发区的主体功能区不能以工业化、城镇化开发为主。这种情况下,如果仍然保留对这部分区域的经济考核指标,会产生以破坏环境和牺牲农业生产为代价盲目追求城镇化、工业化的严重后果。同时,不考核不意味着不能实现很好的经济效益,限制开发区、禁止开发区在提供农产品、生态产品的同时,也可以通过绿色农业、旅游产业等方式来实现良好的收益。

2. 优化考评指标体系

充分结合主体功能区规划,优化考核指标体系,实行差异化考核。①在指标设定上体现差异。科学设定不同类型主体功能区评价项目和评价内容,既体现考评的指标重点,又立足实际探索具有地方特色、体现各地发展阶段的考评内容。②在指标权重上体现差异。对于同一指标,根据不同的发展目标和功能定位设置指标权重。例如,对重点开发区域应增加经济发展、社会事业、人民生活等指标权重;对农产品主产区应增加农民人均收入增长指标权重;对重点生态功能区应增加资源指标权重。③强化考核可操作性,兼顾指标可得性和前瞻性。坚持考核务实可行,一方面,要注重指标数据采集的可行性、运用的可比性、来源的客观性,充分利用现有统计数据,避免过多引入定性指标。使各项指标便于量化,易于测算,同时能够在规定时间内取得各地的完整数据,相关部门能对引用数据进行有效的审核把关;另一方面,要从考核体系的前瞻性进行考虑,对于目前暂未纳入统计口径或监测内容、但意义重大的指标应纳入指标体系,将来可通过完善统计监测体系获取考核数据。④以市县级行政区为单元,建立由空间规划、用途管制、领导干部自然资源资产离任审计、差异化绩效考核等构成的空间治理体系。

3. 优化政绩考核路径

①地方直接规定差别化考核。出台地方绩效考核办法时明确规定考核指标要按照不同的区域特点设置。②进入年度规划、计划、或者政府工作部署。③部门评价和上级评价。在政府部门的考核中,上级部门及上级政府的评价十分重要。在这一规定下,与主体功能区规划密切相关的部门可以通过这种评价方式贯彻主体功能区规划。④专家评价与民意测评。专家评价在某些专业化比较明显的领域可以进入政府部门的考核中,而民意测评也可以用在与人民群众直接感受到的情况,如环境保护、公共服务等。⑤分数加权。⑥表彰与批评加减分。考核文件规定,相应表彰与批评要加减分。⑦一票否决。对于某些严重的事件实行一票否决,而环境问题、基本农田保护等问题都可以通过这种方式来实现考核。

二、制定过失追责机制

《全国主体功能区规划》提出建立科学开发的绩效考核评价体系,分别明确了针对四类主体功能区的考核评价重点和方向,并要求强化考核结果的运用,把推进主体功能区主要目标的完成情况与地方领导班子和干部的综合考核评价结果,作为今后选拔任用、培训教育、奖励惩戒的重要依据。资源环境承载能力恶化地区的过失追责主要在于形成一套完整的责任追究和严厉的违规处罚制度,对不执行环保法律法规政策造成严重后果的、对因决策失误或行政干预等原因造成生态破坏和环境污染的,要追究有关单位及其负责人的行政责任,并依法依规处理。同时,要加大对环保监管机构的问责,对出现监管机构失职、作为不当的情况,要追究监管机构的责任。

1. 追责主体

资源环境承载能力三类地区的过失追责主体应为区域资源环境承载能力监测预警的主体责任机构,同时要逐渐为环境保护相关部门提供充分的支持和充足的资源,完善和加强环境保护问责制度,形成一套完整的责任追究和严厉的违规处罚制度,对不执行环境保护法律法规政策造成严重后果的、对因决策失误或行政干预等原因造成生态破坏和环境污染的,要追究有关单位及其负责人的行政责任,并依法依规处理。

2. 追责依据

在经济快速发展的社会大背景下,区域资源环境承载能力的可持续维系需要立法进行保障,建议立法机关制定主体功能区与区域资源环境承载能力监控的相关法规,在立法模式上该法应与《城乡规划法》《土地管理法》《环境保护法》保持相同立法位阶,法规应当兼顾规划实体制度与规划程序制度。规划实体制度安排规划主体的权利、义务和责任,涵盖主体功能区规划的目标与地位、规划管理体制、不同规划之间的关系、规划文本设计、规划实施措施、法律责任等。规划程序制度明确规划编制与实施的流程,规划编制流程包括立项、调研、编制、论证、公众参与、审批、备案等,规划实施流程包括任务下达、目标分解、中期检查及规划的调整、评估、绩效考核等。为了优化规划实施效果,主体功能区规划相关法规应当重视规划编制与实施的民主性和效益性。可将公众参与列为规划编制的必要环节,确立政府间规划协商机制,明确主体功能区规划与相关规划的关系及如何衔接,构建规划预算机制,建立主体功能区规划评估、调整、问责制度,明确相关法律责任。

3. 过程监督

为保障资源环境承载能力恶化地区过失追责的法律法规全面实施,也使得区域资源环境承载能力的监管得以行之有效,还需要对区域资源环境承载能力监测预警的主体责任机构以及相关责任的环境保护监管机构实施监管失责的问责制度,对出现监管机构失职、作为不当的情况,要追究监管机构的责任。

第五节　完善部门监管和公众监督体系

一、完善部门监管体系

主体功能区监管体系的推行在一定程度上将超越当前行政区划的监管界限。现有体制下,环境保护监管机构隶属于各级政府,地方政府可能出于保护本地经济发展的目的而影响、干涉地方环境保护机构的环境执法,导致有法不依、执法不严,致使环境污染对本地和周边地区产生巨大影响。因此,为保证推进主体功能区形成过程中有效地保护环境,需进一步健全现有的环境保护监管体制,可选择的方案如下。

1. 分级管理

在现有的制度构架下,进一步完善和改进省级环境监察、环境监管单位负责的环境监管体系,如各市设立隶属于省生态环境厅的环境监察派出机构。

2. 垂直管理

建立云南全省垂直统一的环境监管体系,并在各市和县设立分支机构。这不仅有利于环境保护政策的执行,也可以大大减少相互协调的工作和地方保护主义对环境保护的干扰,减少短期行为对长远发展造成的影响。

二、完善公众监督体系

完善区域资源环境承载能力的公众监督体系,其关键在于完善区域资源环境承载能力变化的监测信息,即保障公众的反馈体系健全、奖励体系合理和宣传体系完整。

1. 反馈体系

区域资源环境承载能力变化反馈体系即建立良好的信息反馈渠道,快速有效地解决决策层信息获取和实践层信息上报的联接问题,以便接收公众对区域资源环境承载能力相关的问题举报和意见建议,形成服务区域资源环境发展问题决策的公众智库效应,更好地推动区域主体功能建设和资源环境承载能力的可持续发展。①公众信息联接渠道。就区域资源环境相关问题设立专门的信息联接渠道,以门户网站、信箱、电子邮箱、电话和微信公众平台等方式接收公众对区域环境问题的举报、咨询以及献言献策。②信息接收、甄别和报送体系。设立专职人员或专职责任人员对公众信息联接渠道进行管理,对接收到的问题举报、问题咨询和意见建议等信息进行回复,并对其进行分类、甄别和专业化整理,按固定周期向政府主体责任机构报送,并抄送云南省主体功能研究平台的责任机构。③问题决策与答复体系。对报送的公众问题举报、问题咨询和问题建议等信息进行研判和处理,其结果通过设立的公众平台向公众进行公示和答复。

2. 奖励体系

省内为资源环境监管公众监督体系设立专项奖励基金,激励社会团体、机构和个人参与区域环境保护以及生态维系等系统工程的积极性,提高政府机构对区域环境与生态的监控效率。区域资源环境承载能力的公众监督奖励体系建立主要涉及以下三个基本问题:①制定奖励标准。即核定奖励对象的真实性和有效性,并设定奖励的等级和各等级的奖励额度。②监督奖励过程。由省级监察部门对奖励过程进行监督、核查及过失追究,保障公众监督的奖励体系长期存在和有效运行。③评估奖励能效。根据时间周期(一般以年度为周期)对省内区域资源环境承载能力的公众监督奖励体系进行能效分析,以便对既定方案进行优化调整。

3. 宣传体系

资源环境监管公众监督体系的建立和完善离不开广泛的社会宣传和公众响应,这一环节既是公众监督体系推行的现实需求,也是提高公众环境保护意识、法治意识,以及提高环境政策公众亲和力的可行途径。①培养公众环境意识。通过公众参与以及政府奖励的互补促进作用,可以在很大程度上凸显公众在区域环境保护工程中的主体地位和责任意识,提高公众的环境保护意识。②培养公众法治意识。以规范的途径参与区域环境问题治理的这一过程,既向公众展示了政府监控体系的有效性,也培养了公众依法依规参与地方政务的法治意识。③提高政策亲和力。公众的参与和互动,既为政府决策提供丰富的可咨选项,也使政策的制定和实施更具亲和力。

参 考 文 献

《中国土地资源生产能力及人口承载量研究》课题组.1991.中国土地资源生产能力及人口承载量研究.北京:中国人民大学出版社.

陈百明.2001.中国农业资源综合生产能力与人口承载能力.北京:气象出版社.

陈锡才,潘玉君,彭燕梅,等.2016.怒江州生态环境基础与社会经济发展研究.国土与自然资源研究,38(4):77-81.

陈悦,陈超美,刘则渊,等.2015.CiteSpace 知识图谱的方法论功能.科学学研究,33(2):242-253.

程国栋.2002.承载力概念的演变及西北水资源承载力的应用框架.冰川冻土,24(4):361-367.

樊杰.2013.主体功能区战略与优化国土空间开发格局.中国科学院院刊,28(2):193-206.

樊杰.2019.资源环境承载能力和国土空间开发适宜性评价方法指南.北京:科学出版社.

范晨辉,马蓓蓓,薛东前.2015.基于土地综合承载力的西安市适度人口测度.水土保持通报,35(1):205-209,219.

封志明.1994.土地承载力研究的过去、现在与未来.中国土地科学,8(3):1-9.

封志明,李鹏.2018.承载力概念的源起与发展:基于资源环境视角的讨论.自然资源学报,33(9):1475-1489.

封志明,刘登伟.2006.京津冀地区水资源供需平衡及其水资源承载力.自然资源学报,21(5):689-699.

封志明,杨艳昭,闫慧敏,等.2017.百年来的资源环境承载力研究:从理论到实践.资源科学,39(3):379-395.

封志明,杨艳昭,游珍.2014.中国人口分布的土地资源限制性和限制度研究.地理研究,33(8):1395-1405.

郭志峰,王炜炜.2004.水环境承载能力及其定量描述方法.北方环境,30(4):21-23.

国家发展改革委发展规划司.2006.新理念、新思路和新举措——"十一五"规划《纲要》亮点透视.中国经贸导刊,23(21):26-28.

国家林业局.2003.全国林业生态建设与治理模式.北京:中国林业出版社.

哈斯巴根,宝音,李百岁.2008.呼和浩特市土地资源人口承载力的系统研究.干旱区资源与环境,22(3):26-32.

何政伟,刘峻杉,赵银兵,等.2011.西部矿产资源开发的地质生态环境承载力理论与方法探讨.地球与环境,39(2):237-241.

黄敬军,姜素,张丽,等.2015.城市规划区资源环境承载力评价指标体系构建——以徐州市为例.中国人口·资源与环境,25(S2):204-208.

黄贤金,金雨泽,徐国良,等.2017.胡焕庸亚线构想与长江经济带人口承载格局.长江流域资源与环境,26(12):1937-1944.

柯丽娜,阴曙升,刘万波. 2018. 基于 CiteSpace 中国海洋生态经济的文献计量分析. 生态学报, 38(15):5602-5610.

雷勋平,邱广华. 2016. 基于熵权 TOPSIS 模型的区域资源环境承载力评价实证研究. 环境科学学报,36(1):314-323.

李海燕,蔡银莺. 2016a. 主体功能区农田生态补偿的农户受偿意愿分析——以重点开发、农产品主产和生态功能区为实证. 农业现代化研究,37(1):123-129.

李海燕,蔡银莺,王亚运. 2016b. 农户家庭耕地利用的功能异质性及个体差异评价——以湖北省典型地区为实例. 自然资源学报,31(2):228-240.

李焕,黄贤金,金雨泽,等. 2017. 长江经济带水资源人口承载力研究. 经济地理,37(1):181-186.

李丽娟,郭怀成,陈冰,等. 2000. 柴达木盆地水资源承载力研究. 环境科学,21(3):20-23.

梁新阳. 2003. 水环境承载能力与水环境监测探讨. 山西水土保持科技,20(4):42-43.

林巍,户艳领,李丽红. 2015. 基于土地承载力评价的京津冀城市群结构优化研究. 首都经济贸易大学学报,17(2):74-80.

刘邦学. 1995. 云贵高原喀斯特山区土地人口承载力研究. 贵州农业科学,24(3):32.

刘希宋,李果. 2006. 哈尔滨市可持续发展的生态足迹测度与分析. 商业研究,49(9):90-93.

刘玉娟,刘邵权,刘斌涛,等. 2010. 汶川地震重灾区雅安市资源环境承载力. 长江流域资源与环境,19(5):554-559.

刘兆德,虞孝感. 2002. 长江流域相对资源承载力与可持续发展研究. 长江流域资源与环境, 11(1):10-15.

马宇翔,彭立,苏春江,等. 2015. 成都市水资源承载力评价及差异分析. 水土保持研究,22(6): 159-166.

毛汉英,余丹林. 2001. 区域承载力定量研究方法探讨. 地球科学进展,16(4):549-555.

覃发超,刘丽君,张斌. 2009. 基于 RS 和 GIS 的西藏可利用土地资源评价. 统计与决策,25(23): 77-79.

施雅风,曲耀光. 1992. 乌鲁木齐河流域水资源承载力及其合理利用. 北京:科学出版社.

宋全香,左其亭,杨峰. 2004. 水环境承载能力预测模型及其在郑州市的应用. 水资源保护, 20(4):22-24,70.

宋子成,孙以萍. 1981. 从我国淡水资源看我国现代化后能养育的最高人口数量. 人口与经济, (4):3-7.

滕宏林,许振成,赵细康,等. 2011. 广州市水资源人口承载力研究. 环境科学与管理,36(2): 112-115,137.

童玉芬. 2010. 北京市水资源人口承载力的动态模拟与分析. 中国人口·资源与环境,20(9): 42-47.

汪恕诚. 2001. 水环境承载能力分析与调控. 中国水利,52(11):9-12.

王长建,杜宏茹,张小雷,等. 2015. 塔里木河流域相对资源承载力. 生态学报,35(9):2880-2893.

王浩,陈建敏,秦大庸,等. 2003. 西北地区水资源合理配置和承载能力研究. 郑州:黄河水利出版社.

王开运,邹春表,张桂莲,等. 2007. 生态承载力复合模型系统与应用. 北京:科学出版社.

王奎峰,李娜,于学峰,等.2014a.基于 P-S-R 概念模型的生态环境承载力评价指标体系研究——以山东半岛为例.环境科学学报,34(8):2133-2139.

王奎峰,李娜,于学峰,等.2014b.山东半岛生态环境承载力评价指标体系构建及应用研究.中国地质,41(3):1018-1027.

王书华,毛汉英.2001.土地综合承载力指标体系设计及评价——中国东部沿海地区案例研究.自然资源学报,16(3):248-254.

王亚运,蔡银莺,李海燕.2015.空间异质性下农地流转状况及影响因素——以武汉、荆门、黄冈为实证.中国土地科学,29(6):18-25.

温晓金,杨新军,王子侨.2016.多适应目标下的山地城市社会—生态系统脆弱性评价.地理研究,35(2):299-312.

吴振良.2010.基于物质流和生态足迹模型的资源环境承载力定量评价研究.北京:中国地质大学.

席晶,袁国华.2017.中国资源环境承载力水平的空间差异性分析.资源与产业,19(1):78-84.

夏军,朱一中.2002.水资源安全的度量:水资源承载力的研究与挑战.自然资源学报,17(3):262-269.

肖学斌.2015.X 指数:描述研究人员论文水平的文献计量新指数.图书情报知识,33(2):93-99.

谢俊奇.1997.中国土地资源的食物生产潜力和人口承载潜力研究.浙江学刊,35(2):41-44.

徐梦月,陈江龙,高金龙,等.2012.主体功能区生态补偿模型初探.中国生态农业学报,20(10):1404-1408.

徐霞,辜世贤,刘宝元,等.2007.西藏山南地区自然环境与土地人口承载力研究——以乃东县、琼结县、扎囊县与贡嘎县为例.水土保持研究,14(1):29-32.

许有鹏.1993.干旱区水资源承载能力综合评价研究——以新疆和田河流域为例.自然资源学报,8(3):229-237.

燕国铭,焦振峰.2005.浅谈水资源承载能力和水环境承载能力.河南水利,50(1):8.

尹少华,王金龙,张闻.2017.基于主体功能区的湖南生态文明建设评价与路径选择研究.中南林业科技大学学报(社会科学版),11(5):1-7,44.

于广华,孙才志.2015.环渤海沿海地区土地承载力时空分异特征.生态学报,35(14):4860-4870.

余丹林,毛汉英,高群.2003.状态空间衡量区域承载状况初探——以环渤海地区为例.地理研究,22(2):201-210.

余劲松.2012.宿松县林下经济发展模式及措施.现代农业科技,41(12):162,164.

袁国华,郑娟尔,周伟.2016.国土空间功能分区与土地承载力评价.资源与产业,18(6):40-44.

岳文泽,姚赫男,郑娟尔.2013.基于生态敏感性的土地人口承载力研究——以杭州市为例.中国国土资源经济,26(8):52-56.

曾维华,王华东,薛纪渝,等.1991.人口、资源与环境协调发展关键问题之一——环境承载力研究.中国人口·资源与环境,2(2):33-37.

张保成,国锋.2006.自然资源承载力问题研究综述.经济经纬,23(6):22-25.

张灿灿,孙才志.2018.基于 CiteSpace 的水足迹文献计量分析.生态学报,38(11):4064-4076.

张传国. 2001. 干旱区绿洲系统生态-生产-生活承载力评价指标构建思路. 干旱区研究,
　　17(3):7-12.

张杰,赵峰,刘希宋. 2007. 基于生态足迹的循环经济发展水平的测度研究. 干旱区资源与环境,
　　18(8):81-85.

张新平,张芳芳,徐勇,等. 2017. 基于 CiteSpace 的国内外生态足迹研究知识图谱比较. 资源开发
　　与市场,33(11):1347-1353.

张勇. 2012. 必须关注与解决我国海洋产业要素承载力的局部退化问题. 经济纵横,18(5):29-32.

张郁,丁四保. 2008. 流域生态补偿中的协商机制研究. 世界地理研究,15(2):158-165,136.

张志良,睦金娥,原华荣. 1990. 河西地区土地人口承载力研究. 西北人口,11(2):19-25.

郑荣宝,刘毅华,董玉祥,等. 2009. 基于主体功能区划的广州市土地资源安全评价. 地理学报,
　　64(6):654-664.

郑振源. 1996. 中国土地的人口承载潜力研究. 中国土地科学,10(4):33-38.

朱海燕,潘玉君. 2018. 中国自然资源通典·云南卷. 呼和浩特:内蒙古教育出版社.

朱一中,夏军,谈戈. 2002. 关于水资源承载力理论与方法的研究. 地理科学进展,21(2):180-188.

朱一中,夏军,谈戈. 2003. 西北地区水资源承载力分析预测与评价. 资源科学,25(4):43-48.

祝秀芝,李宪文,贾克敬,等. 2014. 上海市土地综合承载力的系统动力学研究. 中国土地科学,
　　28(2):90-96.

Ali A M. 2011. Removal of chromium (VI) from polluted water by using carbon nanotubes
　　supported with activated carbon. Procedia Environmental Sciences,4(1):281-293.

Allan W. 1949. Studies in African Land Usage in Northern Rhodesia. London:Oxford University Press.

Arrow K, Bolin B, Costanza R, et al. 1995. Economic growth, carrying capacity and the
　　environment. Science,268(5210):520-521.

Barrett G W, Odum E P. 2000. The twenty-first century:The world at carrying capacity. Bio
　　Science,50(4):363-368.

Bernard F E, Thom D J. 1981. Population pressure and human carrying capacity in selected
　　locations of Machakos and Kitui districts. Journal of Developing Areas,15(3):381-406.

Bishop A B. 1974. Carrying Capacity in Regional Environment Management. Washington DC:
　　Government Printing Office.

Clarke A L. 2002. Assessing the carrying capacity of the Florida Keys. Population & Envir-
　　onment,23(4):405-418.

Cohen J E. 1995. How many people can the earth support? Population Research,51(4):25-39.

Daily G C, Ehrlich P R. 1996. Socioeconomic equity, sustainability, and earth's carrying capacity.
　　Ecological Applications,6(4):991-1001.

Dhondt A A. 1988. Carrying capacity:A confusing concept. Acta Oecologica/Oecologia Generalis,9(4):
　　337-346.

Dorini F A, Cecconello M S, Dorini L B. 2016. On the logistic equation subject to uncertainties in
　　the environmental carrying capacity and initial population density. Communications in
　　Nonlinear Science & Numerical Simulation,33(4):160-173.

FAO. 1982. Potential Population Supporting Capacities of Lands in Developing World. Rome: Food and Agriculture Organization of the United Nations.

Faraji M. 2010. Cetyltrimethylammonium bromide-coated magnetite nanoparticles as highly efficient adsorbent for rapid removal of reactive dyes from the textile companies wastewaters. Journal of the Iranian Chemical Society, 4(7): 130.

Graymore M. 2005. Journey to Sustainability: Small Regions, Sustainable Carrying Capacity and Sustainability Assessment Methods. Brisbane: Griffith University.

Hardin G. 1986. Cultural carrying capacity: A biological approach to human problems. Bio Science, 36(9): 599-604.

Hawden I A S, Palmer L J. 1922. Reindeer in Alaska. Washington DC: US Department of Agriculture.

Leopold A. 2008. The Wilderness Debate Rages on Continuing the Great New Wilderness Debate. Athens: University of Georgia Press.

Malarvizhi R. 2010. Studies on removal of chromium (VI) from water using chitosan coated cyperus pangorei. Water Science and Technology, 10(62): 2435.

Maltus T R. 1798. An Essay on the Principle of Population. London: St Paul's Church- Yard.

Meier R L. 1978. Urban carrying capacity and steady state considerations in planning for the Mekong Valley region. Urban Ecology, 3(1): 1-27.

Monte-Luna P D, Brook B W, Zetina- Rejo M J, et al. 2004. The carrying capacity of ecosystems. Global Ecology and Biogeography, 13(6): 485-495.

OECD. 1997. Sustainable consumption and production: Clarifying the concepts//OECD Proceedings, Paris.

Park R F, Burgess E W. 1921. An Introduction to the Science of Sociology. Chicago: The University of Chicago Press.

Price D. 1999. Carrying capacity reconsidered. Population and Environment, 21(1): 5-26.

Rakhmatullaev S. 2013. Water reservoirs, irrigation and sedimentation in Central Asia: A first-cut assessment for Uzbekistan. Environmental Earth Sciences, 5(68): 985-998.

Schneider W A. 1978. Integral formulation for migration in two and three dimensions. Geophysics, 43(1): 49-76.

Seidl I, Tisdell C A. 1999. Carrying capacity reconsidered: From Malthus population theory to cultural carrying capacity. Ecological Economics, 31(3): 348-395.

Street J M. 1969. An evaluation of the concept of carrying capacity. The Professional Geographer, 21(2): 104-107.

UNESCO, FAO. 1985. Carrying Capacity Assessment with a Pilot Study of Kenya: A Resource Accounting Methodology for Exploring National Options for Sustainable Development. Rome: Food and Agriculture Organization of the United Nations.

Zhu J, Hua W J. 2017. Visualizing the knowledge domain of sustainable development research between 1987 and 2015: A bibliometric analysis. Scientometrics, 110(2): 1-22.

附 录

附表 1 2007~2016 年云南省各县(市、区)国内生产总值(单位:万元)及年均增速

县(市、区)	2007 年	2008 年	2009 年	2010 年	2011 年	2012 年	2013 年	2014 年	2015 年	2016 年	GDP 年均增速/%	增速等级
五华区	3917651	4325087	4800846	5400952	6103076	6945300	7806517	8438845	9130831	9879559	10.82	快
盘龙区	1599754	1809322	2049962	2339006	2664128	3034442	3471401	3762999	4105432	4479026	12.12	很快
官渡区	3034668	3465591	3940377	4495970	5116414	5822479	6643448	7228072	7878598	8587672	12.25	很快
西山区	1630893	1844540	2078797	2340725	2663745	3028678	3452693	3732361	4068274	4434418	11.76	快
东川区	304288	320111	356604	409738	471608	552253	595329	663791	718886	778554	11.00	快
呈贡区	463955	533548	595973	685369	788175	894578	1021609	1144202	1258622	1384484	12.92	很快
晋宁区	339562	386761	441681	505725	579561	683882	777574	829671	895215	965937	12.32	很快
富民县	140937	162218	183469	208421	238850	279216	321098	353851	382159	412731	12.68	很快
宜良县	588930	671969	764029	859533	963536	1124446	1304358	1395663	1515690	1646039	12.10	很快
石林县	222322	252780	288422	331685	385087	451707	519463	488295	535660	587619	11.40	快
嵩明县	281044	320671	363000	418176	485084	567548	650978	729095	796172	869420	13.37	很快
禄劝县	217115	244906	276499	313273	355565	416366	478821	521915	574107	631517	12.60	很快
寻甸县	237649	273296	309371	345259	388416	452893	518562	579234	616305	655749	11.94	快

续表

县（市、区）	2007年	2008年	2009年	2010年	2011年	2012年	2013年	2014年	2015年	2016年	GDP年均增速/%	增速等级
安宁市	991804	1121730	1247364	1423242	1638152	1857664	2117737	2119855	2196170	2275232	9.66	较快
麒麟区	2058424	2338370	2640019	2983222	3377007	3870050	4469908	4733633	5022384	5328750	11.15	快
马龙区	138836	158273	179640	203532	229177	261949	302552	335832	379490	428824	13.35	很快
陆良县	592599	676155	764056	864147	976486	1105382	1026900	1155263	1259236	1372567	9.78	较快
师宗县	327592	376731	426836	482752	526682	597784	708374	779920	857912	943703	12.47	很快
罗平县	541016	610807	662115	748190	845454	979036	1127850	1220333	1348468	1490058	11.91	快
富源县	698960	788427	894865	1015671	1153803	1258799	1428736	1142989	1245858	1357985	7.66	较快
会泽县	668171	728306	822986	930797	1042493	1178017	1319379	1490899	1555007	1621873	10.36	快
沾益区	534578	615299	689135	778723	895531	998517	1152289	1213360	1292229	1376224	11.08	快
宣威市	949250	1072653	1207807	1367237	1551814	1770620	2041525	1961905	2138477	2330940	10.50	快
红塔区	2898516	3298511	3763601	4313087	4908293	5448205	5709719	6115109	6365829	6626828	9.62	较快
江川区	303806	343605	301685	343317	390008	439540	492724	541011	608637	684717	9.45	较快
澄江市	198597	226202	263525	299101	337984	384964	430005	464835	521081	584131	12.74	很快
通海县	325736	358635	394858	445399	492166	569436	636630	678847	760085	851295	11.26	快
华宁县	216065	240480	265009	298666	338985	386104	444406	484403	550766	626221	12.55	很快
易门县	238232	275634	298788	333148	374126	423510	483649	591019	707449	846817	15.13	很快
峨山县	218983	246137	271243	305419	337488	385749	429725	477854	535196	599420	11.84	快
新平县	331958	373121	425731	487462	553269	638473	708066	749134	810563	877029	11.40	快

续表

县（市，区）	2007年	2008年	2009年	2010年	2011年	2012年	2013年	2014年	2015年	2016年	GDP年均增速/%	增速等级
元江县	191873	214322	238112	268114	295194	332978	370938	402838	456819	518033	11.67	快
隆阳区	715168	811716	922109	1035528	1180502	1348134	1499125	1694011	1904068	2140173	12.95	很快
施甸县	148533	168585	191344	219280	252830	290754	329425	366650	411381	461570	13.43	很快
龙陵县	175600	200360	225605	256738	298073	343082	384595	427670	478990	536469	13.21	很快
昌宁县	220883	250702	283293	318139	364269	411259	465957	518610	581362	651707	12.77	很快
腾冲市	413854	469724	533137	618972	700057	821167	952554	1029711	1132682	1245950	13.03	很快
昭阳区	752107	831078	949922	1066763	1202242	1360938	1484783	1605050	1741480	1889505	10.78	快
鲁甸县	164807	176343	205617	240983	283877	336679	372030	386539	421714	460090	12.08	很快
巧家县	168905	187822	211864	244702	281408	326996	360350	389177	426149	466634	11.95	快
盐津县	141356	152240	172032	197492	228104	271215	301863	319371	349072	381536	11.66	快
大关县	84588	86872	96341	109347	123671	145438	170307	192618	208220	225085	11.49	快
永善县	179314	202625	227750	254397	283653	330172	404791	552944	612109	677605	15.92	很快
绥江县	65284	79059	93764	108766	125190	145345	146653	149000	136633	125292	7.51	较快
镇雄县	283220	315790	354317	414196	492894	590979	685536	562825	616856	676074	10.15	快
彝良县	166753	192600	221297	258032	303446	345018	365719	332805	354770	378184	9.53	较快
威信县	116270	133013	154960	182853	212292	246896	292818	258266	267305	276661	10.11	快
水富市	212244	223917	230187	255278	291016	348638	430567	471471	509661	550943	11.18	快
古城区	292506	331702	376813	439741	518894	602436	666295	706939	762080	821522	12.16	很快

续表

县(市、区)	2007年	2008年	2009年	2010年	2011年	2012年	2013年	2014年	2015年	2016年	GDP年均增速/%	增速等级
玉龙县	124899	141760	161607	185848	215583	250077	293090	322399	357863	397228	13.72	很快
永胜县	177281	199087	223773	259577	307080	360204	422880	482506	527862	577481	14.02	很快
华坪县	157157	178845	204598	236311	274357	304536	334990	253587	286807	324379	8.38	较快
宁蒗县	93457	105139	119017	138060	163325	183741	211670	224370	234018	244080	11.26	快
思茅区	331699	376478	427679	483278	549487	637954	725354	790636	874443	967134	12.63	很快
宁洱县	152318	167702	185814	206811	230181	265398	297246	323404	355744	391318	11.05	快
墨江县	158728	174601	199743	219718	246084	283735	323457	353216	385005	419655	11.41	快
景东县	192262	213411	243075	272973	310916	361285	415478	443730	481003	521408	11.72	快
景谷县	234727	265711	308225	353534	416463	487261	565223	621746	678946	741409	13.63	很快
镇沅县	95808	108071	123093	140573	163064	188991	211670	232837	259381	288950	13.05	很快
江城县	84824	95851	108695	123912	142499	164302	181061	185044	202808	222278	11.30	快
孟连县	72700	79243	88990	102427	112670	127655	147186	163671	180693	199485	11.87	快
澜沧县	176514	193989	215716	240307	276113	304829	345981	372967	404669	439066	10.66	快
西盟县	30231	33194	36646	40384	44705	51410	58351	64769	72024	80090	11.43	快
临翔区	200981	225300	252110	284128	329873	387271	446136	506811	564080	627821	13.49	很快
凤庆县	182690	204795	230190	260575	302788	354565	390022	423564	460414	500470	11.85	快
云县	330901	366307	404403	453336	521790	609451	691117	760920	837773	922388	12.06	很快
永德县	135086	152782	171269	192849	222355	259266	294785	326032	360266	398093	12.76	很快

续表

县(市、区)	2007年	2008年	2009年	2010年	2011年	2012年	2013年	2014年	2015年	2016年	GDP年均增速/%	增速等级
镇康县	105370	117488	129236	144745	167614	199293	225401	243208	264123	286838	11.77	快
双江县	88462	97751	108992	122071	140381	163825	191348	212013	233851	257937	12.63	很快
耿马县	194221	215585	239731	271136	311806	360448	400818	440900	482344	527685	11.75	快
沧源县	88448	99681	108453	122769	142289	165624	190468	211229	234886	261194	12.79	很快
楚雄市	1014106	1158109	1299398	1472218	1656246	1871558	2064328	2283147	2516028	2772663	11.82	快
双柏县	78975	87741	97481	108886	122714	140630	161866	181775	202679	225987	12.39	很快
牟定县	121481	136423	154022	172658	195104	223589	253327	284232	315782	350834	12.51	很快
南华县	133311	150508	167516	187617	212383	239356	269275	303204	337162	374925	12.18	很快
姚安县	136013	152879	171071	190744	214015	239911	273259	306323	340018	377420	12.01	很快
大姚县	220330	232889	244300	272639	305629	343832	385436	428219	478321	534284	10.34	快
永仁县	74909	83898	93798	105148	118501	134618	152656	170975	189611	210279	12.15	很快
元谋县	127977	143718	160389	176910	198669	224497	251436	281608	312585	346970	11.72	快
武定县	156855	176462	197637	221749	251685	289690	331405	377802	420493	468009	12.91	很快
禄丰县	557909	633785	712374	797859	878443	990883	1089971	1182619	1265402	1353981	10.35	快
个旧市	856443	931810	1020332	1123385	1272796	1447169	1473218	1474691	1639856	1823520	8.76	较快
开远市	542900	601533	647851	735311	835313	948081	995485	1055214	1148073	1249103	9.70	较快
蒙自市	391246	449933	512474	594469	675912	772567	889225	978147	1105306	1248996	13.77	很快
弥勒市	965683	1071908	1161948	1273495	1423768	1608858	1742393	1899208	2079633	2277198	10.00	快

续表

县(市、区)	2007年	2008年	2009年	2010年	2011年	2012年	2013年	2014年	2015年	2016年	GDP年均增速%	增速等级
屏边县	78562	87047	92966	102355	114638	130114	149241	167896	191569	218581	12.04	很快
建水县	414180	458911	510310	572057	644136	731095	830523	926034	1022341	1128665	11.78	快
石屏县	179675	198361	218594	241328	268357	303780	349954	389149	428064	470870	11.30	快
泸西县	211546	234393	260411	293483	335451	379730	429475	478435	534890	598007	12.24	很快
元阳县	124963	138084	154792	177856	205958	225318	259566	290714	321239	354969	12.30	很快
红河县	89320	98341	109257	120292	135208	154138	180495	202155	228637	258588	12.54	很快
金平县	128176	140994	155093	170602	189369	213608	239241	268667	303863	343669	11.58	快
绿春县	64697	74207	83483	96507	110790	128516	143938	161499	183301	208046	13.86	很快
河口县	103438	122988	137377	155511	175883	193823	223284	245613	272385	302074	12.65	很快
文山市	622099	712925	818438	939567	1086140	1251233	1432662	1604581	1766644	1945075	13.50	很快
砚山县	314811	358885	407334	456621	522375	601776	693246	754251	807049	863542	11.86	快
西畴县	95366	105284	114970	126697	140000	155960	173272	194931	220857	250231	11.31	快
麻栗坡县	160080	179770	201522	224294	254125	288432	327370	367637	407342	451334	12.21	很快
马关县	257980	287906	309211	344461	388207	438674	484735	551144	616730	690121	11.55	快
丘北县	168208	188898	211565	237588	271088	312564	356011	395172	444568	500139	12.87	很快
广南县	268369	301110	336039	376363	430936	485665	548801	611914	682896	762112	12.30	很快
富宁县	233501	257785	284853	317611	359535	409870	467662	524717	583485	648835	12.03	很快
景洪市	541380	598225	696334	797302	908924	1052535	1199889	1346276	1491674	1652774	13.20	很快

续表

县（市、区）	2007年	2008年	2009年	2010年	2011年	2012年	2013年	2014年	2015年	2016年	GDP年均增速/%	增速等级
勐海县	270460	297506	328744	371843	427991	499037	581378	675562	722851	773450	12.38	很快
勐腊县	276787	299207	332119	369649	410310	459958	501354	541964	589657	641546	9.79	较快
大理市	1266141	1418078	1575485	1764543	2011579	2323373	2625412	2861699	3104943	3368864	11.49	快
漾濞县	65794	74939	84981	96624	110151	124250	137918	142331	156137	171283	11.22	快
祥云县	376523	422082	476531	538480	620329	720822	807321	876750	964425	1060868	12.20	很快
宾川县	307693	345539	380784	428763	488790	562108	631248	691216	764485	845521	11.89	快
弥渡县	154534	173696	191761	216690	249193	289064	332712	365984	400752	438824	12.30	很快
南涧县	115981	130363	146267	165135	189906	212314	235669	255701	278714	303798	11.29	快
魏山县	158270	177262	195343	220542	252301	291155	326676	360650	393830	430062	11.75	快
永平县	115263	129210	144069	162222	186879	216780	240626	254101	275699	299134	11.18	快
云龙县	118588	135902	153841	178302	207008	248203	275505	298096	320156	343847	12.56	很快
洱源县	172133	192789	212068	240485	274393	316101	360987	398530	436391	477848	12.01	快
剑川县	100954	113169	113622	129302	147663	169812	196303	206707	226344	247847	10.49	快
鹤庆县	142562	163946	187555	213437	263168	305538	353507	374718	412190	453409	13.72	很快
瑞丽市	186579	209155	234045	269151	313561	342095	396830	463895	490337	518286	12.02	很快
芒市	277931	311561	358918	412397	474256	533538	593294	602194	656391	715466	11.08	快
梁河县	63366	70907	82252	90641	101065	111374	119393	128944	138357	148457	9.92	较快
盈江县	199062	224343	271455	313259	360248	401676	449877	481369	520360	562509	12.23	很快

续表

县(市、区)	2007年	2008年	2009年	2010年	2011年	2012年	2013年	2014年	2015年	2016年	GDP年均增速/%	增速等级
陇川县	116279	125698	139524	161569	185966	207166	228090	251811	276237	303032	11.23	快
泸水市	118783	136125	152188	169690	189034	213420	232201	249151	274814	303120	10.97	快
福贡县	37852	43378	48454	54510	56037	61921	66565	68695	73709	79090	8.53	较快
贡山县	23520	27001	31321	36552	40207	43584	47550	50879	53169	55561	10.02	快
兰坪县	293977	301326	332062	378550	405806	431372	462431	504974	554462	608799	8.42	较快
香格里拉市	279685	341775	414231	490864	571857	667929	758767	839196	918081	1004380	15.26	很快
德钦县	60555	75815	97574	117381	135693	151704	175977	195159	213113	232720	16.14	很快
维西县	104285	126081	153944	185041	214648	250923	285049	318114	350880	387021	15.69	很快

附表2　2007~2016年云南省产业城市化指数

县(市、区)	2007年	2008年	2009年	2010年	2011年	2012年	2013年	2014年	2015年	2016年	产业城市化指数均值
五华区	0.5934	0.5854	0.5843	0.6009	0.6206	0.6217	0.6112	0.6123	0.5999	0.5877	0.6017
盘龙区	0.2931	0.2960	0.3054	0.3030	0.2931	0.3011	0.3224	0.3313	0.3429	0.3548	0.3143
官渡区	0.3702	0.3725	0.3761	0.3731	0.3859	0.3880	0.3863	0.3923	0.3948	0.3973	0.3837
西山区	0.3068	0.3093	0.3054	0.3049	0.3183	0.3132	0.3187	0.3255	0.3264	0.3273	0.3156
东川区	0.7086	0.6857	0.7030	0.7146	0.7301	0.7413	0.7028	0.7072	0.6974	0.6878	0.7079
呈贡区	0.4816	0.5147	0.5115	0.5302	0.5265	0.5478	0.5622	0.5647	0.5616	0.5586	0.5359
晋宁区	0.4478	0.4643	0.4778	0.4928	0.5083	0.5298	0.5442	0.5381	0.5286	0.5193	0.5051

续表

县（市、区）	2007年	2008年	2009年	2010年	2011年	2012年	2013年	2014年	2015年	2016年	产业城市化指数均值
富民县	0.4474	0.4618	0.4654	0.4773	0.4915	0.5150	0.5410	0.5636	0.5589	0.5542	0.5076
宜良县	0.2791	0.2864	0.3060	0.3050	0.3055	0.3270	0.3501	0.3671	0.3725	0.3780	0.3277
石林县	0.2611	0.2880	0.2857	0.3018	0.3346	0.3751	0.3976	0.3278	0.3314	0.3350	0.3238
嵩明县	0.4465	0.4688	0.4808	0.5000	0.5401	0.5627	0.5823	0.5891	0.5918	0.5945	0.5357
禄劝县	0.2151	0.2198	0.2434	0.2634	0.2743	0.3043	0.3381	0.3834	0.3799	0.3765	0.2998
寻甸县	0.2074	0.2403	0.2525	0.2554	0.2629	0.2787	0.2959	0.3275	0.3164	0.3057	0.2743
安宁市	0.6333	0.6277	0.6243	0.6330	0.6407	0.6374	0.6452	0.6239	0.6022	0.5813	0.6249
麒麟区	0.6351	0.6351	0.6368	0.6385	0.6526	0.6623	0.6715	0.6765	0.6568	0.6376	0.6503
马龙区	0.4004	0.4165	0.4286	0.4385	0.4571	0.4739	0.5043	0.5170	0.5253	0.5336	0.4695
陆良县	0.3640	0.3707	0.3809	0.4001	0.4182	0.4392	0.3470	0.3899	0.3999	0.4102	0.3920
师宗县	0.4122	0.4237	0.4371	0.4480	0.4422	0.4687	0.5280	0.5348	0.5377	0.5406	0.4773
罗平县	0.4297	0.4224	0.3998	0.4034	0.4166	0.4328	0.4553	0.4667	0.4692	0.4718	0.4368
富源县	0.5438	0.5500	0.5534	0.5632	0.5820	0.5788	0.5997	0.4116	0.4150	0.4184	0.5216
会泽县	0.6513	0.6860	0.6878	0.6920	0.6964	0.7185	0.7243	0.7435	0.7001	0.6591	0.6959
沾益区	0.5785	0.5855	0.5855	0.5948	0.6124	0.6218	0.6519	0.6457	0.6627	0.6801	0.6219
宣威市	0.4793	0.4793	0.4835	0.4891	0.5059	0.5285	0.5597	0.4560	0.4673	0.4789	0.4928
红塔区	0.7633	0.7706	0.7821	0.7937	0.8153	0.8168	0.8215	0.8184	0.7870	0.7567	0.7925

续表

县(市、区)	2007年	2008年	2009年	2010年	2011年	2012年	2013年	2014年	2015年	2016年	产业城市化指数均值
江川区	0.3725	0.3976	0.2540	0.2748	0.3035	0.3170	0.3413	0.3566	0.3794	0.4037	0.3401
澄江市	0.4289	0.4417	0.4565	0.4609	0.4960	0.5125	0.5038	0.5048	0.5223	0.5405	0.4868
通海县	0.4259	0.4216	0.4362	0.4389	0.4405	0.4614	0.4759	0.4732	0.4740	0.4749	0.4523
华宁县	0.3100	0.3212	0.3401	0.3401	0.3593	0.3763	0.3940	0.4131	0.4556	0.5025	0.3812
易门县	0.5038	0.5478	0.5240	0.5217	0.5444	0.5656	0.5993	0.6758	0.7322	0.7934	0.6008
峨山县	0.4506	0.4718	0.4796	0.4796	0.4934	0.5064	0.5278	0.5467	0.5677	0.5895	0.5113
新平县	0.6149	0.6154	0.5982	0.6358	0.6660	0.6845	0.6931	0.6820	0.6694	0.6570	0.6516
元江县	0.2862	0.3059	0.3040	0.3156	0.3142	0.3270	0.3420	0.3502	0.3671	0.3849	0.3297
隆阳区	0.2982	0.3061	0.3182	0.3222	0.3510	0.3695	0.3741	0.3834	0.3987	0.4147	0.3536
施甸县	0.1549	0.1784	0.1976	0.2362	0.2753	0.2971	0.3165	0.3339	0.3425	0.3513	0.2684
龙陵县	0.6345	0.6657	0.7159	0.7958	0.8671	0.9258	0.9531	0.9531	0.9761	0.9996	0.8487
昌宁县	0.2997	0.3142	0.3254	0.3335	0.3483	0.3607	0.3775	0.3863	0.3984	0.4109	0.3555
腾冲市	0.1306	0.1369	0.1424	0.1398	0.1535	0.1603	0.1669	0.1767	0.1825	0.1884	0.1578
昭阳区	0.4389	0.4333	0.4356	0.4461	0.4595	0.4685	0.4758	0.4766	0.4749	0.4731	0.4582
鲁甸县	0.4926	0.4700	0.4979	0.5374	0.5853	0.6208	0.6079	0.5693	0.6000	0.6325	0.5614
巧家县	0.2673	0.2647	0.2865	0.3064	0.3415	0.3818	0.4001	0.4139	0.4535	0.4970	0.3613
盐津县	0.3959	0.3830	0.3932	0.4261	0.4663	0.5192	0.5304	0.6131	0.6277	0.6427	0.4998

续表

县(市、区)	2007年	2008年	2009年	2010年	2011年	2012年	2013年	2014年	2015年	2016年	产业城市化指数均值
大关县	0.2936	0.2673	0.2673	0.3222	0.3561	0.4009	0.4628	0.5082	0.4890	0.4704	0.3838
永善县	0.3577	0.3498	0.3532	0.3756	0.3935	0.4229	0.4860	0.6056	0.6187	0.6321	0.4595
绥江县	0.2533	0.3215	0.3757	0.4085	0.4397	0.4548	0.4490	0.4251	0.2860	0.1925	0.3606
镇雄县	0.2011	0.2313	0.2628	0.3001	0.3486	0.3924	0.4256	0.2996	0.3013	0.3029	0.3066
彝良县	0.3611	0.3996	0.4072	0.4579	0.4890	0.5028	0.5203	0.4740	0.4438	0.4155	0.4471
威信县	0.2953	0.3222	0.3410	0.3971	0.4309	0.4687	0.5142	0.4221	0.3797	0.3415	0.3913
水富市	0.7281	0.7281	0.7019	0.7057	0.7261	0.7558	0.8188	0.8353	0.8183	0.8016	0.7620
古城区	0.3166	0.2937	0.3027	0.3147	0.3389	0.3789	0.3930	0.3800	0.3899	0.4000	0.3508
玉龙县	0.2706	0.2551	0.2679	0.2763	0.2808	0.2871	0.3652	0.3675	0.3798	0.3924	0.3143
永胜县	0.2988	0.2876	0.3037	0.3289	0.3725	0.4091	0.4456	0.4761	0.4770	0.4778	0.3877
华坪县	0.4951	0.4512	0.4673	0.4831	0.5093	0.5075	0.6879	0.5180	0.5541	0.5929	0.5266
宁蒗县	0.2642	0.2454	0.2404	0.2699	0.3079	0.3123	0.3468	0.3373	0.3315	0.3257	0.2981
思茅区	0.3872	0.4169	0.4408	0.4498	0.4834	0.4984	0.5212	0.5226	0.5302	0.5378	0.4788
宁洱县	0.2392	0.2639	0.2763	0.3329	0.3559	0.3788	0.4038	0.4005	0.4026	0.4048	0.3459
墨江县	0.3225	0.3398	0.3767	0.3780	0.3959	0.4148	0.4527	0.4444	0.4541	0.4641	0.4043
景东县	0.2137	0.2125	0.2220	0.2442	0.2712	0.3125	0.3655	0.3798	0.3798	0.3798	0.2981
景谷县	0.3796	0.3870	0.4073	0.4265	0.4746	0.5176	0.5716	0.5805	0.5842	0.5879	0.4917

续表

县（市、区）	2007年	2008年	2009年	2010年	2011年	2012年	2013年	2014年	2015年	2016年	产业城市化指数均值
镇沅县	0.2048	0.2175	0.2443	0.2601	0.2951	0.3114	0.3425	0.3465	0.3531	0.3597	0.2935
江城县	0.2471	0.3223	0.3893	0.4266	0.4381	0.4627	0.4690	0.4493	0.4534	0.4575	0.4115
孟连县	0.2308	0.2384	0.2325	0.2401	0.2393	0.2475	0.2705	0.3337	0.3443	0.3552	0.2732
澜沧县	0.2844	0.3175	0.3267	0.3237	0.3683	0.3863	0.4152	0.4260	0.4268	0.4276	0.3703
西盟县	0.1707	0.1931	0.1852	0.1836	0.1832	0.1936	0.2120	0.2116	0.2131	0.2147	0.1961
临翔区	0.2368	0.2442	0.2514	0.2615	0.2881	0.3126	0.3462	0.3740	0.4103	0.4501	0.3175
凤庆县	0.2414	0.2429	0.2680	0.2874	0.3084	0.3234	0.3237	0.3192	0.3157	0.3122	0.2942
云县	0.4535	0.4592	0.4521	0.4574	0.5035	0.5457	0.5741	0.6023	0.6023	0.6023	0.5252
永德县	0.2753	0.3038	0.2951	0.2978	0.3422	0.3765	0.3977	0.3779	0.3882	0.3987	0.3453
镇康县	0.3829	0.3953	0.4032	0.4043	0.4325	0.4675	0.4828	0.4859	0.4725	0.4594	0.4386
双江县	0.2733	0.2780	0.2808	0.2838	0.3144	0.3402	0.3790	0.3879	0.4016	0.4158	0.3355
耿马县	0.2571	0.2657	0.2767	0.3024	0.3326	0.3528	0.3661	0.3814	0.3971	0.4134	0.3345
沧源县	0.2795	0.3080	0.2899	0.3280	0.3631	0.3803	0.4246	0.4739	0.4795	0.4851	0.3812
楚雄市	0.5487	0.5578	0.5563	0.5642	0.5762	0.5875	0.5763	0.5820	0.5831	0.5841	0.5716
双柏县	0.1817	0.1892	0.2003	0.2272	0.2373	0.2619	0.2990	0.3259	0.3426	0.3601	0.2625
牟定县	0.2931	0.3030	0.3288	0.3499	0.3725	0.3981	0.4052	0.4388	0.4589	0.4800	0.3828
南华县	0.2440	0.2652	0.2767	0.2986	0.3208	0.3439	0.3625	0.3866	0.3985	0.4106	0.3307

续表

县(市、区)	2007年	2008年	2009年	2010年	2011年	2012年	2013年	2014年	2015年	2016年	产业城市化指数均值
姚安县	0.2738	0.2860	0.3008	0.3240	0.3425	0.3523	0.3866	0.3977	0.4149	0.4328	0.3511
大姚县	0.4559	0.4275	0.4067	0.4158	0.4284	0.4414	0.4252	0.4501	0.4686	0.4879	0.4408
永仁县	0.2501	0.2521	0.2692	0.2952	0.3117	0.3207	0.3547	0.3775	0.3867	0.3961	0.3214
元谋县	0.1820	0.1940	0.2119	0.2266	0.2448	0.2650	0.2668	0.2947	0.3077	0.3213	0.2515
武定县	0.2912	0.3142	0.3274	0.3475	0.3643	0.3875	0.4149	0.4593	0.4696	0.4802	0.3856
禄丰县	0.3974	0.4121	0.4179	0.4220	0.4285	0.4380	0.4488	0.4513	0.4428	0.4346	0.4293
个旧市	0.7131	0.7006	0.6904	0.6822	0.6894	0.7010	0.6714	0.7398	0.7571	0.7748	0.7120
开远市	0.5484	0.5251	0.5149	0.5181	0.5299	0.5411	0.5571	0.5424	0.5259	0.5100	0.5313
蒙自市	0.4563	0.4575	0.4687	0.4954	0.5093	0.5290	0.5501	0.5551	0.5851	0.6166	0.5223
弥勒市	0.7946	0.7917	0.7822	0.7808	0.7808	0.7919	0.7904	0.7788	0.7695	0.7604	0.7821
屏边县	0.3393	0.3420	0.3273	0.3413	0.3702	0.4071	0.4241	0.4279	0.4564	0.4868	0.3922
建水县	0.3898	0.3807	0.3807	0.3827	0.3963	0.4350	0.4756	0.4654	0.4768	0.4884	0.4271
石屏县	0.2695	0.2671	0.2753	0.2828	0.2942	0.3246	0.3613	0.3697	0.3919	0.4154	0.3252
泸西县	0.3305	0.3350	0.3422	0.3619	0.3793	0.4028	0.4306	0.4491	0.4688	0.4894	0.3990
元阳县	0.1950	0.2190	0.2628	0.2902	0.3611	0.3648	0.3999	0.4160	0.4134	0.4107	0.3333
红河县	0.1374	0.1527	0.1822	0.1918	0.2099	0.2442	0.2932	0.3172	0.3498	0.3857	0.2464
金平县	0.5075	0.4904	0.4829	0.4991	0.5000	0.5182	0.5334	0.5586	0.5838	0.6101	0.5284
绿春县	0.3090	0.3009	0.3063	0.3389	0.3604	0.3927	0.4173	0.4455	0.4640	0.4832	0.3818

续表

县(市、区)	2007年	2008年	2009年	2010年	2011年	2012年	2013年	2014年	2015年	2016年	产业城市化指数均值
河口县	0.2523	0.2510	0.2656	0.2666	0.2760	0.3138	0.3528	0.3829	0.4040	0.4262	0.3191
文山市	0.4415	0.4476	0.4656	0.4842	0.5094	0.5279	0.5473	0.5571	0.5211	0.4875	0.4989
砚山县	0.4241	0.4334	0.4541	0.4691	0.4896	0.5133	0.5445	0.5656	0.5428	0.5210	0.4958
西畴县	0.1302	0.1240	0.1387	0.1545	0.1546	0.1591	0.1820	0.2124	0.2292	0.2475	0.1732
麻栗坡县	0.3840	0.4056	0.4208	0.4359	0.4663	0.4893	0.5182	0.5486	0.5679	0.5879	0.4825
马关县	0.4708	0.4809	0.4733	0.4775	0.4877	0.4976	0.5076	0.5428	0.5642	0.5863	0.5089
丘北县	0.1506	0.1724	0.1822	0.2044	0.2372	0.2775	0.3168	0.3464	0.3677	0.3903	0.2646
广南县	0.2061	0.2019	0.2186	0.2404	0.2683	0.2881	0.3093	0.3406	0.3617	0.3840	0.2819
富宁县	0.3465	0.3311	0.3329	0.3484	0.3629	0.3807	0.4027	0.4340	0.4515	0.4698	0.3861
景洪市	0.2506	0.2701	0.3121	0.3290	0.3391	0.3467	0.3674	0.3821	0.4104	0.4408	0.3448
勐海县	0.4657	0.3980	0.3861	0.3844	0.3981	0.3735	0.4075	0.4404	0.4347	0.4290	0.4117
勐腊县	0.2173	0.2092	0.1953	0.1867	0.1835	0.1896	0.1741	0.1733	0.1812	0.1896	0.1900
大理市	0.4748	0.4803	0.4937	0.5016	0.5122	0.5179	0.5239	0.5292	0.5233	0.5175	0.5074
漾濞县	0.4408	0.4740	0.4916	0.4977	0.5081	0.5095	0.5095	0.4804	0.4773	0.4743	0.4863
祥云县	0.4603	0.4648	0.4570	0.4679	0.4781	0.4987	0.5036	0.5003	0.4962	0.4922	0.4819
宾川县	0.1860	0.2183	0.2319	0.2528	0.2669	0.2885	0.3078	0.3258	0.3608	0.3997	0.2839
弥渡县	0.2732	0.2798	0.2697	0.2771	0.3101	0.3432	0.3724	0.3738	0.3861	0.3988	0.3284
南涧县	0.1257	0.1362	0.1392	0.1606	0.1799	0.1786	0.1750	0.1762	0.1762	0.1624	

续表

县（市、区）	2007 年	2008 年	2009 年	2010 年	2011 年	2012 年	2013 年	2014 年	2015 年	2016 年	产业城市化指数均值
魏山县	0.2430	0.2451	0.2545	0.2669	0.2837	0.3164	0.3367	0.3565	0.3646	0.3730	0.3040
永平县	0.2073	0.2245	0.2365	0.2580	0.2848	0.3123	0.3199	0.3178	0.3210	0.3243	0.2806
云龙县	0.3210	0.3586	0.3890	0.4195	0.4640	0.5096	0.5119	0.5124	0.5148	0.5172	0.4518
洱源县	0.2702	0.2892	0.2895	0.3125	0.3492	0.3780	0.4018	0.4105	0.4237	0.4372	0.3562
剑川县	0.4995	0.5066	0.4410	0.4720	0.5030	0.5222	0.5548	0.5332	0.5458	0.5588	0.5137
鹤庆县	0.4009	0.4329	0.4394	0.4664	0.5455	0.5755	0.6034	0.5983	0.6004	0.6026	0.5265
瑞丽市	0.2426	0.2405	0.2368	0.2331	0.2303	0.2312	0.2519	0.2433	0.2272	0.2121	0.2349
芒市	0.2754	0.2749	0.3085	0.3442	0.3754	0.3887	0.3856	0.3711	0.3619	0.3530	0.3439
梁河县	0.2569	0.2800	0.3235	0.3250	0.3398	0.3278	0.2972	0.2837	0.2523	0.2243	0.2911
盈江县	0.3443	0.3479	0.4052	0.4368	0.4539	0.4665	0.4661	0.4591	0.4548	0.4506	0.4285
陇川县	0.2740	0.2804	0.2884	0.3223	0.3520	0.3586	0.3726	0.3831	0.3761	0.3693	0.3377
泸水市	0.2836	0.3383	0.3601	0.3442	0.3708	0.3899	0.4107	0.4229	0.4313	0.4399	0.3792
福贡县	0.3747	0.3995	0.4171	0.4212	0.3900	0.3759	0.3867	0.3391	0.3274	0.3162	0.3748
贡山县	0.2985	0.3419	0.3717	0.4099	0.4062	0.3878	0.3950	0.3938	0.3486	0.3086	0.3662
兰坪县	0.7771	0.7597	0.7610	0.7537	0.7396	0.7250	0.7122	0.7219	0.7279	0.7338	0.7412
香格里拉市	0.4696	0.4677	0.4322	0.4289	0.4507	0.4603	0.4814	0.4914	0.5017	0.5123	0.4696
德钦县	0.4327	0.5139	0.5910	0.5610	0.5222	0.5128	0.5367	0.5628	0.5443	0.5263	0.5304
维西县	0.2813	0.3378	0.4233	0.4360	0.4556	0.4626	0.4948	0.5214	0.5426	0.5648	0.4520

附表3 云南省土地适宜性评价数据表

县(市、区)	强限制因子		地震设防区		坡度赋值	突发地质灾害赋值	蓄滞洪区赋值
	类别	赋值	设防等级	赋值			
五华区	无强限制因子	1	8	40	60	80	60
盘龙区	无强限制因子	1	8	40	60	80	60
官渡区	无强限制因子	1	8	40	80	80	60
西山区	无强限制因子	1	8	40	80	80	60
东川区	采空塌陷区	0	9	40	60	40	60
呈贡区	无强限制因子	1	8	40	80	80	60
晋宁区	无强限制因子	1	8	40	80	80	40
富民县	无强限制因子	1	7	100	60	80	40
宜良县	永久基本农田	0	8	40	60	100	40
石林县	永久基本农田	0	8	40	80	80	40
嵩明县	无强限制因子	1	8	40	80	80	40
禄劝县	永久基本农田	0	8	100	80	80	40
寻甸县	无强限制因子	1	9	40	60	80	40
安宁市	无强限制因子	1	8	40	80	80	40
麒麟区	无强限制因子	1	7	100	80	80	60
马龙区	无强限制因子	1	8	40	80	80	40
陆良县	永久基本农田	0	7	100	80	80	40
师宗县	永久基本农田	0	7	100	60	80	40
罗平县	永久基本农田	0	6	100	80	80	40
富源县	无强限制因子	1	7	100	60	80	40
会泽县	永久基本农田	0	8	40	60	80	40
沾益区	无强限制因子	1	7	100	80	80	40
宣威市	无强限制因子	1	7	100	60	80	60
红塔区	无强限制因子	1	8	40	80	80	60
江川区	永久基本农田	0	8	40	80	80	40
澄江市	永久基本农田	0	8	40	60	80	40
通海县	永久基本农田	0	8	40	80	100	40
华宁县	永久基本农田	0	8	40	60	80	40

续表

| 县（市、区） | 强限制因子 | | 地震设防区 | | 坡度赋值 | 突发地质灾害赋值 | 蓄滞洪区赋值 |
	类别	赋值	设防等级	赋值			
易门县	无强限制因子	1	8	40	60	100	40
峨山县	无强限制因子	1	8	40	60	100	40
新平县	永久基本农田	0	7	40	40	80	40
元江县	永久基本农田	0	7	40	40	80	40
隆阳区	无强限制因子	1	8	40	60	100	60
施甸县	永久基本农田	0	8	40	60	80	40
龙陵县	永久基本农田	0	8	40	60	100	40
昌宁县	永久基本农田	0	7	100	60	80	40
腾冲市	永久基本农田	0	8	40	80	100	60
昭阳区	无强限制因子	1	7	100	60	80	60
鲁甸县	无强限制因子	1	7	100	60	80	40
巧家县	生态保护红线	0	8	40	40	60	40
盐津县	生态保护红线	0	7	100	40	100	40
大关县	生态保护红线	0	7	100	40	60	40
永善县	生态保护红线	0	7	100	40	60	40
绥江县	生态保护红线	0	7	100	40	100	40
镇雄县	永久基本农田	0	6	100	40	100	40
彝良县	永久基本农田	0	7	100	40	80	40
威信县	永久基本农田	0	6	100	40	80	40
水富市	无强限制因子	1	7	100	40	100	40
古城区	无强限制因子	1	8	40	80	100	60
玉龙县	生态保护红线	0	8	40	80	100	40
永胜县	永久基本农田	0	8	40	60	80	40
华坪县	无强限制因子	1	7	40	60	80	40
宁蒗县	生态保护红线	0	7	40	60	80	40
思茅区	无强限制因子	1	8	40	60	100	40
宁洱县	永久基本农田	0	7	40	60	100	40
墨江县	永久基本农田	0	7	40	40	80	40
景东县	生态保护红线	0	7	40	60	80	40

续表

| 县(市、区) | 强限制因子 | | 地震设防区 | | 坡度赋值 | 突发地质灾害赋值 | 蓄滞洪区赋值 |
	类别	赋值	设防等级	赋值			
景谷县	永久基本农田	0	7	40	60	80	40
镇沅县	生态保护红线	0	7	40	40	100	40
江城县	永久基本农田	0	7	40	60	80	40
孟连县	生态保护红线	0	8	40	60	80	40
澜沧县	永久基本农田	0	7	40	40	100	40
西盟县	生态保护红线	0	8	40	40	80	40
临翔区	无强限制因子	1	8	40	40	80	60
凤庆县	永久基本农田	0	8	40	40	80	40
云县	永久基本农田	0	8	40	40	100	40
永德县	永久基本农田	0	8	40	60	80	40
镇康县	永久基本农田	0	8	40	40	100	40
双江县	永久基本农田	0	8	40	40	80	40
耿马县	永久基本农田	0	8	40	60	60	40
沧源县	永久基本农田	0	8	40	40	80	40
楚雄市	无强限制因子	1	7	100	60	100	60
双柏县	永久基本农田	0	7	100	40	80	40
牟定县	无强限制因子	1	7	100	60	80	40
南华县	无强限制因子	1	7	100	60	100	40
姚安县	永久基本农田	0	7	100	60	80	40
大姚县	生态保护红线	0	7	100	60	80	40
永仁县	生态保护红线	0	7	100	60	80	40
元谋县	永久基本农田	0	7	100	80	80	40
武定县	无强限制因子	1	7	100	60	80	40
禄丰县	无强限制因子	1	7	100	60	80	40
个旧市	无强限制因子	1	7	100	60	80	60
开远市	无强限制因子	1	7	100	60	80	60
蒙自市	无强限制因子	1	7	100	60	80	60
弥勒市	永久基本农田	0	7	100	80	80	60
屏边县	生态保护红线	0	6	100	40	80	40

续表

县(市、区)	强限制因子		地震设防区		坡度赋值	突发地质灾害赋值	蓄滞洪区赋值
	类别	赋值	设防等级	赋值			
建水县	永久基本农田	0	8	40	60	100	40
石屏县	永久基本农田	0	8	40	60	100	40
泸西县	永久基本农田	0	7	100	80	80	40
元阳县	永久基本农田	0	7	100	40	100	40
红河县	永久基本农田	0	7	100	40	80	40
金平县	生态保护红线	0	7	100	40	80	40
绿春县	永久基本农田	0	7	100	40	100	40
河口县	无强限制因子	1	6	100	40	80	40
文山市	生态保护红线	0	6	100	60	80	60
砚山县	无强限制因子	1	6	100	80	80	40
西畴县	生态保护红线	0	6	100	60	80	40
麻栗坡县	生态保护红线	0	6	100	40	100	40
马关县	生态保护红线	0	6	100	40	80	40
丘北县	永久基本农田	0	6	100	60	80	40
广南县	生态保护红线	0	6	100	60	80	40
富宁县	生态保护红线	0	6	100	40	80	40
景洪市	生态保护红线	0	8	40	80	80	60
勐海县	生态保护红线	0	8	40	60	80	40
勐腊县	生态保护红线	0	7	100	80	80	40
大理市	无强限制因子	1	8	40	80	100	60
漾濞县	生态保护红线	0	8	40	40	60	40
祥云县	无强限制因子	1	8	40	80	80	40
宾川县	永久基本农田	0	8	40	60	80	40
弥渡县	无强限制因子	1	8	40	60	60	40
南涧县	生态保护红线	0	8	40	40	60	40
巍山县	永久基本农田	0	8	40	60	80	40
永平县	生态保护红线	0	7	100	60	100	40
云龙县	永久基本农田	0	7	100	40	80	40
洱源县	永久基本农田	0	8	40	80	100	40

续表

县(市、区)	强限制因子		地震设防区		坡度赋值	突发地质灾害赋值	蓄滞洪区赋值
	类别	赋值	设防等级	赋值			
剑川县	生态保护红线	0	8	40	80	80	40
鹤庆县	永久基本农田	0	8	40	80	80	40
瑞丽市	无强限制因子	1	8	40	80	80	40
芒市	永久基本农田	0	8	40	60	100	40
梁河县	永久基本农田	0	8	40	60	60	40
盈江县	永久基本农田	0	7	100	80	80	40
陇川县	永久基本农田	0	8	40	80	80	40
泸水市	生态保护红线	0	7	100	40	100	80
福贡县	生态保护红线	0	7	100	40	80	60
贡山县	生态保护红线	0	7	100	40	100	60
兰坪县	生态保护红线	0	7	100	40	80	40
香格里拉市	难以利用土地	0	7	100	60	100	80
德钦县	难以利用土地	0	7	100	40	100	80
维西县	难以利用土地	0	7	100	40	80	60

附表 4　2007~2016 年云南省一般农用地赋值

县(市、区)	2007 年	2008 年	2009 年	2010 年	2011 年	2012 年	2013 年	2014 年	2015 年	2016 年
五华区	60	60	60	60	60	60	60	60	60	60
盘龙区	60	60	60	60	60	60	60	60	60	60
官渡区	80	80	80	80	80	80	80	80	80	80
西山区	60	60	60	60	60	60	60	60	60	60
东川区	60	60	60	60	60	60	60	60	60	60
呈贡区	80	80	80	80	80	80	80	80	80	80
晋宁区	60	60	60	60	60	60	60	60	60	60
富民县	60	60	60	60	60	60	60	60	60	60
宜良县	40	40	40	40	40	40	40	40	40	40
石林县	60	60	60	60	60	60	60	60	60	60
嵩明县	60	60	60	60	60	60	60	60	60	60

续表

县(市、区)	2007 年	2008 年	2009 年	2010 年	2011 年	2012 年	2013 年	2014 年	2015 年	2016 年
禄劝县	40	40	40	40	40	40	40	40	40	40
寻甸县	60	60	60	60	60	60	60	60	60	60
安宁市	60	60	60	60	60	60	60	60	60	60
麒麟区	80	80	80	80	80	80	80	80	80	80
马龙区	60	60	60	60	60	60	60	60	60	60
陆良县	60	60	60	60	60	60	60	60	60	60
师宗县	60	60	60	60	60	60	60	60	60	60
罗平县	60	60	60	60	60	60	60	60	60	60
富源县	60	60	60	60	60	60	60	60	60	60
会泽县	40	40	40	40	40	40	40	40	40	40
沾益区	60	60	60	60	60	60	60	60	60	60
宣威市	60	60	60	60	60	60	60	60	60	60
红塔区	60	60	60	60	60	60	60	60	60	60
江川区	60	60	60	60	60	60	60	60	60	60
澄江市	60	60	60	60	60	60	60	60	60	60
通海县	60	60	60	60	60	60	60	60	60	60
华宁县	60	60	60	60	60	60	60	60	60	60
易门县	60	60	60	60	60	60	60	60	60	60
峨山县	60	60	60	60	60	60	60	60	60	60
新平县	60	60	60	60	60	60	60	60	60	60
元江县	40	40	40	40	40	40	40	40	40	40
隆阳区	60	60	60	60	60	60	60	60	60	60
施甸县	60	60	60	60	60	60	60	60	60	60
龙陵县	60	60	60	60	60	60	60	60	60	60
昌宁县	60	60	60	60	60	60	60	60	60	60
腾冲市	60	60	60	60	60	60	60	60	60	60
昭阳区	60	60	60	60	60	60	60	60	60	60
鲁甸县	60	60	60	60	60	60	60	60	60	60
巧家县	60	60	60	60	60	60	60	60	60	60

续表

县(市、区)	2007年	2008年	2009年	2010年	2011年	2012年	2013年	2014年	2015年	2016年
盐津县	60	60	60	60	60	60	60	60	60	60
大关县	60	60	60	60	60	60	60	60	60	60
永善县	60	60	60	60	60	60	60	60	60	60
绥江县	60	60	60	60	60	60	60	60	60	60
镇雄县	60	60	60	60	60	60	60	60	60	60
彝良县	60	60	60	60	60	60	60	60	60	60
威信县	60	60	60	60	60	60	60	60	60	60
水富市	60	60	60	60	60	60	60	60	60	60
古城区	60	60	60	60	60	60	60	60	60	60
玉龙县	60	60	60	60	60	60	60	60	60	60
永胜县	60	60	60	60	60	60	60	60	60	60
华坪县	60	60	60	60	60	60	60	60	60	60
宁蒗县	60	60	60	60	60	60	60	60	60	60
思茅区	60	60	60	60	60	60	60	60	60	60
宁洱县	60	60	60	60	60	60	60	60	60	60
墨江县	60	60	60	60	60	60	60	60	60	60
景东县	60	60	60	60	60	60	60	60	60	60
景谷县	60	60	60	60	60	60	60	60	60	60
镇沅县	60	60	60	60	60	60	60	60	60	60
江城县	60	60	60	60	60	60	60	60	60	60
孟连县	60	60	60	60	60	60	60	60	60	60
澜沧县	60	60	60	60	60	60	60	60	60	60
西盟县	60	60	60	60	60	60	60	60	60	60
临翔区	60	60	60	60	60	60	60	60	60	60
凤庆县	60	60	60	60	60	60	60	60	60	60
云县	60	60	60	60	60	60	60	60	60	60
永德县	60	60	60	60	60	60	60	60	60	60
镇康县	60	60	60	60	60	60	60	60	60	60
双江县	60	60	60	60	60	60	60	60	60	60

县(市、区)	2007年	2008年	2009年	2010年	2011年	2012年	2013年	2014年	2015年	2016年
耿马县	60	60	60	60	60	60	60	60	60	60
沧源县	60	60	60	60	60	60	60	60	60	60
楚雄市	60	60	60	60	60	60	60	60	60	60
双柏县	60	60	60	60	60	60	60	60	60	60
牟定县	80	80	80	80	80	80	80	80	80	80
南华县	60	60	60	60	60	60	60	60	60	60
姚安县	60	60	60	60	60	60	60	60	60	60
大姚县	60	60	60	60	60	60	60	60	60	60
永仁县	60	60	60	60	60	60	60	60	60	60
元谋县	60	60	60	60	60	60	60	60	60	60
武定县	60	60	60	60	60	60	60	60	60	60
禄丰县	60	60	60	60	60	60	60	60	60	60
个旧市	60	60	60	60	60	60	60	60	60	60
开远市	60	60	60	60	60	60	60	60	60	60
蒙自市	60	60	60	60	60	60	60	60	60	60
弥勒市	60	60	60	60	60	60	60	60	60	60
屏边县	40	40	40	40	40	40	40	40	40	40
建水县	60	60	60	60	60	60	60	60	60	60
石屏县	60	60	60	60	60	60	60	60	60	60
泸西县	60	60	60	60	60	60	60	60	60	60
元阳县	60	60	60	60	60	60	60	60	60	60
红河县	40	40	40	40	40	40	40	40	40	40
金平县	60	60	60	60	60	60	60	60	60	60
绿春县	60	60	60	60	60	60	60	60	60	60
河口县	60	60	60	60	60	60	60	60	60	60
文山市	60	60	60	60	60	60	60	60	60	60
砚山县	60	60	60	60	60	60	60	60	60	60
西畴县	80	80	80	80	80	80	80	80	80	80
麻栗坡县	60	60	60	60	60	60	60	60	60	60

续表

县(市、区)	2007 年	2008 年	2009 年	2010 年	2011 年	2012 年	2013 年	2014 年	2015 年	2016 年
马关县	60	60	60	60	60	60	60	60	60	60
丘北县	60	60	60	60	60	60	60	60	60	60
广南县	60	60	60	60	60	60	60	60	60	60
富宁县	60	60	60	60	60	60	60	60	60	60
景洪市	60	60	60	60	60	60	60	60	60	60
勐海县	60	60	60	60	60	60	60	60	60	60
勐腊县	60	60	60	60	60	60	60	60	60	60
大理市	60	60	60	60	60	60	60	60	60	60
漾濞县	60	60	60	60	60	60	60	60	60	60
祥云县	60	60	60	60	60	60	60	60	60	60
宾川县	60	60	60	60	60	60	60	60	60	60
弥渡县	60	60	60	60	60	60	60	60	60	60
南涧县	80	80	80	80	80	80	80	80	80	80
巍山县	80	80	80	80	80	80	80	80	80	80
永平县	60	60	60	60	60	60	60	60	60	60
云龙县	60	60	60	60	60	60	60	60	60	60
洱源县	60	60	60	60	60	60	60	60	60	60
剑川县	40	40	40	40	40	40	40	40	40	40
鹤庆县	40	40	40	40	40	40	40	40	40	40
瑞丽市	60	60	60	60	60	60	60	80	80	80
芒市	60	60	60	60	60	60	60	60	60	60
梁河县	60	60	60	60	60	60	60	60	60	60
盈江县	60	60	60	60	60	60	60	60	60	60
陇川县	60	60	60	60	60	60	60	60	60	60
泸水市	40	40	40	40	40	40	40	40	40	40
福贡县	40	40	40	40	40	40	40	40	40	40
贡山县	80	80	80	80	80	80	80	80	80	80
兰坪县	60	60	60	60	60	60	60	60	60	60
香格里拉市	60	60	60	60	60	60	60	60	60	60
德钦县	60	60	60	60	80	80	80	80	80	80
维西县	60	60	60	60	60	60	60	60	60	60

附表5　2007～2016年云南省土地资源压力指数

县(市、区)	2007年	2008年	2009年	2010年	2011年	2012年	2013年	2014年	2015年	2016年
五华区	1.30	1.60	1.90	2.20	2.49	2.79	3.08	3.39	3.39	3.70
盘龙区	0.80	1.04	1.27	1.51	1.74	1.97	2.21	2.44	2.44	2.68
官渡区	−0.68	−0.64	−0.60	−0.56	−0.52	−0.49	−0.45	−0.41	−0.41	−0.36
西山区	−0.37	−0.29	−0.21	−0.13	−0.05	0.03	0.11	0.19	0.19	0.29
东川区	8.80	8.83	8.87	8.90	8.94	8.97	9.00	9.04	9.04	9.08
呈贡区	−0.44	−0.42	−0.40	−0.39	−0.37	−0.35	−0.33	−0.31	−0.31	−0.28
晋宁区	−0.75	−0.74	−0.73	−0.72	−0.72	−0.71	−0.70	−0.69	−0.69	−0.67
富民县	6.80	7.19	7.58	7.98	8.37	8.76	9.15	9.54	9.54	10.33
宜良县	0.87	0.89	0.92	0.94	0.96	0.98	1.00	1.02	1.02	1.07
石林县	0.50	0.55	0.60	0.64	0.69	0.74	0.78	0.83	0.83	0.92
嵩明县	−0.96	−0.94	−0.92	−0.90	−0.89	−0.87	−0.85	−0.83	−0.83	−0.72
禄劝县	1.26	1.33	1.39	1.46	1.52	1.59	1.65	1.72	1.72	1.84
寻甸县	1.72	1.76	1.79	1.83	1.86	1.90	1.94	1.97	1.97	2.04
安宁市	0.46	0.48	0.50	0.53	0.55	0.57	0.60	0.62	0.62	0.67
麒麟区	−0.73	−0.72	−0.71	−0.70	−0.69	−0.69	−0.68	−0.67	−0.67	−0.65
马龙区	−0.37	−0.36	−0.35	−0.35	−0.34	−0.34	−0.33	−0.32	−0.32	−0.31
陆良县	−0.99	−0.98	−0.98	−0.97	−0.97	−0.96	−0.96	−0.95	−0.95	−0.94
师宗县	−0.77	−0.76	−0.76	−0.76	−0.76	−0.76	−0.76	−0.76	−0.76	−0.75
罗平县	−0.36	−0.34	−0.32	−0.30	−0.28	−0.26	−0.24	−0.22	−0.22	−0.18
富源县	38.51	38.91	39.31	39.71	40.11	40.51	40.91	41.31	41.31	42.11
会泽县	0.58	0.58	0.59	0.59	0.60	0.60	0.61	0.61	0.61	0.62
沾益区	−0.96	−0.95	−0.95	−0.95	−0.94	−0.94	−0.94	−0.94	−0.94	−0.93
宣威市	0.49	0.50	0.51	0.53	0.54	0.55	0.56	0.57	0.57	0.60
红塔区	0.58	0.61	0.65	0.68	0.71	0.75	0.78	0.81	0.81	0.88
江川区	−0.79	−0.79	−0.78	−0.78	−0.77	−0.77	−0.76	−0.76	−0.76	−0.75
澄江市	2.47	2.49	2.50	2.51	2.53	2.54	2.56	2.57	2.57	2.60

县(市、区)	2007 年	2008 年	2009 年	2010 年	2011 年	2012 年	2013 年	2014 年	2015 年	2016 年
通海县	−0.76	−0.76	−0.76	−0.76	−0.75	−0.75	−0.75	−0.75	−0.75	−0.74
华宁县	5.99	6.72	7.44	8.17	8.90	9.62	10.35	11.08	11.08	12.53
易门县	2.74	3.95	5.17	6.39	7.61	8.83	10.05	11.27	11.27	14.58
峨山县	13.99	14.42	14.85	15.28	15.71	16.14	16.57	17.00	17.00	17.86
新平县	−0.88	5.72	12.32	18.92	25.52	32.12	38.72	45.32	45.32	58.53
元江县	3.20	3.55	3.91	4.27	4.62	4.98	5.34	5.69	5.69	6.41
隆阳区	0.28	0.32	0.36	0.40	0.44	0.47	0.51	0.55	0.55	0.63
施甸县	0.25	0.63	1.01	1.38	1.76	2.13	2.51	2.89	2.89	3.88
龙陵县	7.62	8.70	9.78	10.86	11.94	13.02	14.10	15.18	15.18	17.34
昌宁县	10.92	11.23	11.55	11.86	12.18	12.49	12.81	13.12	13.12	13.75
腾冲市	−0.82	−0.81	−0.80	−0.80	−0.79	−0.78	−0.77	−0.76	−0.76	−0.74
昭阳区	−0.83	−0.83	−0.83	−0.82	−0.82	−0.82	−0.81	−0.81	−0.81	−0.80
鲁甸县	1.60	1.62	1.63	1.65	1.66	1.68	1.69	1.71	1.71	1.74
巧家县	16.59	16.86	17.12	17.39	17.66	17.93	18.19	18.46	18.46	18.99
盐津县	1488.70	1589.20	1689.70	1790.21	1890.71	1991.22	2091.72	2192.22	2192.22	2292.73
大关县	1123.23	1202.15	1281.06	1359.97	1438.89	1517.80	1596.71	1675.63	1675.63	2014.74
永善县	3.22	3.37	3.51	3.65	3.80	3.94	4.09	4.23	4.23	4.37
绥江县	31.35	32.09	32.84	33.58	34.33	35.07	35.82	36.56	36.56	37.33
镇雄县	1.09	1.39	1.69	1.99	2.28	2.58	2.88	3.18	3.18	4.12
彝良县	7.55	7.96	8.36	8.77	9.17	9.58	9.99	10.39	10.39	10.87
威信县	55.06	57.26	59.46	61.66	63.86	66.05	68.25	70.45	70.45	74.85
水富市	303.95	308.38	312.81	317.24	321.67	326.10	330.52	334.95	334.95	339.38
古城区	−0.90	−0.88	−0.86	−0.85	−0.83	−0.82	−0.80	−0.79	−0.79	−0.77
玉龙县	1.42	1.46	1.51	1.55	1.59	1.64	1.68	1.72	1.72	1.81
永胜县	−0.23	−0.23	−0.23	−0.23	−0.23	−0.23	−0.22	−0.22	−0.22	−0.22
华坪县	4.15	4.55	4.94	5.33	5.72	6.12	6.51	6.90	6.90	9.01

县（市、区）	2007 年	2008 年	2009 年	2010 年	2011 年	2012 年	2013 年	2014 年	2015 年	2016 年
宁蒗县	−0.55	0.47	1.48	2.49	3.51	4.52	5.54	6.55	6.55	8.58
思茅区	44.09	48.99	53.88	58.78	63.67	68.57	73.47	78.36	78.36	88.15
宁洱县	6.75	7.82	8.88	9.94	11.00	12.06	13.12	14.19	14.19	16.31
墨江县	36.06	40.31	44.57	48.82	53.07	57.33	61.58	65.84	65.84	74.34
景东县	1.42	1.62	1.83	2.03	2.24	2.45	2.65	2.86	2.86	3.27
景谷县	−0.21	−0.20	−0.20	−0.20	−0.19	−0.19	−0.19	−0.18	−0.18	−0.18
镇沅县	2.94	5.69	8.44	11.18	13.93	16.68	19.43	22.17	22.17	27.67
江城县	9.99	10.57	11.15	11.72	12.30	12.87	13.45	14.02	14.02	15.17
孟连县	15.27	15.57	15.87	16.16	16.46	16.76	17.06	17.36	17.36	17.95
澜沧县	−0.53	−0.53	−0.52	−0.52	−0.51	−0.50	−0.50	−0.49	−0.49	−0.48
西盟县	52.29	56.53	60.78	65.02	69.26	73.50	77.74	81.99	81.99	90.47
临翔区	40.54	43.38	46.22	49.06	51.90	54.74	57.58	60.42	60.42	66.10
凤庆县	50.50	51.03	51.56	52.09	52.62	53.16	53.69	54.22	54.22	55.28
云县	31.42	32.92	34.42	35.93	37.43	38.93	40.43	41.94	41.94	44.94
永德县	2.06	2.32	2.58	2.84	3.10	3.37	3.63	3.89	3.89	4.41
镇康县	26.43	28.83	31.22	33.62	36.01	38.41	40.80	43.20	43.20	47.99
双江县	7.38	7.45	7.52	7.59	7.65	7.72	7.79	7.86	7.86	7.95
耿马县	−0.53	−0.52	−0.51	−0.50	−0.49	−0.48	−0.48	−0.47	−0.47	−0.45
沧源县	12.61	12.82	13.03	13.24	13.44	13.65	13.86	14.07	14.07	14.48
楚雄市	3.02	3.16	3.30	3.44	3.58	3.73	3.87	4.01	4.01	4.29
双柏县	18.25	18.53	18.82	19.10	19.38	19.67	19.95	20.24	20.24	20.80
牟定县	−0.70	−0.65	−0.60	−0.55	−0.50	−0.45	−0.41	−0.36	−0.36	−0.26
南华县	−0.23	−0.14	−0.05	0.04	0.14	0.23	0.32	0.41	0.41	0.60
姚安县	−0.55	−0.53	−0.52	−0.50	−0.48	−0.46	−0.45	−0.43	−0.43	−0.39
大姚县	22.69	22.94	23.18	23.43	23.67	23.92	24.16	24.41	24.41	24.90
永仁县	−0.82	−0.79	−0.76	−0.74	−0.71	−0.68	−0.66	−0.63	−0.63	−0.57

县(市、区)	2007 年	2008 年	2009 年	2010 年	2011 年	2012 年	2013 年	2014 年	2015 年	2016 年
元谋县	−0.40	−0.37	−0.35	−0.33	−0.31	−0.29	−0.27	−0.25	−0.25	−0.21
武定县	−0.33	−0.30	−0.26	−0.22	−0.18	−0.14	−0.11	−0.07	−0.07	0.01
禄丰县	1.34	1.34	1.35	1.35	1.36	1.36	1.37	1.37	1.37	1.38
个旧市	0.31	0.34	0.36	0.38	0.40	0.43	0.45	0.47	0.47	0.52
开远市	18.36	18.66	18.95	19.25	19.54	19.84	20.13	20.43	20.43	21.02
蒙自市	−0.62	−0.59	−0.57	−0.54	−0.51	−0.48	−0.46	−0.43	−0.43	−0.37
弥勒市	−0.44	−0.41	−0.37	−0.34	−0.30	−0.27	−0.23	−0.20	−0.20	−0.13
屏边县	35.12	35.51	35.90	36.28	36.67	37.06	37.44	37.83	37.83	38.60
建水县	−0.06	−0.06	−0.05	−0.05	−0.04	−0.04	−0.03	−0.03	−0.03	−0.02
石屏县	7.49	7.51	7.53	7.55	7.58	7.60	7.62	7.64	7.64	7.69
泸西县	−0.81	−0.80	−0.80	−0.79	−0.79	−0.78	−0.78	−0.77	−0.77	−0.76
元阳县	160.51	162.23	163.96	165.68	167.40	169.13	170.85	172.58	172.58	176.02
红河县	110.00	111.23	112.46	113.70	114.93	116.16	117.39	118.63	118.63	120.09
金平县	14.45	14.67	14.90	15.13	15.36	15.58	15.81	16.04	16.04	16.27
绿春县	2128.09	2188.71	2249.32	2309.94	2370.56	2431.18	2491.79	2552.41	2552.41	2637.28
河口县	2047.58	2066.78	2085.97	2105.17	2124.37	2143.56	2162.76	2181.96	2181.96	2204.49
文山市	60.41	64.44	68.46	72.49	76.51	80.54	84.56	88.59	88.59	96.63
砚山县	−0.83	−0.82	−0.81	−0.80	−0.79	−0.78	−0.77	−0.76	−0.76	−0.74
西畴县	3.69	3.79	3.89	3.98	4.08	4.18	4.28	4.38	4.38	4.51
麻栗坡县	38.38	41.83	45.28	48.72	52.17	55.62	59.06	62.51	62.51	92.81
马关县	1.26	1.29	1.32	1.34	1.37	1.40	1.43	1.45	1.45	1.48
丘北县	−0.11	−0.11	−0.10	−0.09	−0.09	−0.08	−0.08	−0.07	−0.07	−0.06
广南县	8.06	8.41	8.77	9.12	9.47	9.82	10.18	10.53	10.53	11.24
富宁县	14.07	17.90	21.73	25.56	29.40	33.23	37.06	40.89	40.89	48.55
景洪市	1.18	1.24	1.30	1.36	1.42	1.48	1.54	1.60	1.60	1.73
勐海县	−0.46	−0.42	−0.37	−0.32	−0.27	−0.23	−0.18	−0.13	−0.13	−0.04
勐腊县	0.53	0.75	0.98	1.21	1.44	1.66	1.89	2.12	2.12	2.57

县（市、区）	2007 年	2008 年	2009 年	2010 年	2011 年	2012 年	2013 年	2014 年	2015 年	2016 年
大理市	−0.51	−0.46	−0.41	−0.36	−0.31	−0.26	−0.21	−0.16	−0.16	−0.07
漾濞县	3.87	4.00	4.13	4.26	4.40	4.53	4.66	4.79	4.79	5.05
祥云县	−0.85	−0.83	−0.80	−0.78	−0.75	−0.73	−0.70	−0.68	−0.68	−0.63
宾川县	−0.84	−0.84	−0.83	−0.83	−0.83	−0.83	−0.82	−0.82	−0.82	−0.82
弥渡县	−0.67	−0.66	−0.66	−0.65	−0.65	−0.65	−0.64	−0.64	−0.64	−0.63
南涧县	16.83	18.69	20.54	22.40	24.25	26.10	27.96	29.81	29.81	33.52
巍山县	−0.54	−0.54	−0.54	−0.53	−0.53	−0.53	−0.52	−0.52	−0.52	−0.51
永平县	11.24	12.32	13.40	14.48	15.56	16.64	17.72	18.80	18.80	20.96
云龙县	18.74	21.18	23.61	26.05	28.49	30.93	33.37	35.80	35.80	40.68
洱源县	−0.82	−0.79	−0.75	−0.71	−0.68	−0.64	−0.60	−0.57	−0.57	−0.49
剑川县	−0.83	−0.83	−0.82	−0.82	−0.82	−0.82	−0.82	−0.82	−0.82	−0.82
鹤庆县	−0.88	−0.88	−0.87	−0.87	−0.87	−0.86	−0.86	−0.86	−0.86	−0.85
瑞丽市	−0.18	−0.18	−0.17	−0.17	−0.16	−0.16	−0.15	−0.15	−0.15	−0.14
芒市	−0.10	−0.07	−0.05	−0.02	0.01	0.04	0.06	0.09	0.09	0.15
梁河县	−0.38	−0.37	−0.36	−0.35	−0.35	−0.34	−0.33	−0.32	−0.32	−0.30
盈江县	−0.48	−0.47	−0.46	−0.45	−0.44	−0.44	−0.43	−0.42	−0.42	−0.41
陇川县	−0.77	−0.76	−0.76	−0.75	−0.75	−0.74	−0.74	−0.73	−0.73	−0.72
泸水市	618.93	622.95	626.97	630.99	635.01	639.04	643.06	647.08	647.08	655.13
兰坪县	24.00	24.39	24.78	25.18	25.57	25.96	26.36	26.75	26.75	27.19
香格里拉市	0.70	0.71	0.72	0.73	0.73	0.74	0.75	0.76	0.76	0.77
维西县	12.52	12.74	12.95	13.16	13.37	13.58	13.79	14.01	14.01	14.26
德钦县	—	—	—	—	—	—	—	—	—	—
贡山县	—	—	—	—	—	—	—	—	—	—
福贡县	—	—	—	—	—	—	—	—	—	—

附表 6　2007～2016 年云南省现状建设开发程度评价表

县（市、区）	2007 年	2008 年	2009 年	2010 年	2011 年	2012 年	2013 年	2014 年	2015 年	2016 年
五华区	0.41	0.47	0.52	0.57	0.63	0.68	0.73	0.79	0.79	0.84
盘龙区	0.41	0.46	0.51	0.56	0.62	0.67	0.72	0.78	0.78	0.83

续表

县(市、区)	2007 年	2008 年	2009 年	2010 年	2011 年	2012 年	2013 年	2014 年	2015 年	2016 年
官渡区	0.15	0.17	0.19	0.21	0.22	0.24	0.26	0.28	0.28	0.30
西山区	0.16	0.18	0.20	0.22	0.24	0.26	0.28	0.30	0.30	0.32
东川区	0.21	0.21	0.22	0.22	0.22	0.22	0.22	0.22	0.22	0.22
呈贡区	0.28	0.29	0.30	0.31	0.32	0.33	0.34	0.34	0.35	0.36
晋宁区	0.06	0.06	0.06	0.07	0.07	0.07	0.07	0.07	0.08	0.08
富民县	0.24	0.25	0.26	0.28	0.29	0.30	0.31	0.32	0.34	0.35
宜良县	0.15	0.15	0.15	0.15	0.16	0.16	0.16	0.16	0.16	0.16
石林县	0.10	0.10	0.11	0.11	0.11	0.12	0.12	0.12	0.12	0.13
嵩明县	0.01	0.02	0.03	0.03	0.04	0.04	0.05	0.06	0.09	0.09
禄劝县	0.06	0.07	0.07	0.07	0.07	0.07	0.08	0.08	0.08	0.08
寻甸县	0.10	0.11	0.11	0.11	0.11	0.11	0.11	0.11	0.12	0.12
安宁市	0.23	0.23	0.23	0.24	0.24	0.24	0.25	0.25	0.26	0.26
麒麟区	0.09	0.10	0.10	0.10	0.11	0.11	0.11	0.11	0.12	0.12
马龙区	0.06	0.06	0.06	0.06	0.06	0.07	0.07	0.07	0.07	0.07
陆良县	0.01	0.01	0.01	0.01	0.01	0.02	0.02	0.02	0.02	0.02
师宗县	0.03	0.03	0.03	0.03	0.03	0.03	0.03	0.03	0.03	0.03
罗平县	0.05	0.06	0.06	0.06	0.06	0.06	0.06	0.07	0.07	0.07
富源县	0.39	0.39	0.39	0.40	0.40	0.40	0.41	0.41	0.42	0.42
会泽县	0.06	0.06	0.06	0.06	0.06	0.06	0.06	0.06	0.06	0.06
沾益区	0.01	0.01	0.01	0.02	0.02	0.02	0.02	0.02	0.02	0.02
宣威市	0.08	0.08	0.08	0.08	0.09	0.09	0.09	0.09	0.09	0.09
红塔区	0.25	0.25	0.26	0.26	0.27	0.27	0.28	0.28	0.29	0.29
江川区	0.04	0.04	0.04	0.04	0.04	0.04	0.04	0.04	0.05	0.05
澄江市	0.20	0.20	0.21	0.21	0.21	0.21	0.21	0.21	0.21	0.21
通海县	0.05	0.05	0.05	0.05	0.05	0.05	0.05	0.05	0.05	0.05
华宁县	0.15	0.16	0.18	0.19	0.21	0.22	0.24	0.25	0.27	0.28
易门县	0.07	0.09	0.12	0.14	0.16	0.19	0.21	0.23	0.27	0.29
峨山县	0.18	0.19	0.19	0.20	0.20	0.21	0.22	0.22	0.23	0.23

县(市、区)	2007 年	2008 年	2009 年	2010 年	2011 年	2012 年	2013 年	2014 年	2015 年	2016 年
新平县	0.00	0.04	0.09	0.13	0.17	0.21	0.26	0.30	0.34	0.38
元江县	0.08	0.09	0.10	0.10	0.11	0.12	0.13	0.13	0.14	0.15
隆阳区	0.08	0.08	0.09	0.09	0.09	0.09	0.10	0.10	0.10	0.10
施甸县	0.04	0.05	0.06	0.07	0.08	0.09	0.11	0.12	0.14	0.15
龙陵县	0.11	0.13	0.14	0.16	0.17	0.18	0.20	0.21	0.23	0.24
昌宁县	0.16	0.17	0.17	0.17	0.18	0.18	0.19	0.19	0.20	0.20
腾冲市	0.02	0.03	0.03	0.03	0.03	0.03	0.03	0.03	0.04	0.04
昭阳区	0.04	0.04	0.04	0.04	0.04	0.04	0.05	0.05	0.05	0.05
鲁甸县	0.09	0.09	0.09	0.09	0.10	0.10	0.10	0.10	0.10	0.10
巧家县	0.20	0.20	0.21	0.21	0.21	0.22	0.22	0.22	0.23	0.23
盐津县	1.19	1.27	1.35	1.43	1.51	1.59	1.67	1.75	1.75	1.83
大关县	1.01	1.08	1.15	1.22	1.30	1.37	1.44	1.51	1.74	1.81
永善县	0.07	0.07	0.07	0.08	0.08	0.08	0.08	0.09	0.09	0.09
绥江县	0.41	0.42	0.43	0.44	0.45	0.46	0.47	0.48	0.48	0.49
镇雄县	0.05	0.06	0.06	0.07	0.08	0.08	0.09	0.10	0.11	0.12
彝良县	0.06	0.07	0.07	0.07	0.07	0.08	0.08	0.08	0.08	0.09
威信县	0.31	0.33	0.34	0.35	0.36	0.38	0.39	0.40	0.41	0.42
水富市	1.83	1.86	1.88	1.91	1.94	1.96	1.99	2.02	2.02	2.04
古城区	0.03	0.04	0.04	0.05	0.05	0.06	0.06	0.07	0.07	0.07
玉龙县	0.08	0.08	0.09	0.09	0.09	0.09	0.09	0.09	0.09	0.10
永胜县	0.04	0.04	0.04	0.04	0.04	0.04	0.04	0.04	0.04	0.04
华坪县	0.09	0.09	0.10	0.11	0.11	0.12	0.13	0.13	0.16	0.17
宁蒗县	0.00	0.01	0.02	0.03	0.04	0.05	0.06	0.07	0.08	0.09
思茅区	0.42	0.47	0.51	0.56	0.61	0.65	0.70	0.74	0.79	0.84
宁洱县	0.08	0.09	0.10	0.11	0.12	0.13	0.14	0.15	0.16	0.17
墨江县	0.13	0.14	0.16	0.17	0.19	0.20	0.22	0.23	0.25	0.26
景东县	0.04	0.05	0.05	0.05	0.06	0.06	0.06	0.07	0.07	0.08
景谷县	0.03	0.03	0.03	0.03	0.03	0.03	0.03	0.03	0.03	0.03

续表

县(市、区)	2007 年	2008 年	2009 年	2010 年	2011 年	2012 年	2013 年	2014 年	2015 年	2016 年
镇沅县	0.02	0.04	0.06	0.07	0.09	0.10	0.12	0.14	0.15	0.17
江城县	0.09	0.10	0.10	0.11	0.11	0.12	0.12	0.12	0.13	0.13
孟连县	0.21	0.21	0.21	0.22	0.22	0.23	0.23	0.23	0.24	0.24
澜沧县	0.02	0.02	0.02	0.02	0.02	0.02	0.02	0.02	0.02	0.02
西盟县	0.27	0.29	0.31	0.33	0.35	0.37	0.39	0.41	0.44	0.46
临翔区	0.44	0.47	0.50	0.53	0.56	0.59	0.62	0.65	0.68	0.71
凤庆县	0.32	0.32	0.33	0.33	0.33	0.34	0.34	0.34	0.35	0.35
云县	0.24	0.25	0.26	0.28	0.29	0.30	0.31	0.32	0.33	0.34
永德县	0.06	0.06	0.07	0.07	0.08	0.08	0.09	0.09	0.10	0.10
镇康县	0.20	0.22	0.24	0.25	0.27	0.29	0.31	0.32	0.34	0.36
双江县	0.12	0.12	0.12	0.12	0.12	0.12	0.13	0.13	0.13	0.13
耿马县	0.03	0.03	0.03	0.04	0.04	0.04	0.04	0.04	0.04	0.04
沧源县	0.17	0.17	0.18	0.18	0.18	0.18	0.19	0.19	0.19	0.20
楚雄市	0.18	0.19	0.20	0.20	0.21	0.21	0.22	0.23	0.23	0.24
双柏县	0.11	0.11	0.11	0.12	0.12	0.12	0.12	0.12	0.12	0.13
牟定县	0.02	0.02	0.03	0.03	0.03	0.04	0.04	0.04	0.04	0.05
南华县	0.03	0.04	0.04	0.05	0.05	0.05	0.06	0.06	0.07	0.07
姚安县	0.03	0.03	0.03	0.04	0.04	0.04	0.04	0.04	0.04	0.04
大姚县	0.17	0.18	0.18	0.18	0.18	0.18	0.18	0.19	0.19	0.19
永仁县	0.01	0.01	0.02	0.02	0.02	0.02	0.02	0.03	0.03	0.03
元谋县	0.04	0.04	0.04	0.04	0.04	0.04	0.04	0.05	0.05	0.05
武定县	0.03	0.03	0.03	0.04	0.04	0.04	0.04	0.04	0.04	0.05
禄丰县	0.10	0.10	0.10	0.10	0.10	0.10	0.10	0.10	0.10	0.10
个旧市	0.12	0.12	0.13	0.13	0.13	0.13	0.13	0.14	0.14	0.14
开远市	0.42	0.43	0.43	0.44	0.45	0.45	0.46	0.46	0.47	0.48
蒙自市	0.06	0.07	0.07	0.08	0.08	0.09	0.09	0.10	0.10	0.11
弥勒市	0.05	0.06	0.06	0.06	0.07	0.07	0.07	0.08	0.08	0.08
屏边县	0.19	0.19	0.19	0.19	0.20	0.20	0.20	0.20	0.20	0.21

续表

县(市、区)	2007年	2008年	2009年	2010年	2011年	2012年	2013年	2014年	2015年	2016年
建水县	0.07	0.07	0.07	0.07	0.07	0.07	0.07	0.07	0.07	0.07
石屏县	0.17	0.17	0.17	0.17	0.17	0.17	0.17	0.18	0.18	0.18
泸西县	0.04	0.04	0.04	0.04	0.04	0.04	0.04	0.05	0.05	0.05
元阳县	0.44	0.44	0.45	0.45	0.45	0.46	0.46	0.47	0.47	0.48
红河县	0.44	0.45	0.45	0.46	0.46	0.47	0.47	0.48	0.48	0.48
金平县	0.12	0.12	0.12	0.13	0.13	0.13	0.13	0.13	0.13	0.13
绿春县	0.85	0.88	0.90	0.92	0.95	0.97	1.00	1.02	1.03	1.06
河口县	2.87	2.89	2.92	2.95	2.98	3.00	3.03	3.06	3.06	3.09
文山市	0.70	0.74	0.79	0.83	0.88	0.92	0.97	1.01	1.06	1.11
砚山县	0.02	0.02	0.03	0.03	0.03	0.03	0.03	0.03	0.03	0.04
西畴县	0.09	0.09	0.09	0.09	0.09	0.10	0.10	0.10	0.10	0.10
麻栗坡县	0.16	0.17	0.19	0.20	0.21	0.23	0.24	0.25	0.36	0.38
马关县	0.07	0.08	0.08	0.08	0.08	0.08	0.08	0.08	0.08	0.08
丘北县	0.04	0.04	0.04	0.04	0.05	0.05	0.05	0.05	0.05	0.05
广南县	0.10	0.10	0.11	0.11	0.12	0.12	0.12	0.13	0.13	0.14
富宁县	0.09	0.11	0.13	0.15	0.18	0.20	0.22	0.24	0.27	0.29
景洪市	0.10	0.11	0.11	0.11	0.12	0.12	0.12	0.13	0.13	0.13
勐海县	0.03	0.03	0.03	0.04	0.04	0.04	0.04	0.05	0.05	0.05
勐腊县	0.03	0.04	0.04	0.05	0.05	0.06	0.07	0.07	0.08	0.08
大理市	0.10	0.11	0.12	0.13	0.14	0.15	0.16	0.17	0.18	0.19
漾濞县	0.07	0.07	0.08	0.08	0.08	0.08	0.08	0.08	0.09	0.09
祥云县	0.02	0.02	0.03	0.03	0.03	0.04	0.04	0.04	0.05	0.05
宾川县	0.02	0.02	0.02	0.02	0.02	0.03	0.03	0.03	0.03	0.03
弥渡县	0.03	0.03	0.03	0.03	0.03	0.03	0.03	0.03	0.03	0.03
南涧县	0.16	0.18	0.20	0.21	0.23	0.25	0.26	0.28	0.30	0.31
巍山县	0.04	0.04	0.04	0.04	0.04	0.04	0.04	0.04	0.04	0.04
永平县	0.11	0.12	0.13	0.14	0.15	0.16	0.17	0.18	0.19	0.20

续表

县(市、区)	2007 年	2008 年	2009 年	2010 年	2011 年	2012 年	2013 年	2014 年	2015 年	2016 年
云龙县	0.09	0.10	0.12	0.13	0.14	0.15	0.16	0.17	0.18	0.20
洱源县	0.02	0.02	0.02	0.03	0.03	0.03	0.04	0.04	0.04	0.04
剑川县	0.02	0.02	0.02	0.02	0.02	0.02	0.02	0.02	0.02	0.02
鹤庆县	0.02	0.02	0.02	0.02	0.02	0.02	0.02	0.02	0.02	0.02
瑞丽市	0.15	0.15	0.15	0.15	0.15	0.16	0.16	0.16	0.16	0.16
芒市	0.08	0.08	0.08	0.08	0.08	0.09	0.09	0.09	0.09	0.10
梁河县	0.04	0.04	0.04	0.04	0.04	0.04	0.04	0.05	0.05	0.05
盈江县	0.04	0.04	0.04	0.04	0.04	0.04	0.05	0.05	0.05	0.05
陇川县	0.03	0.03	0.04	0.04	0.04	0.04	0.04	0.04	0.04	0.04
泸水市	0.99	1.00	1.00	1.01	1.02	1.02	1.03	1.04	1.04	1.05
兰坪县	0.17	0.17	0.18	0.18	0.18	0.18	0.19	0.19	0.19	0.19
香格里拉市	0.05	0.05	0.05	0.05	0.05	0.05	0.05	0.05	0.05	0.05
维西县	0.11	0.11	0.11	0.11	0.11	0.12	0.12	0.12	0.12	0.12
德钦县	—	—	—	—	—	—	—	—	—	—
贡山县	—	—	—	—	—	—	—	—	—	—
福贡县	—	—	—	—	—	—	—	—	—	—

附表 7　云南省资源耗损程度评价表

县(市、区)	资源利用效率变化指数	污染物排放强度指数	生态质量变化指数
五华区	0.088	0.071	−0.002
盘龙区	0.133	0.112	−0.001
官渡区	0.092	0.097	−0.005
西山区	0.098	0.087	−0.002
东川区	0.116	0.080	0
呈贡区	0.138	0.132	−0.005
晋宁区	0.071	0.113	−0.001
富民县	0.112	0.134	0

续表

县(市、区)	资源利用效率变化指数	污染物排放强度指数	生态质量变化指数
宜良县	0.067	0.082	−0.001
石林县	0.107	0.103	−0.001
嵩明县	0.083	0.107	−0.003
禄劝县	0.134	0.093	0
寻甸县	0.113	0.093	−0.001
安宁市	0.083	0.090	−0.002
麒麟区	0.076	0.078	−0.001
马龙区	0.105	0.092	−0.001
陆良县	0.064	0.060	−0.001
师宗县	0.127	0.097	0
罗平县	0.105	0.070	0
富源县	0.025	0.018	0
会泽县	0.094	−0.024	0
沾益区	0.094	0.089	−0.001
宣威市	0.080	0.077	0
红塔区	0.048	0.016	−0.001
江川区	0.109	0.026	0
澄江市	0.097	0.070	−0.001
通海县	0.105	0.041	0
华宁县	0.121	0.048	−0.001
易门县	0.129	0.053	0
峨山县	0.108	0.037	0
新平县	0.145	0.057	0
元江县	0.120	0.055	0
隆阳区	0.107	0.005	0
施甸县	0.135	0.013	−0.001
龙陵县	0.135	0.022	−0.001

县(市、区)	资源利用效率变化指数	污染物排放强度指数	生态质量变化指数
昌宁县	0.150	0.046	0
腾冲市	0.127	0.027	0
昭阳区	0.096	0.108	0
鲁甸县	0.117	0.106	−0.002
巧家县	0.111	0.107	0
盐津县	0.102	0.097	0
大关县	0.139	0.124	−0.001
永善县	0.160	0.175	0
绥江县	0.096	0.100	−0.003
镇雄县	0.111	0.110	0
彝良县	0.095	0.092	0
威信县	0.077	0.077	0
水富市	0.115	0.072	0
古城区	0.112	0.065	−0.001
玉龙县	0.131	0.087	0
永胜县	0.143	0.081	0
华坪县	0.034	0.308	−0.001
宁蒗县	0.126	0.072	0
思茅区	0.124	0.055	−0.002
宁洱县	0.115	0.037	0
墨江县	0.124	0.038	0
景东县	0.121	0.033	0
景谷县	0.139	0.066	−0.002
镇沅县	0.155	0.079	0
江城县	0.105	0.038	−0.002
孟连县	0.132	0.045	0
澜沧县	0.123	0.045	−0.001

续表

县（市、区）	资源利用效率变化指数	污染物排放强度指数	生态质量变化指数
西盟县	0.146	0.059	0
临翔区	0.159	0.046	−0.001
凤庆县	0.176	0.055	0
云县	0.107	−0.013	0
永德县	0.146	0.031	0
镇康县	0.123	0.016	0
双江县	0.142	0.042	−0.001
耿马县	0.141	0.031	0
沧源县	0.150	0.038	−0.001
楚雄市	0.095	0.018	0
双柏县	0.142	0.056	0
牟定县	0.105	0.027	0
南华县	0.142	0.042	0
姚安县	0.102	0.014	0
大姚县	0.123	0.012	0
永仁县	0.144	0.057	−0.001
元谋县	0.140	0.040	−0.001
武定县	0.135	0.038	0
禄丰县	0.052	−0.022	0
个旧市	0.092	0.080	−0.001
开远市	0.098	0.094	0
蒙自市	0.100	0.067	0
弥勒市	0.107	0.046	−0.001
屏边县	0.127	0.074	0
建水县	0.113	0.066	0
石屏县	0.121	0.061	0
泸西县	0.131	0.082	0

续表

县(市、区)	资源利用效率变化指数	污染物排放强度指数	生态质量变化指数
元阳县	0.120	0.072	−0.001
红河县	0.132	0.084	−0.001
金平县	0.128	0.068	0
绿春县	0.155	0.100	0
河口县	0.121	0.087	0
文山市	0.094	0.046	0
砚山县	0.115	0.053	0
西畴县	0.133	0.059	0
麻栗坡县	0.123	0.051	0
马关县	0.122	0.035	0
丘北县	0.150	0.085	0
广南县	0.132	0.063	0
富宁县	0.125	0.053	0
景洪市	0.101	0.024	0
勐海县	0.127	0.035	−0.001
勐腊县	0.095	0.012	0
大理市	0.076	0.007	−0.002
漾濞县	0.097	0.014	0
祥云县	0.102	0.029	0
宾川县	0.102	0.028	0
弥渡县	0.107	0.028	0
南涧县	0.159	0.069	0
巍山县	0.129	0.038	0
永平县	0.117	0.039	0
云龙县	0.146	0.063	0
洱源县	0.130	0.052	0
剑川县	0.112	0.019	0

县(市、区)	资源利用效率变化指数	污染物排放强度指数	生态质量变化指数
鹤庆县	0.136	0.060	−0.001
瑞丽市	0.144	0.051	−0.001
芒市	0.103	0.016	−0.001
梁河县	0.101	0.018	0
盈江县	0.118	0.043	0
陇川县	0.137	0.017	−0.001
泸水市	0.135	0.042	0
福贡县	0.128	0.046	0
贡山县	0.164	0.086	0
兰坪县	0.116	−0.023	0
香格里拉市	0.102	0.047	0
德钦县	0.134	0.082	0
维西县	0.116	0.064	0